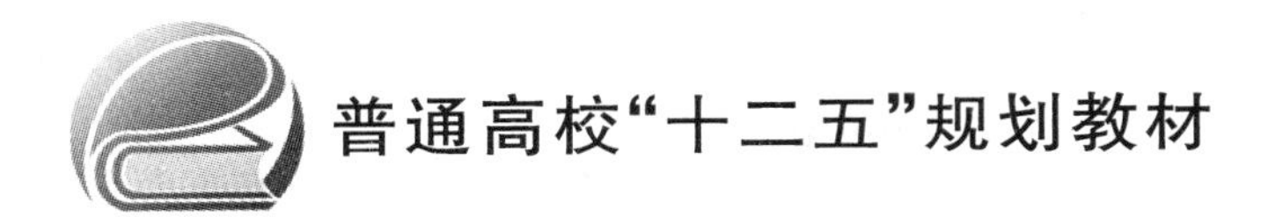

物联网技术概论

(第2版)

彭　力　编著

北京航空航天大学出版社

内 容 简 介

本书全面介绍了物联网的基本理论、技术基础以及物联网在众多生产与生活领域中的应用。

本书内容全面，兼顾理论与实际，既全面介绍了物联网领域的基础知识，又广泛吸收了各国最新的发展成果。每一章均配有习题，既方便教师教学，又让学习者全面、实际地学到解决各类实际问题的思路与方法。

本书可作为高等院校物联网专业和信息类、通信类、计算机类、工程类、管理类及经济类等专业的“物联网技术概论”课程的教材。由于本书收集了国内外大量应用案例与成功经验，故对相关企事业单位、政府机构等从事物联网开发、应用研究与产业管理的人员也有重要的参考价值。

图书在版编目(CIP)数据

物联网技术概论 / 彭力编著. -- 2 版. -- 北京：北京航空航天大学出版社，2015.8

ISBN 978-7-5124-1838-7

Ⅰ.①物… Ⅱ.①彭… Ⅲ.①互联网络—应用—高等学校—教材②智能技术—应用—高等学校—教材 Ⅳ.①TP393.4②TP18

中国版本图书馆 CIP 数据核字(2015)第 168940 号

物联网技术概论

(第 2 版)

彭　力　编著

责任编辑　蔡　喆　赵钟萍

*

北京航空航天大学出版社出版发行

北京市海淀区学院路 37 号(邮编 100191)　http://www.buaapress.com.cn

发行部电话：(010)82317024　传真：(010)82328026

读者信箱：goodtextbook@126.com　邮购电话：(010)82316936

北京时代华都印刷有限公司印装　各地书店经销

*

开本：787×1 092　1/16　印张：13.75　字数：352 千字

2015 年 8 月第 2 版　2016 年 12 月第 4 次印刷　印数：11 001～14 000 册

ISBN 978-7-5124-1838-7　定价：29.00 元

若本书有倒页、脱页、缺页等印装质量问题，请与本社发行部联系调换。联系电话：(010)82317024

第2版前言

当前，物联网技术随着网络技术、无线通信、嵌入式、单片机、集成电路、传感器技术、自动化技术等前沿技术的快速发展，已经成为新经济模式的引擎，有可能带动多个传统行业进入一个崭新的时代。它所涉及的技术领域非常广阔，如农业、工业、商业、建筑、汽车、环保、交通运输、自动化、机械设计、医学、安防、物流、海运、渔业等，将成为国家经济发展的重大战略需求。

物联网技术的本质是网络通信技术，核心是无线技术。高度集成的控制器是它的大脑，各种传感器是它的触角，它使得物体间形成更加广泛的互联，随时随地提供智能服务，实现更大规模的网络覆盖和系统集成。由此，物联网的基础应该包括如下五大模块内容：

第一，无线通信技术，包括信号与噪声、数字通信、调制解调、短距离无线通信、无线 SoC 等；第二，传感器技术，包括常用温湿度、压力、振动、光敏等传感器选型，传感器与网络节点接口等；第三，网络技术，包括基础网络（如简单网络、无线网络微功耗技术、网络拓扑和算法等），无线网络技术（如 ZigBee 传感器网络、高频和超高频射频识别、网络加密与安全、无线定位等），以及物联网网络层技术（如嵌入式 WiFi、嵌入式蓝牙网络、蜂窝网络、GPRS/3G 远程网络、多网络路由和融合等）；第四，智能与信息处理技术，包括智能技术、数据库技术、信息提取、分析、加工、融合等；第五，应用层技术，包括物联网应用工程设计方法和如何使用前面学习的基本技术来自己构架一个典型的物联网应用项目，亦即集成技术。

全书围绕 20 多个核心知识点，分为 10 章展开教学和物联网技术学习之旅。第 1 章概要介绍物联网的相关知识点，第 2～9 章分别介绍物联网的各项关键技术，第 10 章结合上述技术介绍其应用。本书使用通俗易懂的语言，讲解每个物联网技术知识点的原理，理论和具体实物相结合，由浅入深、层层深入，从相关物联网技术的原理和知识，深入到相关技术领域，为读者进行学习和研究打下坚实的基础。本书特点是理论联系实际，针对目前物联网在全球蓬勃发展的势态，特别遴选了一批在重点生产与生活领域中的应用案例进行详细的分析与介绍，以期“授人以渔”，使学习者能举一反三、拓展思维、开阔视野。

本书可作为物联网技术专业普通高校、高职教材和工程师物联网培训教材，由江南大学物联网工程学院的彭力教授编著，江南大学的谢林柏教授、吴治海副教授、闻继伟副教授、李稳高级工程师、冯伟工程师以及研究生温黎茗、秦毅、徐红、高宁、陈容、戴菲菲、马晓贤、张佳宇等参加了编写工作。在此向他们表示感谢，同时感谢北京航空航天大学出版社理工图书分社各位编辑的辛勤工作。

由于时间仓促，本次修订后如仍有不妥之处，请读者原谅，并提出宝贵意见。

编　者
2015年春于无锡

目　录

第1章　物联网概述

从2009年起，“物联网”这个词频繁见诸报端。“当司机出现操作失误时汽车会自动报警；公文包会提醒主人忘带了什么东西；衣服会告诉洗衣机对洗涤时间和水温的要求”——国际电信联盟用这样的语句描绘物联网时代的图景。

1.1　物联网的定义与发展

物联网的概念原型曾出现比尔盖茨1995年《未来之路》一书，比尔盖茨在此书提及了物联网的概念，只是当时受限于无线网络、硬件及传感设备的发展，并未引起重视。随着技术不断进步，国际电信联盟(International Telecommunications Union，ITU)于2005年正式提出物联网概念，2009年美国总统奥巴马就职演讲中对IBM提出的“智慧地球”给予积极响应后，物联网再次引起广泛关注。

1.1.1　物联网的定义

物联网(Internet of Things，IOT)指的是将各种信息传感设备，如射频识别(Radio Frequency Identification，RFID)装置、红外感应器、全球定位系统、激光扫描器等与互联网结合起来而形成的一个巨大网络；其目的是让所有的物品都与该网络连接在一起，系统可自动、实时地对物体进行识别、定位、追踪、监控并触发相应事件。物联网是继计算机、互联网与移动通信网络之后的世界信息产业第三次浪潮。物联网概念的问世，打破了之前的传统思维。过去人们一直将物理基础设施和IT基础设施分开：一方面是机场、公路、建筑物，而另一方面是数据中心、个人电脑、宽带网络。而在物联网时代，钢筋混凝土、电缆将与芯片、宽带整合为统一的基础设施，在此意义上，基础设施更像是一块新的“地球工地”，世界就在它上面运转，其中包括经济管理、生产运行、社会管理乃至个人生活。

物联网的概念简单地说就是：把所有物品通过射频识别等信息传感设备，通过某种协议与互联网连接起来，实现对物体的智能化识别和管理。也就是说，物联网是指借助各类传感器和现有的互联网相互衔接的新技术。

2005年国际电信联盟发布了《ITU互联网报告2005：物联网》，报告指出，“我们现在站在一个新的通信时代的入口处，在这个时代因特网将会发生根本性的变化。因特网是人们之间通信的一种前所未有的手段，现在因特网又能把人与所有的物体连接起来，还能把物体与物体连接起来”。无所不在的物联网通信时代即将来临，世界上所有的物体从轮胎到牙刷、从房屋到纸张都可以通过因特网主动进行信息交换。国际电联报告提出物联网主要有四个关键性的应用技术：标签事物的RFID，感知事物的传感网络技术，思考事物的智能技术，微缩事物的纳米技术。

1.1.2　物联网的发展及挑战

1. 物联网的发展

2008 年 3 月在苏黎世举行了全球首个国际物联网会议“物联网 2008”，探讨了物联网的新理念、新技术以及如何将物联网推进发展到下个阶段。奥巴马就任美国总统后，与美国工商业领袖举行了一次圆桌会议。作为仅有的两名代表之一，IBM 首席执行官彭明盛提出“智慧地球”这一概念，建议新政府投资新一代的智慧型基础设施，阐明其短期和长期效益。奥巴马对此给予了积极的回应：“经济刺激资金将会投入到宽带网络等新兴技术中去。毫无疑问，这就是美国在 21 世纪保持和夺回竞争优势的方式。”此概念一经提出，即得到美国各界的高度关注，甚至有分析认为，IBM 公司的这一构想极有可能上升至美国的国家战略，并在世界范围内引起轰动。

2009 年 8 月 7 日温家宝总理到无锡微纳传感网工程技术研发中心视察并发表了重要讲话。8 月 24 日，中国移动总裁王建宙赴中国台湾考察时首次发表公开演讲，提出了中国的物联网理念。王建宙指出，通过装置在各类物体上的电子标签(RFID)、传感器、二维码等经过接口与无线网络相连，从而给物体赋予智能，可以实现人与物体的沟通和对话，也可以实现物体与物体互相间的沟通和对话。这种将物体联接起来的网络被称为物联网。王建宙同时指出，要真正建立一个有效的物联网，有两个重要因素：一是规模性，只有具备了规模，才能使物品的智能发挥作用；二是流动性，物品通常都不是静止的，而是处于运动的状态，必须保持物品在运动状态，甚至高速运动状态下都能随时实现对话。

2. 物联网面临的主要问题

物联网的发展潜力和市场巨大，但是构建物联网需要解决一系列问题，主要是核心技术、标准规范、产品研发、安全保护等技术方面问题，以及产业规划、体制机制、协调合作、推广应用等管理方面的问题。

1）核心技术有待突破。目前我国处于物联网关键技术研发和规模化应用的初始阶段，关键在于尽快突破核心技术，抢占技术“制高点”。其中，传感器核心芯片和传感器网接入因特网的技术瓶颈，将是今后几年技术攻关的重点。

2）标准规范有待制定。制定一种能被世界各国认可的统一的物联网国际标准，难度很大。目前我国正处于研究制定物联网标准框架阶段，需要科学严谨地制定标准化体系、产业链体系、研发与应用项目规范等。

3）信息安全有待解决。物联网中的物与物、物与人之间互联，使用大量的信息采集和交换设备，信息安全和保护隐私成为亟待解决的问题。

4）统一协议有待制定。在物联网核心层面是基于 TCP/IP 协议；但是在接入层面，协议种类很多，如 GPRS、短信、传感器、TD SCDMA 等，还需要一个统一的协议基础。

5）IP 地址有待扩充。物联网中的每个物体都需要一个唯一的 IP 地址，这需要 IPv6 来支撑。由 IPv4 向 IPv6 转型，以及妥善处理与 IPv4 的兼容性问题，将经历一个漫长的过程。

1.2 物联网的体系构成

根据国际电信联盟的建议，物联网的应用自底向上可分为以下层次。

(1) 感　知

该层的主要功能是通过各种类型的传感器对物质属性、环境状态、行为态势等静态/动态的信息进行大规模、分布式的信息获取与状态辨识。针对具体感知任务，常采用协同处理的方式对多种类、多角度、多尺度的信息进行在线计算与控制，并通过接入设备将获取的信息与网络中的其他单元进行资源共享与交互。

(2) 接　入

该层的主要功能是通过现有的移动通信网（如GSM网、TD-SCDMA网）、无线接入网（如WiMAX）、无线局域网（如Wi-Fi）、卫星网等基础设施，将来自感知层的信息传送到互联网中。

(3) 互联网

该层的主要功能是以IPv6/IPv4及后IP（Post-IP）为核心建立互联网平台，将网络内的信息资源整合成一个可以互联互通的大型智能网络，为上层服务管理和大规模行业应用建立起一个高效、可靠、可信的基础设施平台。

(4) 服务管理

该层的主要功能是通过具有超级计算能力的中心计算机群，对网络内的海量信息进行实时管理和控制，并为上层应用提供良好的用户接口。

(5) 应　用

该层的主要功能是集成系统底层，构建起面向各类行业的实际应用体系，如生态环境与自然灾害监测、智能交通、文物保护与文化传播、运程医疗与健康监护等。

基于目前物联网的发展现状，特别是针对传感器网络的技术复杂性和非成熟性，必须深入开展传感网的核心技术研究。未来将进一步推进芯片设计、传感器、射频识别等技术的发展，在此基础上逐步开展感知层的网络（核心为传感器网络）与后IP网络的整合，扩展服务管理层的信息资源，探索商业模式，并以若干个典型示范应用为基础，推进物联网在各个行业的应用。同时，在各个层面开展相关标准的制定。

1.3 物联网与传感网、互联网、泛在网的区别与联系

物联网与传感网、互联网和泛在网有着显著的区别，同时也存在着密切的联系。

1）从广义上说，物联网与传感网构成要素基本相同，是对同一事物的不同表述，其中物联网比传感网更贴近“物”的本质属性，强调信息技术、设备为“物”提供更高层次的应用服务，而传感网（传感器网）是从技术和设备角度进行的客观描述，设备、技术的元素比较明显。

2）从狭义上说，传感网特别是传感器网可以看成是“传感模块＋组网模块”共同构成的一个网络，它仅仅强调感知信号，而不注重对物体的标识和指示。物联网则强调人感知物、强调标识物的手段，即除传感器外，还有射频识别（RFID）装备、二维码、一维码等。因此，物联网应该包括传感网，但传感网只是物联网的一部分。也有人简单地将传感网当作物联网，但从本质

上来说传感网不能代替物联网,因为物联网包含了传感网所有属性,且指向上更加明确贴切。

3) 物联网是基于互联网的一种高级网络形态,它们之间最明显的不同点,是物联网的联接主体从人向"物"的延伸,网络社会形态从虚拟向现实的拓展,信息采集与处理从人工为主向智能化为主的转化,可以说物联网是互联网发展创新的伟大成果,是互联网虚拟社会联接现实社会的伟大变革,是实现泛在网目标的伟大实践。

4) 物联网+互联网≈泛在网。所谓泛在网就是运用无所不在的智能网络、最先进的计算技术及其他领先的数字技术基础设施武装而成的技术社会形态,实现在任何时间、任何地点,任何人、任何物都能顺畅地通信。从泛在的内涵来看,首先关注的是人与周边的和谐交互,各种感知设备与无线网络不过是手段。最终的泛在网形态上,既有互联网的部分,也有物联网的部分,同时还有一部分属于智能系统范畴。由于涵盖了物与人的关系,因此泛在网似乎更大一些。人与物、物与物之间的通信被认为是泛在网的突出特点,无线、宽带、互联网技术的迅猛发展使得泛在网应用不断深化。多种网络、接入、应用技术的集成,将实现商品生产、传送、交换、消费过程的信息无缝链接。泛在计算系统是一个全功能的数字化、网络化、智能化的自动化系统,系统的设备与设备之间实现全自动的数据处理和信息处理,以及全自动的信息交换;人与物的联网、人与人的联网、物与物的联网,可以实现人与物的信息的完全的、系统化的、智能化的整合,应用范围十分广泛。由此可以看出,泛在网包含了物联网、传感网、互联网的所有属性,而物联网则是泛在网实现目标之一,是泛在网发展过程中的先行者和制高点。

1.4　物联网的特征

物联网就是通过各种感知设备和互联网,连接物体与物体的,实现物体间全自动、智能化地信息采集、传输与处理,并可随时随地和科学管理的一种网络。网络化、物联化、互联化、自动化、感知化、智能化是物联网的基本特征。

(1) 网络化

网络化是物联网的基础。无论是 M2M(机器到机器)、专网,还是无线、有线传输信息,感知物体,都必须形成网络状态;不管是什么形态的网络,最终都必须与互联网相联接,这样才能形成真正意义上的物联网(泛在性的)。目前,从网络形态来看,多数是专网、局域网,只能算是物联网的雏形。

(2) 物联化

人物相联、物物相联是物联网的基本要求之一。计算机和计算机连接成互联网,可以完成人与人之间的交流。而物联网,就是在物体上安装传感器、植入微型感应芯片,然后借助无线或有线网络,让人们和物体"对话",让物体和物体之间进行"交流"。可以说,互联网完成了人与人的远程交流,而物联网则完成人与物、物与物的即时交流,进而实现由虚拟网络世界向现实世界的转变。

(3) 互联化

物联网集成了多种网络、接入技术、应用技术,是实现人与自然界、人与物、物与物进行交流的平台,因此,在一定的协议关系下,实行多种网络融合,分布式与协同式并存,是物联网的显著特征。与互联网相比,物联网具有很强的开放性,具备随时接纳新器件、提供新的服务的能力,即自组织、自适应能力。这既是物联网技术实现的关键,也是其吸引人的魅力所在。

(4) 自动化

自动化可实现：通过数字传感设备自动采集数据；根据事先设定的运算逻辑，利用软件自动处理采集到的信息，一般不需人为的干预；按照设定的逻辑条件，如时间、地点、压力、温度、湿度、光照等，可以在系统的各个设备之间，自动地进行数据交换或通信；自动地按指令执行对物体的监控和管理。

(5) 感知化

物联网离不开传感设备。射频识别(RFID)、红外感应器、全球定位系统、激光扫描器等信息传感设备，就像视觉、听觉和嗅觉器官对于人的重要性一样，它们是物联网不可或缺的关键元器件。有了它们才可以实现近(远)距离、无接触、自动化感应和数据读出、数据发送等。之所以物联网也称传感网，就是因为传感设备在网络中的关键作用感知化而得名。

(6) 智能化

智能是指个体对客观事物进行合理分析、判断及有目的地行动和有效地处理周围环境事宜的综合能力。物联网的产生是微处理技术、传感器技术、计算机网络技术、无线通信技术不断发展融合的结果，从其自动化、感知化要求来看，它已能代表人、代替人对客观事物进行合理分析、判断及有目的地行动和有效地处理周围环境事宜，智能化是其综合能力的表现。

1.5 物联网的关键技术

2005 年，国际电联发表了一份题为《物联网》的报告，其第一作者劳拉·斯里瓦斯塔瓦说："我们现在站在一个新的通信时代的入口处，在这个时代中，我们所知道的因特网将会发生根本性的变化。因特网是人们之间通信的一种前所未有的手段，现在因特网又能把人与所有的物体连接起来，还能把物体与物体连接起来。"国际电联报告提出物联网主要有 4 个关键性的应用技术：标签事物的 RFID，感知事物的传感网络技术 Sensor technologies，思考事物的智能技术 Smart technologies，微缩事物的纳米技术 Nanotechnology-RFID。

1. 物联网包含的关键技术之——RFID

RFID 射频识别是一种非接触式的自动识别技术，它通过射频信号自动识别目标对象并获取相关数据，识别过程无须人工干预，可工作于各种恶劣环境。RFID 技术可识别高速运动物体并可同时识别多个标签，操作快捷方便。RFID 技术与互联网、通信等技术相结合，可实现全球范围内物体跟踪与信息共享。

RFID 电子标签是一种把天线和 IC 封装到塑料基片上的新型无源电子卡片，具有数据存储量大、无线无源、小巧轻便、使用寿命长、防水、防磁和安全防伪等特点，是近几年发展起来的新型产品，也是未来几年代替条形码的关键技术之一。阅读器(即 PCE 机)和电子标签(即 PICC 卡)之间通过电磁场感应进行能量、时序和数据的无线传输。在 PCD 机天线的可识别范围内，可能会同时出现多张 PICC 卡。如何准确识别每张卡，是 A 型 PICC 卡的防碰撞(即 anticollision，也叫防冲突)技术要解决的关键问题。

RFID 的技术标准由 ISO 和 IEC 制定，主要有 ISO/IEC10536、ISO/IEC 14443、ISO/IEC 15693 和 ISO、IEC18000。应用最多的是 ISO，IEC 14443 和 ISO/IEC15693，这两个标准都由

物理特性、射频功率和信号接口、初始化和反碰撞及传输协议 4 部分组成。

RFID 基本上是由 3 部分组成:

- 标签(Tag):由耦合元件及芯片组成,每个标签具有唯一的电子编码,附着在物体上标识目标对象;
- 阅读器(Reader):读取(有时还可以写入)标签信息的设备,可设计为手持式或固定式;
- 天线(Antenna):在标签和读取器间传递射频信号。

ID 的技术难点可以概括为 RFID 反碰撞防冲突问题、RFID 天线研究、工作频率的选择和安全与隐私问题。

2. 传感器网络与检测技术

传感器是机器感知物质世界的“感觉器官”,可以感知热、力、光、电、声、位移等信号,为网络系统的处理、传输、分析和反馈提供最原始的信息。随着科学技术的不断发展,传统的传感器正逐步实现微型化、智能化、信息化、网络化,经历着从传统传感器(Dumb Sensor)、智能传感器(Smart Sensor)、嵌入式 Web 传感器(Embedded Web Sensor)的内涵不断丰富的发展过程。

无线传感器网络(Wireless Sensor Network,WSN)是集分布式信息采集、信息传输和信息处理技术于一体的网络信息系统,以其低成本、微型化、低功耗和灵活的组网方式、敷设方式及适合移动目标等特点受到广泛重视,是关系国民经济发展和国家安全的重要技术。物联网正是通过遍布在各个角落和物体上的形形色色的传感器及由它们组成的无线传感器网络,来最终感知整个物质世界的。

传感器网络节点的基本组成包括:传感单元(由传感器和模数转换功能模块组成)、处理单元(包括 CPU、存储器、嵌入式操作系统等)、通信单元(由无线通信模块组成)以及电源。此外,可以选择的其他功能单元有:定位系统、移动系统及电源自供电系统等。在传感器网络中,节点可以通过飞机布撒或人工布置等方式,大量部署在被感知对象内部或者附近。这些节点通过自组织方式构成无线网络,以协作的方式实时感知、采集和处理网络覆盖区域中的信息,并通过多跳网络将数据经由 Sink 节点(接收发送器)链路把整个区域内的信息传送到远程控制管理中心。另一方面,远程管理中心也可以对网络节点进行实时控制和操纵。

3. 智能技术

智能技术是为了有效地达到某种预期的目的,利用知识所采用的各种方法和手段。通过在物体中植入智能系统,可使物体具备一定的智能性,能够主动或被动的实现与用户的沟通,也是物联网的关键技术之一。它主要的研究内容和方向包括:

1) 人工智能理论研究:智能信息获取的形式化方法;海量信息处理的理论和方法;网络环境下信息的开发与利用方法;机器学习。

2) 先进的人—机交互技术与系统:声音、图形、图像、文字及语言处理;虚拟现实技术与系统;多媒体技术。

3) 智能控制技术与系统:对智能控制技术与系统实现进行研究。例如:研究如何控制智能服务机器人完成既定任务(运动轨迹控制、准确的定位和跟踪目标等)。

4) 智能信号处理:信息特征识别和融合技术、地球物理信号处理与识别。

4. 纳米技术

使用传感器技术就能探测到物体的物理状态，使用嵌入式智能技术就能够通过在网络边界转移信息处理能力而增强网络的威力，而纳米技术的优势意味着物联网当中体积越来越小的物体能够进行交互和连接。

纳米技术研究结构尺寸在0.1～100 nm范围内材料的性质和应用，主要包括：纳米物理学、纳米化学、纳米材料学、纳米生物学、纳米电子学、纳米加工学、纳米力学等。其中，纳米材料的制备和研究是整个纳米科技的基础，纳米物理学和纳米化学是纳米技术的理论基础，而纳米电子学是纳米技术最重要的内容。

5. 安　全

由于物联网终端感知网络的私有特性，因此安全也是一个必须面对的问题。物联网中的传感节点通常需要部署在无人监控、不可控制的环境中，除了受到一般无线网络所面临的信息泄露、信息篡改、重放攻击、拒绝服务等多种威胁外，还面临传感节点容易被攻击者获取，通过物理手段获取存储在节点中的所有信息，从而侵入网络、控制网络的威胁。涉及安全的主要有程序内容、运行使用、信息传输等方面。

以安全为核心的认证技术，确保安全传输的密钥建立及分发机制，以及确保数据自身安全的数据加密、数据安全协议等数据安全技术。因此在物联网安全领域，数据安全协议、密钥建立及分发机制、数据加密算法设计及认证技术是关键部分。

1.6　各国物联网发展战略或进展

1. 美国的“智慧地球”战略

20世纪，克林顿政府提出“信息高速公路”国家振兴战略，大力发展互联网，推动了全球信息产业的革命，美国经济也受惠于这一战略，并在20世纪90年代中后期出现了历史上罕见的长时间繁荣。奥巴马的振兴战略方向在哪？种种迹象表明：“智慧地球(Smart Earth)”发展战略将成为主导。

2009年1月7日，IBM与美国智库机构信息技术与创新基金会(ITIF)共同向奥巴马政府提交了“The Digital Road to Recover：A Stimulus Plan to Create Jobs，Boost Productivity and Revitalize America”，提出通过信息通信技术(ICT)投资可在短期内创造就业机会，美国政府只要新增300亿美元的ICT投资(包括智能电网、智能医疗、宽带网络三个领域)，便可以为民众创造出94.9万个就业机会。

2. 日本的u-Japan战略

2004年5月，日本提出了u-Japan构想，其中，“u”代表“ubiquitous”(来自拉丁文)，意为“无所不在”。日本希望在2010年以前实现所有物品和人都能在任意时间、任意地点通过互联网接收和发送信息的技术。这与我们如今提到的物联网有些相似。

如今，日本在继“e-Japan”、“u-Japan”之后又提出了“i-Japan”，作为日本更新版本的国家信息化战略,其要点是大力发展电子政府和电子地方自治体,推动医疗、健康和教育的电子化。

3. 韩国的 u-Korea 战略

韩国也在2006年确立了 u-Korea 战略。u-Korea 旨在建立无所不在的社会(ubiquitous society),也就是在民众的生活环境里,布建智能型网络(如 IPv6、BcN、USN)、最新的技术应用(如 DMB、Telematics、RFID)等先进的信息基础建设,让民众可以随时随地享有科技智慧服务。其最终目的,除运用 IT 科技为民众创造衣食住行娱乐等各方面无所不在的便利生活服务,亦希望扶植 IT 产业发展新兴应用技术,强化产业优势与国家竞争力。

为实现目标,u-Korea 提出以"The FIRST u-society on the BEST u-Infrastructure"为核心发展策略,内容包括四项关键基础环境建设(平衡全球领导地位、生态工业建设、现代化社会建设、透明化技术建设)以及五大应用领域(亲民政府、智慧科技园区、再生经济、安全社会环境、生活定制化服务)开发。

u-Korea 主要分为发展期与成熟期两个执行阶段。发展期(2006—2010年)的重点任务是基础环境的建设、技术的应用及"u"社会制度的建立;成熟期(2011—2015年)的重点任务为推广"u"化服务。为配合 u-Korea 战略,韩国信息通信产业部(MIC)还推出了 u-City 计划、Telematics 示范应用发展计划、u-IT 产业集群计划和 u-Home 计划。

4. 欧洲物联网行动计划

2009年6月,欧盟执委会发表了"Internet of Things -- An action plan for Europe"(《欧盟物联网行动计划》),描绘了物联网技术应用的前景,并提出要加强欧盟政府对物联网的管理,消除物联网发展的障碍。

在计划书中,欧盟委员会提出物联网的三方面特性:第一,不能简单将物联网看作今天互联网的延伸,物联网建立在特有基础设施上,将是一系列的独立系统,当然,部分基础设施仍要依存于现有的互联网;第二,物联网将伴随新的业务共同发展;第三,物联网包括了多种不同的通信模式,物与人通信,物与物通信,其中特别强调了包括机对机通信(M2M)。

欧盟委员会认为,物联网的发展应用将在未来5～15年中为解决现代社会问题带来极大贡献:健康监测系统将帮助人类应对老龄化的问题,"树联网"能够制止森林过渡采伐,"车联网"可以减少交通拥堵和提高循环利用率,从而降低碳足迹。物联网可以提高人们的生活质量,产生新的就业机会、商业机会,促进产业发展,提升经济的竞争力。物体与网络的连接将成倍增大和加深通信网络对社会的影响,使人类向信息社会迈进的步伐更加坚实。

5. 中国的重点研究领域

中国在物联网领域的起步很早。早在1999年,中国科学院上海微系统与信息技术研究所就拨款40万元进行传感网产品的研发,研发出的产品2003年开始在"动态北仑"等项目中得到应用,是物联网在中国的早期尝试。在科研上,基于近十年传感网领域的相关研究,我国在技术上基本保持与国际同步。从地区产业规划和发展上,在无锡建立了中国的传感信息中心,其他地区也纷纷启动物联网产业项目。

从标准上,应该说我国对相关标准的制定领先于国际。2006年,我国就开始着手传感网的标准工作,2007年国标委正式批准成立传感网工作组,经过一年筹备,2009年9月11日,中国传感网标准工作组正式成立。2008年召开的国际标准化组织的传感网络研究小组首届大会，在我国上海举行。可以说，在标准化方向上我国具有主导话语权，是传感网国际标准四大主导国之一。

1.7 未来展望——人类将进入物联网时代

物联网涉及自动控制、信息传感、射频识别、无线通信及计算机技术等，物联网的研究将带动整个产业链或者说推动产业链的共同发展。可以肯定，在国家大力推动工业化与信息化两化融合的大背景下，物联网将是工业乃至更多行业信息化过程中的突破口。在手机数据采集、产品的二维码全程监控等手段已经证实，无线通信与传统物联网结合后的"新物联网"已产生更广泛的应用，从而在技术上推动工业发展。

1）推进经济发展的驱动器物联网的推广将会成为推进经济发展的又一个驱动器，为产业开拓了又一个潜力无穷的发展机会。可以预见，在物联网普及以后，用于动物、植物和机器、物品的传感器与电子标签及配套的接口装置的数量将大大超过手机的数量。按照目前对物联网的需求，在近年内就需要按亿计的传感器和电子标签，这将大大推进信息技术元件的生产，同时增加大量的就业机会。

要真正建立一个有效的物联网，有两个重要因素。一是规模性，只有具备了规模，才能使物品的智能发挥作用。二是流动性，物品通常都不是静止的，而是处于运动的状态，必须保持物品在运动状态，甚至高速运动状态下都能随时实现对话。

我国的无线通信网络已经覆盖了城乡，从繁华的城市到偏僻的农村，从海南岛到珠穆朗玛峰，到处都有无线网络的覆盖。无线网络是实现物联网必不可少的基础设施，安置在动物、植物、机器和物品上的电子介质产生的数字信号可随时随地通过无处不在的无线网络传送出去。云计算技术的运用，使数以亿计的各类物品的实时动态管理变得可能，使整个网络真正成了一台电脑。

2）物联网给物体赋予智能因为车辆与道路之间缺乏沟通，需要一个智能化的交通控制系统。同样，需要一个智能化的供暖控制系统。在生产安全领域，在食品卫生领域，在工程控制领域，在城市管理领域，在人们日常生活的各个方面，甚至在人们的娱乐活动中，都需要建立随时能与物体沟通的智能系统。

"智慧地球"是IBM公司首席执行官彭明盛2009年提出的新概念。通过装置在各类物体上实现物体与物体间的沟通和对话，使智能技术正应用到生活的各个方面，如智慧的医疗、智慧的交通、智慧的电力、智慧的食品、智慧的货币、智慧的零售业、智慧的基础设施甚至智慧的城市，这使地球变得越来越智能化。可以想象，当物体被赋予智能，人类将真正有可能从资源的使用者变为资源的控制者和资源的守护者。

3）给物体赋予智能整合物理设备实现智能互联城市。如果说因特网实现了全球几亿用户的信息互联，那么智能互联建筑则实现了某一网络内物理设备的互联。无论是智能互联城市还是智慧地球，类似构想的实现，都要求建立发达的物联网。

智能互联建筑解决方案在硅谷已有用户使用，美国网域存储技术有限公司（NetApp）就通过执行思科的解决方案节约了15%的能耗。思科公司控制工程师David Shroyer说，在供电公司的需求响应信号发出20min之内，Mediator可将照明亮度减小50%，将温度设置点提高

4℃,从而节省用电 1.1 MW。思科将这一解决方案与其他系统相结合后,在 18 个月内已帮助位于 Sunnyvale 的工作地点的能耗降低了 1800 万 kWh。这既减少了碳的排放,也节省了大约 200 万美元的能源开支。

智能互联城市的方案,能够节约大量能源及人力,提高人们的生活品质。思科服务业务执行副总裁 Wim Elfrink 说,在目前全球经济下行的时候,中国仍然能够实现 6%的 GDP 增长,而且中国正在建设多个人口超过百万的城市。这种智能互联城市的概念是非常适用于中国的。

物联网就其本身来说,代表了下一代信息发展技术,随着各方面的共同努力,物联网技术会对中国整个经济起到积极的推动作用。

思考题

1-1　简述物联网的概念、结构层次与特征。

1-2　物联网的关键要素和关键技术有哪些?

1-3　物联网目前面临的难点和挑战是什么?

1-4　简述物联网与传感网、互联网、泛在网的区别与联系。

1-5　简述目前国内国外物联网发展状况。

第2章　RFID技术

RFID和传感网具有不同的技术特点——传感网可以监测感应到各种信息，但缺乏对物品的标识能力；而RFID技术恰恰具有强大的标识物品能力。尽管RFID也经常被描述成一种基于标签的并用于识别目标的传感器，但RFID阅读器（读卡器）不能实时感应当前环境的改变，其读写范围受到阅读器与标签之间距离的影响。因此提高RFID系统的感应能力，扩大RFID系统的覆盖能力是亟待解决的问题。而传感器网络较长的有效距离将拓展RFID技术的应用范围。传感器、传感器网络和RFID技术都是物联网技术的重要组成部分，它们的相互融合和系统集成将极大地推动物联网的应用，其应用前景不可估量。

2.1　RFID技术概述

RFID射频识别是一种非接触式的自动识别技术，它通过射频信号自动识别目标对象并获取相关数据，识别工作无须人工干预，可工作于各种恶劣环境。RFID技术可识别高速运动物体并可同时识别多个标签，操作快捷方便。RFID是一种简单的无线系统，只有两个基本器件，该系统用于控制、检测和跟踪物体。系统由一个询问器（或阅读器）和很多应答器（或标签）组成。

2.1.1　自动识别技术

自动识别技术是应用一定的识别装置，通过被识别物品和识别装置之间的接触活动，自动地获取被识别物品的相关信息，并提供给后台的计算机处理系统来完成相关后续处理的一种技术。自动识别技术是以计算机技术和通信技术的发展为基础的综合性科学技术，它是信息数据自动识读、自动输入计算机的重要力法和手段，归根到底，自动识别技术是一种高度自动化的信息或者数据采集技术。

自动识别技术近几十年在全球范围内得到了迅猛发展，初步形成了一个包括条码技术、磁条磁卡技术、IC卡技术、光学字符识别、射频技术、声音识别及视觉识别等集计算机、光、磁、物理、机电、通信技术为一体的高新技术。

完整的自动识别计算机管理系统包括自动识别系统（Auto Identification System，AIDS），应用程序接口（Application Interface，API）或者中间件（Middleware）和应用系统软件（Application Software）。

也就是说，自动识别系统完成系统的采集和存储工作，应用系统软件对自动识别系统所采集的数据进行应用处理，而应用程序接口软件则提供自动识别系统和应用系统软件之间的通信接口包括数据格式，将自动识别系统采集的数据信息转换成应用软件系统可以识别和利用的信息并进行数据传递。

自动识别系统根据识别对象的特征可以分为两大类，分别是数据采集技术和特征提取技术。这两大类自动识别技术的基本功能都是完成物品的自动识别和数据的自动采集。数据采集技术的基本特征是需要被识别物体具有特定的识别特征载体(如标签等,仅光学字符识别例外),而特征提取技术则根据被识别物体的本身的行为特征(包括静态的、动态的和属性的特征)来完成数据的自动采集。

1. 条码技术

条码是由一组规则排列的条、空及相应的数字组成,这种用条、空组成的数据编码可以供条码阅读器识读,而且很容易译成二进制数和十进制数。这些条和空可以有各种不同的组合方法,构成不同的图形符号,即各种符号体系(也称码制),适用于不同的应用场合。

目前使用频率最高的几种码制是EAN、UPC、39码,交叉25码和EAN128码,其中UPC条码主要用于北美地区,EAN条码是国际通用符号体系,它们是一种定长、无含义的条码,主要用于商品标识。EAN128条码是由国际物品编码协会(EAN)和美国统一代码委员会(UCC)联合开发、共同采用的一种特定的条码符号。它是一种连续型、非定长有含义的高密度代码,用以表示生产日期、批号、数量、规格、保质期、收货地等更多的商品信息。另有一些码制主要是适应特殊需要的应用方面,如库德巴码用于血库、图书馆、包裹等的跟踪管理,25码用于包装、运输和国际航空系统为机票进行顺序编号,还有类似39码的93码,它密度更高些,可代替39码。

上述这些条码都是一维条码。为了提高一定面积上的条码信息密度和信息量又发展了一种新的条码编码形式——二维条码。从结构上讲,二维条码分为两类,其中一类是由矩阵代码和点代码组成,其数据是以二维空间的形态编码;另一类是包含重叠的或多行条码符号,其数据以成串的数据行显示。重叠的符号标记法有CODE 49、CODE 16K和PDF417。

PDF是便携式数据文件(Portable Data File)的缩写,简称为PDF417条码。417则与多宽度代码有关,用来对字符编码。PDF417是由Symbol Technologies Inc设计和推出的。重叠代码中包含了行与行尾标识符及扫描软件,可以从标签的不同部分获得数据,只要所有的行都被扫描到就可以组合成一个完整的数据输入,所以这种码的数据可靠性很好,对PDF417而言,标签上污损或毁掉的部分高达50%时,仍可以读取全部数据内容,因此具有很强的修正错误的能力。

PDF417条码是一种高密度、高信息含量的便携式数据文件,其特点为:信息容量大、编码应用范围广、保密防伪性能好、译码可靠性高、条码符号的形状可变。美国的一些州、加拿大部分省份已经在车辆年检、行车证年审及驾驶证年审等方面,将PDF417选为机读标准。巴林、墨西哥、新西兰等国家将其应用于报关单、身份证、货物实时跟踪等方面。

矩阵代码主要有:Maxicode,Data Matrix,Code One,Vericode和DotCode A,矩阵代码标签可以做得很小,甚至可以做成硅晶片的标签,因此适用于小物件。

条码成本最低、适于大量需求且数据不必更改的场合。例如商品包装上就很适宜,但是较易磨损、且数据量很小。而且条码只对一种或者一类商品有效,也就是说,同样的商品具有相同的条码。

2. 光学字符识别技术

光学字符识别(Optical Character Recognition,OCR)技术已有三十多年历史,近几年又出现了图像字符识别(Image Character Recognition,ICR)和智能字符识别(Intelligent Character

Recognition,ICR),实际上这三种自动识别技术的基本原理大致相同。

OCR三个重要的应用领域是:办公室自动化中的文本输入;邮件自动处理;与自动获取文本过程相关的其他领域,包括:零售价格识读,订单数据输入、单证、支票和文件识读,微电路及小件产品上状态特征识读等。

OCR优点是人眼可视读、可扫描,但输入速度和可靠性不如条码,数据格式有限,通常要用接触式扫描器。

采用自动化处理方法,使票据上加印的磁性墨水字输入电子阅读分类机,阅读票面上磁字的银行代号、金额、日期等资讯,再予以分类并核计,这是全世界各大票据交换所采用的一种技术,也就是磁性墨水字体辨认(Magnetic Ink Character Recognition,MICR),通称磁码。MICR是银行界用于支票的专用技术,在特定的领域中应用,接触识读,可靠性高,但成本也较高。

最新的OCR政府应用莫过于国家税务局的增值税进项发票的验证与识读扫描了。扫描系统通过扫描持票者持有的增值税发票抵扣联上的相关信息,包括发票号码、单位税号、金额、日期等七项指标,通过后台加密算法,计算出该张发票的正确密押,与抵扣联上右上角载明的密押进行比对,由此判定该发票的真伪。这种算法的应用可以杜绝假增值税发票。

3. 卡识别技术

(1) 磁条(卡)技术

磁条技术应用了物理学和磁力学的基本原理。对自动识别设备制造商来说,磁条就是一层薄薄的由定向排列的铁性氧化粒子组成的材料(也称为涂料),用树脂粘合在一起并粘在诸如纸或者塑料这样的非磁性基片上。

磁条技术的优点:数据可读写,即具有现场改写数据的能力;数据存储量能满足大多数需求,便于使用,成本低廉,还具有一定的数据安全性;能粘附于许多不同规格和形式的基材上。这些优点,使之在很多领域得到了广泛应用,如信用卡、银行ATM卡、机票、公共汽车票、自动售货卡、会员卡、现金卡(如电话磁卡)、地铁AFC等。

磁条技术是接触识读,它与条码有三点不同:一个是其数据可做部分读写操作;二是给定面积编码容量比条码大;三是对于物品逐一标识成本比条码高,接触性识读最大的缺点就是灵活性太差。

(2) IC卡识别技术

IC(Integrated Card)卡是1970年由法国人Roland Moreno发明的,他第一次将可编程设置的IC芯片放于卡片中,使卡片具有更多功能。通常说的IC卡多数是指接触式IC卡。

IC卡(接触式)和磁卡比较有以下特点:

- 安全性高;
- 存储容量大,便于应用,方便保管;
- 防磁、防一定强度的静电,抗干扰能力强,可靠性比磁卡高,使用寿命长,一般可重复读写10万次以上;
- 价格稍高些,由于它的触点暴露在外面,有可能因人为的原因或静电而损坏。

在日常生活中,IC卡的应用也比较广泛,如电话IC卡、购电(气)卡、手机SIM卡、牡丹交通卡(一种磁卡和IC卡的复合卡),以及即将大面积推广的智能水表、智能气表等。

4. 射频识别技术

射频识别技术的基本原理是电磁理论。射频系统的优点是不局限于视线,识别距离比光学系统远,射频识别卡具有读写能力、可携带大量数据、难以伪造和智能性较高等。射频识别和条码一样是非接触式识别技术,由于无线电波能“扫描”数据,所以 RFID 挂牌可做成隐形的,有些 RFID 产品的识别距离可以达到数百米,RFID 标签可做成可读写的。

射频标签最大的优点就在于非接触,因此完成识别工作时无须人工干预、适于实现自动化且不易损坏,可识别高速运动物体并可同时识别多个射频标签,操作快捷方便。射频标签不怕油渍、灰尘污染等恶劣的环境,短距离的射频标签可以在这样的环境中替代条码,例如用在工厂的流水线上跟踪物体。长距离的产品多用于交通上,可达几十米,如自动收费或识别车辆身份。

RFID 识别的缺点是标签成本相对较高,而且一般不能随意扔掉,而多数条码扫描寿命结束时可扔掉。

RFID 适用于物料跟踪、运载工具和货架识别等要求非接触数据采集和交换的场合,由于 RFID 标签具有可读写能力,对于需要频繁改变数据内容的场合尤为适用。

5. 生物识别技术

生物识别技术,是计算机利用有生命个体的生理特征或行为特征进行分析来识别验证个体身份的自动识别技术,如指纹识别和虹膜识别技术等。生物识别技术是依靠生物的生理或行为特征来进行身份验证的一种解决方案,由于这些特征具有不可复制的特性,使得生物识别技术的安全系数比起传统意义上的身份验证有了明显提高。

典型的生物识别系统一般包括三个部分,用于扫描或捕获个体的生理、行为特征的扫描、照相装置;用于对扫描到的信息进行分析、压缩,并且把扫描信息与系统中已经存储的信息(对比模板)比较分析的装置;其他设备接口的装置。这种技术不仅仅用于对个体的识别,也可以与其他的设备相结合,用于对系统进行安全控制。

生物识别技术广泛应用于安全控制领域。技术的成本和复杂性曾经限制了这种系统的应用,随着技术的发展,系统的成本持续下降,而系统的性能不断提高,系统在其他领域的应用也将逐渐扩大,生物识别技术在不断发展的信息世界中的地位越来越重要。

6. 声音识别技术

声音识别的迅速发展及高效可靠的应用软件的开发,使声音识别系统在很多方面得到了应用。这种系统可以用声音指令实现数据采集,其最大特点就是不用手和眼睛,这对那些采集数据同时还要完成手脚并用的工作场合,以及标签仅为识别手段,数据采集不实际或不合适的场合尤为适用。如汉字的语音输入系统就是典型的声音识别技术,但是误码率很高。我们可以再举一个例子,全球移动通信系统(Global System for Mobile Communications,GSM)手机上的语音电话存储也是一个典型的语音识别的例子,但电话号码的语音准确呼出距实用还有一段相当长的距离。

7. 图像识别

图像识别系统可以看成这样的系统:它能获取视觉图像,并通过一个特征抽取和分析的过程,自动识别限定的标志、字符、编码结构,或者可通过识别呈现出图像内的其他特征。

目前,图像识别技术已经广泛运用于工业生产、军事国防、医学医疗等多个方面。包括在我们日常生活的方方面面,图像识别技术的应用产品也无处不在,例如指纹锁、交通监管系统、家庭防盗系统、电子阅卷系统等等。

2.1.2 RFID技术的组成与特点

RFID技术是20世纪90年代开始兴起的一种自动识别技术,是一项利用射频信号通过空间耦合(交变磁场或电磁场)实现无接触信息传递并通过所传递的信息达到识别目的的技术。

RFID技术是一种非接触式的自动识别技术,它通过射频信号自动识别目标对象并获取相关数据,识别工作无须人工干预,可工作于各种恶劣环境。RFID技术还可识别高速运动物体并可同时识别多个标签,操作快捷方便。

RFID系统通常由电子标签(射频标签)和阅读器组成。电子标签内存有一定格式的电子数据,常以此作为待识别物品的标识性信息。应用中将电子标签附着在待识别物品上,作为待识别物品的电子标记。阅读器与电子标签可按约定的通信协议互传信息,通常的情况是由阅读器向电子标签发送命令,电子标签根据收到的命令,将内存的标识性数据回传给阅读器。这种通信是在无接触方式下,利用交变磁场或电磁场的空间耦合及射频信号调制与解调技术实现的。

电子标签具有各种各样的形状,但不是任意形状都能满足阅读距离及工作频率的要求,必须根据系统的工作原理,即磁场耦合(变压器原理)还是电磁场耦合(雷达原理),设计合适的天线外形及尺寸,电子标签如图2.1所示。电子标签通常由标签天线(或线圈)及标签芯片组成。标签芯片即相当于一个具有无线收发功能再加存储功能的单片系统(SOC)。

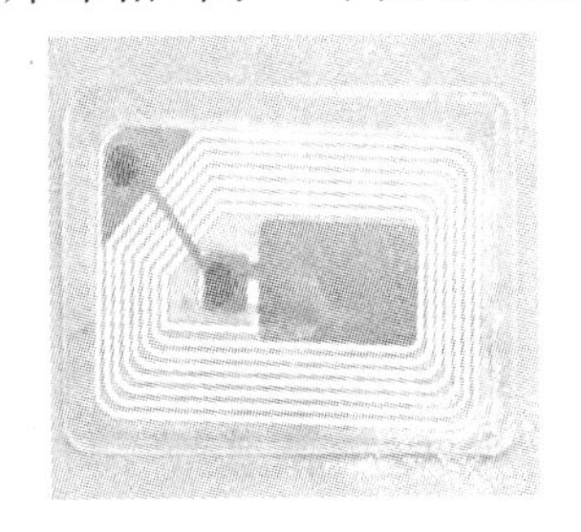
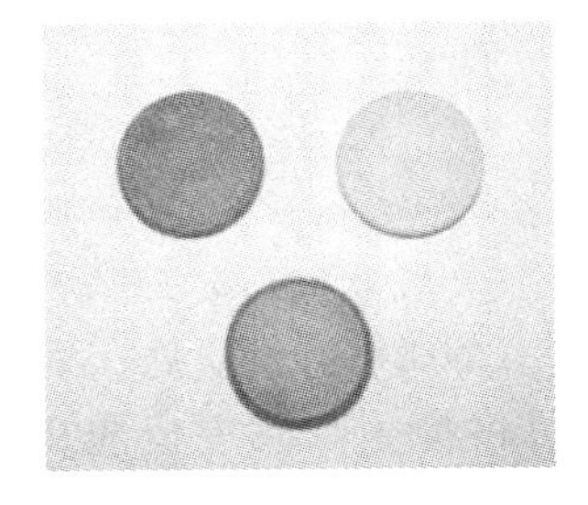

图2.1 电子标签

从纯技术的角度,射频识别技术的核心在电子标签,阅读器是根据电子标签的设计而设计的。虽然,在射频识别系统中电子标签的价格远比阅读器低,但通常情况下,在应用中电子标签的数量是很大的,尤其是物流应用中,电子标签有可能是海量并且是一次性使用的,而阅读器的数量则相对要少得多,阅读器的规格和外形如图2.2所示。

实际应用中,电子标签除了具有数据存储量、数据传输速率、工作频率、多标签识读特征等电学参数之外,还根据其内部是否需要加装电池及电池供电的作用而将电子标签分为无源标签(Passive Tag)、半无源标签(Semi-passive Tag)和有源标签(Active Tag)三种类型。

图 2.2　RFID 阅读器

无源标签没有内装电池,在阅读器(或称读卡器)的阅读范围之外时,标签处于无源状态,在阅读器的阅读范围之内时标签从阅读器发出的射频能量中提取其工作所需的电能。半无源标签内装有电池,但电池仅对标签内要求供电维持数据的电路或标签芯片工作所需的电压作辅助支持,标签电路本身耗电很少。标签未进入工作状态前,一直处于休眠状态,相当于无源标签。标签进入阅读器的阅读范围时,受到阅读器发出的射频能量的激励,进入工作状态时,用于传输通信的射频能量与无源标签一样源自阅读器。有源标签的工作电源完全由内部电池供给,同时标签电池的能量供应也部分地转换为标签与阅读器通信所需的射频能量。

射频识别系统的另一主要性能指标是阅读距离,也称为作用距离,它表示阅读器能够可靠地与电子标签交换信息阅读器能读取标签中的数据的最远距离。实际系统这一指标相差很大,并取决于标签及阅读器系统的设计、成本的要求、应用的需求等,范围从 0～100m 左右。典型的情况是,在低频 125kHz、13.56MHz 频点上一般均采用无源标签,作用距离在 10～30cm 左右,个别有到 1.5m 的系统。在高频 UHF 频段,无源标签的作用距离可达到 3～10m。更高频段的系统一般均采用有源标签。采用有源标签的系统有达到作用距离至 100m 左右。

从信息传递的基本原理来说,射频识别技术在低频段基于变压器耦合模型(初级与次级之间的能量传递及信号传递),在高频段基于雷达探测目标的空间耦合模型(雷达发射电磁波信号碰到目标后携带目标信息返回雷达接收机)。1948 年哈里斯托克曼发表的“利用反射功率的通信”奠定了射频识别射频识别技术的理论基础。

2.1.3　RFID 技术的发展

RFID 技术的应用始于第二次世界大战期间,至今已经有 60 多年。最早使用 RFID 技术的并不是沃尔玛或麦德龙,而是美国国防部军需供应局。早在二战时,它就被美军用于战争中识别自家和盟军的飞机,但昂贵的价格抑制了其广泛应用。美军在伊拉克战争中,采用了 RFID 技术、ERP 及供应链管理系统,实现了对战略物资的准确调配,保证了前线弹药和物资的准确供应。

射频识别技术的发展可按十年期划分如下:

1) 1940—1950 年,雷达的改进和应用催生了射频识别技术,1948 年奠定了射频识别技术的理论基础。

2) 1950—1960 年,早期射频识别技术的探索阶段,主要处于实验室研究。

3) 1960—1970 年,射频识别技术的理论得到了发展,开始了一些应用尝试。

4) 1970—1980 年,射频识别技术与产品研发处于一个大发展时期,各种射频识别技术测试得到加速,出现了一些最早的射频识别应用。

5）1980—1990 年，射频识别技术及产品进入商业应用阶段，各种规模应用开始出现。

6）1990—2000 年，射频识别技术标准化问题日趋得到重视，射频识别产品得到广泛采用，射频识别产品逐渐成为人们生活中的一部分。

7）2000 年后，标准化问题日趋为人们所重视，射频识别产品种类更加丰富，有源电子标签、无源电子标签及半无源电子标签均得到发展，电子标签成本不断降低，规模应用行业扩大。至今，射频识别技术的理论得到丰富和完善。单芯片电子标签、多个电子标签识读、无线可读可写、无源电子标签的远距离识别、适应高速移动物体的射频识别技术与产品正在成为现实并走向应用。

2.2　RFID 系统工作的物理学原理

大部分的 RFID 系统的物理原理都与感应耦合有关。因此，要正确理解能量和数据的传送原理就必须对磁现象有一个基本的了解。本节对与 RFID 相关的磁场方面的相关知识做详细介绍。在 RFID 系统中，电磁场经典领域里的电磁波的频率都在 30MHz 以上。

2.2.1　相关的电磁场基本原理

读写器和电子标签通过各自的天线构建了两者之间的非接触信息传输信道。这种空间信息传输信道的性能完全由天线周围的场区特性决定，这是电磁传播的基本规律。射频信息加载到天线上以后，在紧邻天线的空间中，除了辐射场以外，还有一个非辐射场。该场与距离的高次幂成反比，随着离开天线的距离增大而迅速减小。在这个区域，由于电抗场占优势，因此该区域被称为电抗近场区，它的边界约为 1 个波长。超过电抗近场区，就是辐射场区。按照离开天线距离的远近，又把辐射场区分为辐射近场区和辐射远场区。根据观测点距离天线距离的不同，天线周围辐射的场呈现出来的性质也不相同。通常可以根据观测点距离天线的距离将天线周围的场划分为三个区域：无功近场区、辐射近场区和辐射远场区。

(1) 无功近场区

无功近场区也被称为电抗近场区，它是天线辐射场中紧邻天线口径的一个近场区域。在该区域中，电抗性储能场处于支配地位，通常该区域的界限取为距天线口径表面 $\lambda/2\pi$ 处。从物理概念上讲，无功近场区是一个储能场，其中的电场与磁场的转换类似于变压器中的电场、磁场之间的转换。如果在其附近还有其他金属物体，这些物体会以类似电容、电感耦合的方式影响储能场，因而也可以将这些金属物体看作组合天线（原天线与这些金属物组成的新的天线）的一部分。在该区域中束缚于天线的电磁场没有做功（只是进行相互转换），因而将该区域称为无功近场区。

(2) 辐射近场区

超过电抗近场区就到了辐射场区，辐射场区的电磁能已经脱离了天线的束缚，并作为电磁波进入了空间。按照离开天线距离的远近，又把辐射场区分为辐射近场区和辐射远场区。

在辐射近场区中，场区中辐射场占优势，并且辐射场的角度分布与距离天线口径的距离有关。天线各单元对观察点辐射场的贡献，其相对相位和相对幅度是天线距离的函数。对于通常的大天，此区域也被称为菲涅尔区。由于大型天线的远场测试距离很难满足，因此研究该区域中场的角度分布对于大型天线的测试非常重要。

(3) 辐射远场区

辐射远场区就是人们常说的远场区,又称为夫朗禾费区。在该区域中,辐射场的角度分布与距离无关。严格地讲,只有距离天线无穷远处才能到达天线的远场区。但在某个距离上,辐射场的角度分布与无穷远时的角度分布误差在允许的范围以内时,即把该点至无穷远的区域称为天线远场区。

天线的方向性即指该辐射区域中辐射场的角度分布,因此远场区是天线辐射场区中重要的一个。公认的辐射近场区与远场区的分界距离 R 为

$$R=\frac{2D^2}{\lambda} \tag{2-1}$$

式中,D 为天线直径;λ 为天线波长,$D \geqslant \lambda$。

对于天线而言,满足天线的最大尺寸 L 小于波长 λ 时,天线周围只存在无功近场区与辐射远场区,没有辐射近场区。无功近场区的外界约为 $\lambda/2\pi$,超过这个距离,辐射场就占主导地位。一般满足 $L/\lambda \ll 1$ 的天线称为小天线。

对射频识别系统和电子标签而言,一般情况下,由于对电子标签尺寸的限制,以及读写器天线应用时的尺寸限制,绝大多数情况下,采用 $L/\lambda \ll 1$ 或 $L/\lambda < 1$ 的天线结构模式。天线的无功近场区和远场区的距离可以根据波长进行估算。

2.2.2 数据传输原理

射频识别系统中,读写器和电子标签之间的通信是通过电磁波来实现的,按照通信距离,可分为近场和远场。相应地,读写器和电子标签之间的数据交换方式也被划分为负载调制和反向散射调制。

(1) 负载调制

近距离低频射频识别系统是通过准静态场的耦合来实现的。在这种情况下,读写器和电子标签之间的天线能量交换方式类似于变压器模型,称之为负载调制。负载调制实际是通过电子标签天线上的负载电阻的接通和断开,来使读写器天线上的电压发生变化,实现用近距离电子标签对天线电压进行振幅调制。通过数据来控制负载电压的接通和断开,那么这些数据就能够从电子标签传输到读写器了。这种调制方式在 125kHz 和 13.56MHz 射频识别系统中得到了广泛应用。

(2) 反向散射调制

在典型的远场,如 915MHz 和 2.45GHz 的射频识别系统中,读写器和电子标签之间的距离有几米,而载波波长仅有几到几十厘米。读写器和电子标签之间的能量传递方式为反向散射调制。

反向散射调制是指无源射频识别系统中电子标签将数据发送回读写器时所采用的通信方式。电子标签返回数据的方式是控制天线的阻抗,控制电子标签天线阻抗的方法有很多种,都是基于"阻抗开关"的方法。实际采用的几种阻抗开关有变容二极管、逻辑门、高速开关等。

要发送的数据信号是具有两种电平的信号,通过一个简单的混频器(逻辑门)与中频信号完成调制,调制结果连接到一个"阻抗开关",由阻抗开关改变天线的发射系数,从而对载波信号完成调制。

这种数据调制方式和普通的数据通信方式有很大的区别，在整个数据通信链路中，仅仅存在一个发射机，却完成了双向的数据通信。电子标签根据要发送的数据通过控制天线开关来改变匹配程度。这样，从标签返回的数据就被调制到了返回的电磁波幅度上。

对于无源电子标签来说，还涉及波束供电技术，无源电子标签工作所需能量直接从电磁波束中获取。与有源射频识别系统相比，无源系统需要较大的发射功率，电磁波在电子标签上经过射频检波、倍压、稳压、存储电路处理，转化为电子标签工作时所需的工作电压。

2.3　RFID 系统的分类

根据不同的标准，RFID 系统有不同的分类方式，下面介绍几种常见的分类方式。

1. 根据读取电子标签数据的技术实现手段分类

根据读取电子标签数据的技术实现手段，可将其分为广播发射式、倍频式和反射调制式三大类：

1）广播发射式射频识别系统实现起来最简单。电子标签必须采用有源方式工作，并实时将其储存的标识信息向外广播，阅读器相当于一个只收不发的接收机。这种系统的缺点是电子标签因不停地向外发射信息，既费电又对环境造成电磁污染，而且系统不具备安全保密性。

2）倍频式射频识别系统实现起来有一定难度。一般情况下，阅读器发出射频查询信号，电子标签返回的信号载频为阅读器发出射频的倍频。这种工作模式对阅读器接收处理回波信号提供了便利，但是，对无源电子标签来说，电子标签将接收的阅读器射频能量转换为倍频回波载频时，其能量转换效率较低，提高转换效率需要较高的微波技巧，这就意味着更高的电子标签成本。同时这种系统工作要占用两个工作频点，一般较难获得无线电频率管理委员会的产品应用许可。

3）反射调制式射频识别系统实现起来要解决同频收发问题。系统工作时，阅读器发出微波查询（能量）信号，电子标签（无源）将部分接收到的微波查询能量信号整流为直流电供电子标签内的电路工作，另一部分微波能量信号被电子标签内保存的数据信息调制（ASK）后反射回阅读器。阅读器接收到反射回的幅度调制信号后，从中解出电子标签所保存的标识性数据信息。系统工作过程中，阅读器发出微波信号与接收反射回的幅度调制信号是同时进行的。反射回的信号强度较发射信号要弱得多，因此技术实现上的难点在于同频接收。

2. 根据电子标签的有源和无源分类

根据电子标签内是否装有电池为其供电，又可将其分为有源系统和无源系统及半无源系统三大类：

1）有源电子标签内装有电池，一般具有较远的阅读距离，不足之处是电池的寿命有限（3～10 年）；有源电子标签又称主动标签，标签的工作电源完全由内部电池供给，同时标签电池的能量供应也部分地转换为电子标签与阅读器通信所需的射频能量，有源电子标签如图 2.3 所示。

2）无源电子标签内无电池，它接收到阅读器（读出装置）发出的微波信号后，将部分微波能量转化为直流电，一般可做到免维护。相比有源系统，无源系统在阅读距离及适应物体运动速度方面略有限制。无源电子标签如图 2.4 所示。

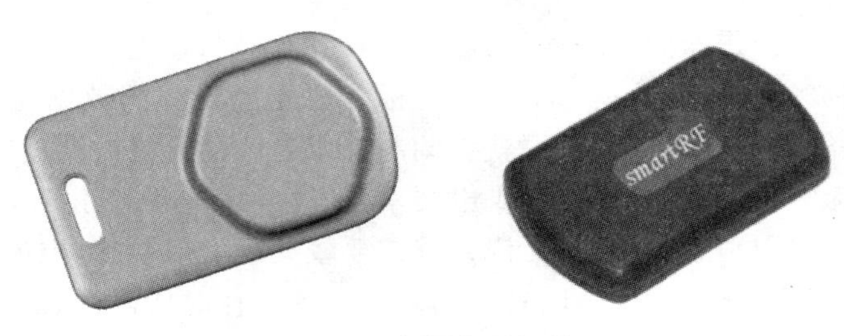

图 2.3　有源电子标签

无源电子标签(被动标签)没有内装电池,在阅读器的读出范围之外时,电子标签处于无源状态,在阅读器的读出范围之内时,电子标签从阅读器发出的射频能量中提取其工作所需的电源。无源电子标签一般均采用反射调制方式完成电子标签信息向阅读器的传送,图 2.5 所示为无源 RFID 电子锁。

图 2.4　无源电子标签

图 2.5　无源 RFID 电子锁

3) 半无源射频标签内的电池仅对标签内要求供电维持数据的电路、工作时需电压辅助支持的标签芯片或本身耗电很少的标签电路供电。标签未进入工作状态前,一直处于休眠状态,相当于无源标签,标签内部电池能量消耗很少,因而电池可维持几年,甚至长达 10 年有效;当标签进入阅读器的读出区域时,受到阅读器发出的射频信号激励,进入工作状态时,标签与阅读器之间信息交换所需的能量以阅读器供应的射频能量为主(反射调制方式),标签内部电池的作用主要在于弥补标签所处位置的射频场强不足,标签内部电池的能量并不转换为射频能量。半无源电子标签的如图 2.6 所示。

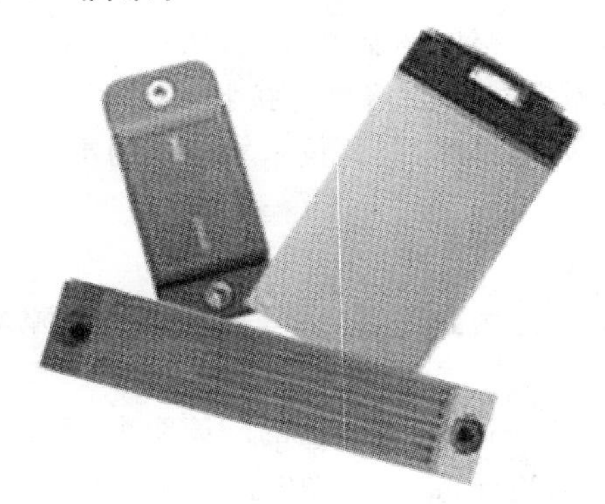

图 2.6　半无源电子标签

3. 根据电子标签内保存的信息注入的方式分类

根据电子标签内保存的信息注入的方式可将其为分集成电路固化式、现场有线改写式和现场无线改写式三大类：

1）集成固化式电子标签内的信息一般在集成电路生产时即以 ROM 工艺模式注入，其保存的信息是一成不变的；

2）现场有线改写式电子标签一般将电子标签保存的信息写入其内部的 E2 存储区中，改写时需要专用的编程器或写入器，改写过程中必须为其供电；

3）现场无线改写式电子标签一般适用于有源类电子标签，具有特定的改写指令，电子标签内保存的信息也位于其中的 E2 存储区。

一般情况下改写电子标签数据所需时间远大于读取电子标签数据所需时间。通常，改写所需时间为秒级，阅读时间为毫秒级。

4. 根据电子标签的存储器类型分类

电子标签中的用户数据分为三类：只读型、读写型、一次可写型。只读型存储器在出厂时已经写入固定数据，用户不得修改；读写型存储器允许用户进行多次擦写，方便数据更新；一次可写型存储器允许用户写入一次数据，但写入后不得再修改。

5. 按照工作频率分类

射频识别技术依其采用的频率不同可分为低频、高频、超高频和微波系统：

1）低频系统一般指其工作频率小于 30MHz，典型的工作频率有：125kHz、225kHz、13.56MHz 等，基于这些频点的射频识别系统一般都有相应的国际标准。其基本特点是电子标签的成本较低、标签内保存的数据量较少、阅读距离较短（无源情况，典型阅读距离为 10cm）、电子标签外形多样（卡状、环状、纽扣状、笔状）、阅读天线方向性不强等。

2）高频系统一般指其工作频率大于 400MHz，典型的工作频段有：915MHz、2450MHz、5800MHz 等。高频系统在这些频段上也有众多的国际标准予以支持。高频系统的基本特点是电子标签及阅读器成本均较高、标签内保存的数据量较大、阅读距离较远（可达几米至十几米），适应物体高速运动性能好，外形一般为卡状，阅读天线及电子标签天线均有较强的方向性。图 2.7 为高频电子标签的示意图。

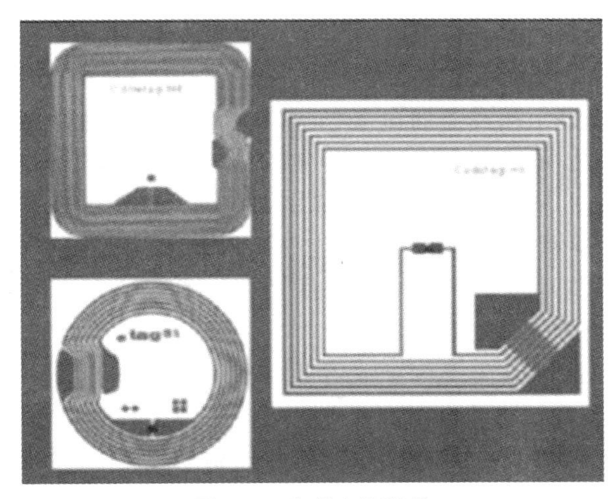

图 2.7　高频电子标签

3）超高频与微波频段的电子标签，简称为微波电子标签，其典型工作频率为：433.92MHz，862(902)～928MHz，2.45GHz，5.8GHz。微波电子标签可分为有源标签与无源标签两类。工作时，电子标签位于阅读器天线辐射场的远区场内，标签与阅读器之间的耦合方式为电磁耦合方式。阅读器天线辐射场为无源标签提供射频能量，将有源标签唤醒。相应的射频识别系统阅读距离一般大于1m，典型情况为4～7m，最大可达10m以上。阅读器天线一般均为定向天线，只有在阅读器天线定向波束范围内的电子标签可被读/写。

2.4 RFID技术的原理

标签进入磁场后，接收解读器发出的射频信号，凭借感应电流所获得的能量发送出存储在芯片中的产品信息(Passive Tag，无源标签或被动标签)，或者主动发送某一频率的信号(Active Tag，有源标签或主动标签)；解读器读取信息并解码后，送至中央信息系统进行有关数据处理。

2.4.1 工作原理

1. 系统组成

射频识别系统由电子标签(射频卡)、阅读器和数据交换与管理系统三部分组成，如图2.8所示。

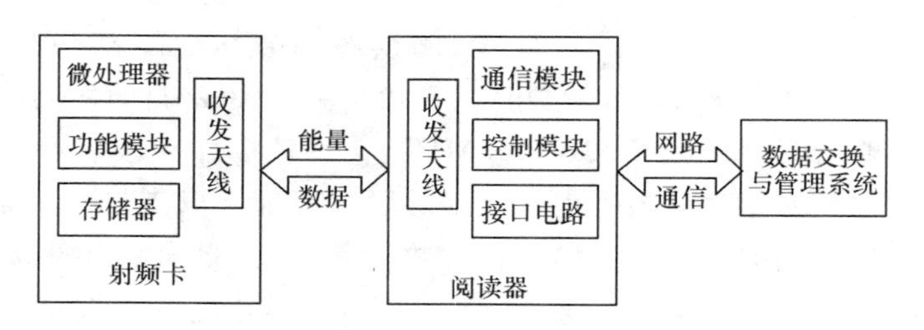

图2.8　RFID系统的组成结构

电子标签内存有一定格式的电子数据，作为待识别物品的标识性信息。应用中将电子标签附着在待识别物品上，作为待识别物品的电子标记。阅读器与电子标签可按约定的通信协议互传信息，通常的情况是由阅读器向电子标签发送命令，电子标签根据收到的阅读器的命令，将内存的标识性数据回传给阅读器。这种通信是在无接触方式下，利用交变磁场或电磁场的空间耦合及射频信号调制与解调技术实现的。

1）电子标签(Tag，即射频卡)：由耦合元件及芯片组成，标签含有内置天线，用于射频天线间的通信。

2）阅读器(Reader)：读取(在读写卡中还可以写入)标签信息的设备。

3）微型天线(Antenna)：在标签和读取器间传递射频信号，如图2.9所示。

图2.9　RFID微型天线

2. 系统的基本工作原理

RFID使用专用的RFID读写器及专门的可附着于目标物的RFID单元,利用射频信号将信息由RFID单元传送至RFID读写器;阅读器通过发射天线发送一定频率的射频信号,当射频卡进入发射天线工作区域时产生感应电流,射频卡获得能量被激活;射频卡将自身编码等信息通过卡内置发送天线发送出去;系统接收天线接收到从射频卡发送来的载波信号,经天线调节器传送到阅读器,阅读器对接收的信号进行解调和解码然后送到后台主系统进行相关处理;主系统根据逻辑运算判断该卡的合法性,针对不同的设定做出相应的处理和控制,发出指令信号控制执行机构动作。

阅读器均可简化为高频接口和控制单元两个基本模块。高频接口包含发送器和接收器,其功能包括:产生高频发射功率以启动射频卡并提供能量;对发射信号进行调制,用于将数据传送给射频卡;接收并解调来自射频卡的高频信号。而控制单元的功能包括:与应用系统软件进行通信,并执行应用系统软件发来的命令;控制与射频卡的通信过程(主一从原则);信号的编解码。对一些特殊的系统还有执行反碰撞算法,对射频卡与阅读器间要传送的数据进行加密和解密,以及进行射频卡和阅读器间的身份验证等附加功能。

射频识别系统的基本工作流程如下:

1) 读写器将无线电载波信号经过发射天线向外发射;

2) 当电子标签进入发射天线的工作区时,电于标签被激活,将自身信息的代码经天线发射出去;

3) 系统的接收天线接收电子标签发出的载波信号,经天线的调节器传输给读写器。读写器对接收到的信号进行解调解码,送往后台的电脑控制器;

4) 电脑控制器根据逻辑运算判断该标签的合法性;同时设定做出相应的处理和控制,发出指令信号控制执行机构的动作;

5) 执行机构按照电脑的指令动作;

6) 通过计算机通信网络将各个监控点连接起来,项目设计不同的软件来完成要实现的功能。

2.4.2 标签原理

RFID标签由两部分组成——芯片和专用天线。通过天线,芯片可以接收和传输信号,如商品的身份数据信息。标签靠其偶极子天线获得能量,并由芯片(IC)控制接收、发送数据。

标签IC主要由模拟RF接口、数据控制及EEPROM三个模块构成,如图2.10所示。

模拟RF接口模块为IC提供稳定电压,并将获得的数据解调后供数据模块处理,同时将数据调制后返回给读写器。数字处理模块包括状态转换机、读写协议执行、与EEPROM的数据交换处理等功能。

标签内置2048bit的EEPROM,分成64块(Block),每块32bit。其中8byte为ID存储空间,216byte为用户存储空间。每字节都有相应的锁定位,该位被置"1"就不能再被改变。可以通过LOCK命令将其锁定,通过Query lock(查询锁定)命令读取锁定位的状态,锁定位不允许被复位。Byte0～7被锁定,为标签的标识码(Unique ID)。64bitUID包含50bit的独立的串号、12bit的边界码和一个两位的校验码。Byte 8～219是未锁定空间,供用户使用。

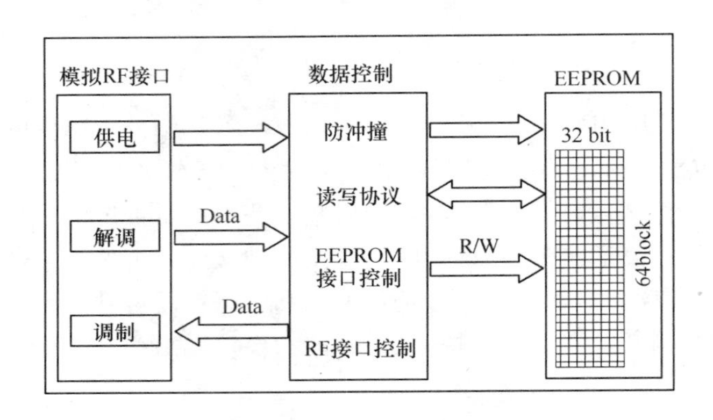

图 2.10 标签的结构

Byte220～223 也是未锁定的，作为写操作完毕的标志 bit 或者用户空间。

标签的读写命令格式如下：

帧头探测段	帧头	开始符	命令	地址	字节	掩码	数据	CRC

帧头探测段是一个至少持续 400Ls 的稳定无调制载波(相当于 16bit 数据的传输)；帧头是 9bit 的 NRZ 格式的 manchester“O”，即：010101010101010101；开始符是用来标记有效数据，原返回率采用 5 位的开始符(1100111010)，4 倍返回率采用开始符(11011100101)；CRC 采用 16bit 的 CRC 编码。

标签的应答格式如下：

静默(Quiet)	返回帧头	数据	CRC

静默是标签持续 2byte 的无反向散射(40kb/s 的速率下相当于 400s 的持续时间)；返回帧头是：“0000010101010101010101000110110001”；CRC 采用 16bit 的 CRC 编码。

充电后的 IC 有三种主要数字状态：准备(READY，初始状态)、识别(ID，标签期望读写器识别的状态)和数据交换(DATE EXCHANGE，标签已被识别状态)，如图 2.11 所示。

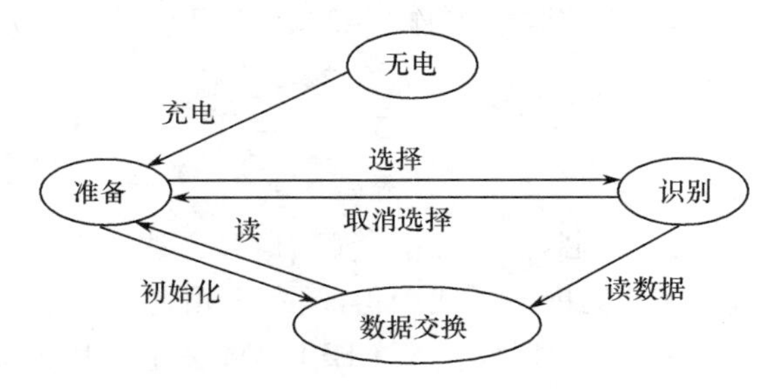

图 2.11 状态转换

首先，标签进入读写器的射频场，从无电状态进入准备状态。读写器通过“组选择”和“取消选择”命令来选择工作范围内处于准备状态中所有或者部分的标签，来参与冲突判断过程。为解决冲突判断问题，标签内部有两个装置：一个 8bit 的计数器；一个 0 或 1 的随机数发生器。标签进入 ID 状态的同时把它的内部计数器清“0”。它们中的一部分可以通过接收超高频射频识别系统读写器“取消”命令重新回到准备状态，其他处在识别状态的标签进入冲突判断过程。被选中的标签开始进行下面循环：

1）所有处于ID状态并且内部计数器为0的标签将发送它们的UID。

2）如果多于一个的标签发送，读写器将发送失败命令。

3）所有收到失败命令且内部计数器不等于0的标签将其计数器加1。收到失败命令且内部计数器等于0的标签（刚刚发送过应答的标签）将产生一个“1”或“0”的随机数，如果是“1”，它将自己的计数器加1；如果是“0”，就保持计数器为0并且再次发送它们的UID。

4）如果有一个以上的标签发送，将重复第2步操作。

5）如果所有标签都随机选择了“1”，则读写器收不到任何应答，它将发送成功命令，所有应答器的计数器减1，然后计数器等于0的应答器开始发送，接着重复第2步操作。

6）如果只有一个标签发送并且它的UID被正确接收，读写器将发送包含UID的数据读命令，标签正确接收该条命令后将进入数据交换状态，接着将发送它的数据。读写器将发送成功命令，使处于ID状态的标签的计数器减1。

7）如果只有一个标签的计数器等于1并且返回应答，则重复第5和第6步操作；如果有一个以上的标签返回应答，则重复第2步操作。

8）如果只有一个标签返回应答，并且它的UID没有被正确接收，读写器将发送一个重发命令。如果UID被正确接收，则重复第5步操作。如果UID被重复几次接收（这个次数可以基于系统所希望的错误处理标准来设定），就假定有一个以上的标签在应答，重复第2步操作。

2.4.3 读写器原理

RFID阅读器连接着天线和计算机网络，它向RFID标签发出一定频率的查询信号后，标签发出反馈信号，信号中包含了诸如产品代码之类的信息，由阅读器将信号处理后传给计算机网络。例如，商店售货员如果想了解货架上商品的种类和数量，只要用阅读器扫描货架即可，极大地方便了商品的管理。

RFID标签读写设备（阅读器、读卡器）是射频识别系统的重要组成部分。射频标签读写设备根据具体实现功能的特点也有一些其他较为流行的别称，如：阅读器（Reader）、查询器（Interrogator）、通信器（Communicator）、扫描器（Scanner）、读写器（Reader and Writer）、编程器（Programmer）、读出装置（Reading Device）、便携式读出器（Portable Readout Device）、AEI设备（ Automatic Equipment Identification Device）等。

通常情况下，射频标签读写设备应根据射频标签的读写要求及应用需求情况来设计。随着射频识别技术的发展，射频标签读写设备也形成了一些典型的系统实现模式。

读写器即对应于射频标签读写设备，读写设备与射频标签之间必然通过空间信道实现读写器向射频标签发送命令，射频标签接收读写器的命令后做出必要的响应，由此实现射频识别。

此外，在射频识别应用系统中，一般情况下，通过读写器实现的对射频标签数据的无接触收集或由读写器向射频标签中写入的标签信息均要回送应用系统或来自应用系统，这就形成了射频标签读写设备与应用系统程序之间的接口API（Application Program Interface）。一般情况下，要求读写器能够接收来自应用系统的命令，并且根据应用系统的命令或约定的协议作出相应的响应（回送收集到的标签数据等）。

读写器本身从电路实现角度来说，又可划分为两大部分：射频模块（射频通道）与基带模块。

射频模块实现的任务主要有两项,第一项是实现将读写器与发往射频标签的命令调制(装载)到射频信号(也称为读写器/射频标签的射频工作频率)上,经由发射天线发送出去。发送出去的射频信号(可能包含有传向标签的命令信息)经过空间传送(照射)到射频标签上,射频标签对照射到其上的射频信号作出响应,形成返回读写器天线的反射回波信号。射频模块的第二项任务即是实现将射频标签返回到读写器的回波信号进行必要的加工处理,并从中解调(卸载)提取出射频标签回送的数据。

基带模块实现的任务也包含两项,第一项是将读写器智能单元(通常为计算机单元 CPU 或 MPU)发出的命令加工(编码),便于调制(装载)到射频信号上。第二项任务即是实现对经过射频模块解调处理的标签回送数据信号进行必要的处理(包含解码),并将处理后的结果送入读写器智能单元。

一般情况下,读写器的智能单元也划归基带模块部分。智能单元从原理上来说,是读写器的控制核心,从实现角度来说,通常采用嵌入式 MPU,并通过编制相应的 MPU 控制程序来实现收发信号的智能处理及与后续应用程序之间的接口 API。

射频模块与基带模块的接口为调制(装载)/解调(卸载),在系统实现中,通常射频模块包括调制/解调部分,并且也包括解调之后对回波小信号的必要加工处理(如放大、整形)等。射频模块的收发分离是采用单天线系统时射频模块必须处理好的一个要害问题。

发送设备系统主要分为控制单元和射频接口两部分。控制单元由 MCU(Micro Controller Unit)和编码电路构成,担负着以下任务:

1) 与应用系统软件 PC 端进行通信并执行应用系统软件发来的命令。

2) 控制与电子标签的通信过程。

3) 信号的编码与解码。

4) 执行反碰撞算法。

5) 对电子标签与读写器之间要传送的数据进行加密和解密。

6) 进行读写器和电子标签之间的身份验证。为了完成这些复杂的任务及后续的信号处理,MCU 拟采用 ARM7 系列 32 位微处理器。

射频接口完成对编码信号的调制、滤波、放大。

在 RFID 读写器中,发送设备不是独立的,而是与接收设备配合工作的。环形器的作用是实现信号发送与接收的时分复用。

915MHz RFID 读写器发送设备的工作过程如下:

1) MCU 微控制器接收计算机发来的操作命令,启动应用程序,将相应的操作命令发送到编解码电路。

2) 编码电路根据 MCU 微控制器传来的操作命令进行编码,形成基带信号送到整形电路和限幅电路进行处理,处理后的信号送往混频器(上变频)。

3) 混频器将编码电路送来的基带信号与本振信号混频,进行 ASK 调制。

4) 调制信号经带通滤波器滤波,以及功率放大器放大,再送往天线放大器放大,形成最终的发射信号。

5) 环形器将天线放大器电路传来的功率信号送至天线,发送给电子标签。

其中,频率合成器产生的本振信号的频率控制、调制深度设定、功率放大器增益控制均由

MCU 微控制器根据通信协议及系统工作条件等完成。

2.5　RFID 标准

从 2003 年开始，RFID 成为科技界最大的热点之一，随着计算机信息技术和超大规模集成电路技术的发展，射频识别技术已经越来越广泛地应用在包括物流仓储、商品零售、工业制造、身份识别、交通运输、动物识别、军事航空和防伪防盗等不同的应用领域。但是目前状况是标准不统一，导致不同的 RFID 产品不能相互兼容。如同条形码一样，射频识别技术的应用是全球性的，因而标准化工作十分必要，国内 RFID 发展的当务之急是建立自己的标准。

RFID 标准体系主要由空中接口规范、物理特性、读写器协议、编码体系、测试规范、应用规范、数据管理、信息安全等标准组成。目前国际上制订 RFID 标准的主要组织是国际标准化组织(ISO/IEC)，ISO/IEC JTC1 负责制订与 RFID 技术相关的国际标准，ISO 其他有关技术委员会也制订部分与 RFID 应用有关的标准，还有一些相关的组织也开展了 RFID 标准化工作。但是相关标准之间缺乏达成一致的基础，目前国际标准化组织正在积极推动 RFID 应用层面上的互联互通。

2.5.1　RFID 标准体系

标准化的意义在于改进产品、过程和服务的适用性，防止贸易壁垒，促进技术合作。射频识别技术标准化的主要目的是通过制定、发布和实施标准，解决编码、通信、空中接口和数据共享等问题，促进 RFID 技术及相关系统的应用。

RFID 标准体系基本结构如图 2.12 所示，主要包括技术标准、应用标准、数据内容标准和性能标准。其中编码标准和通信协议(通信接口)是争夺比较激烈的部分，也是 RFID 标准的核心。

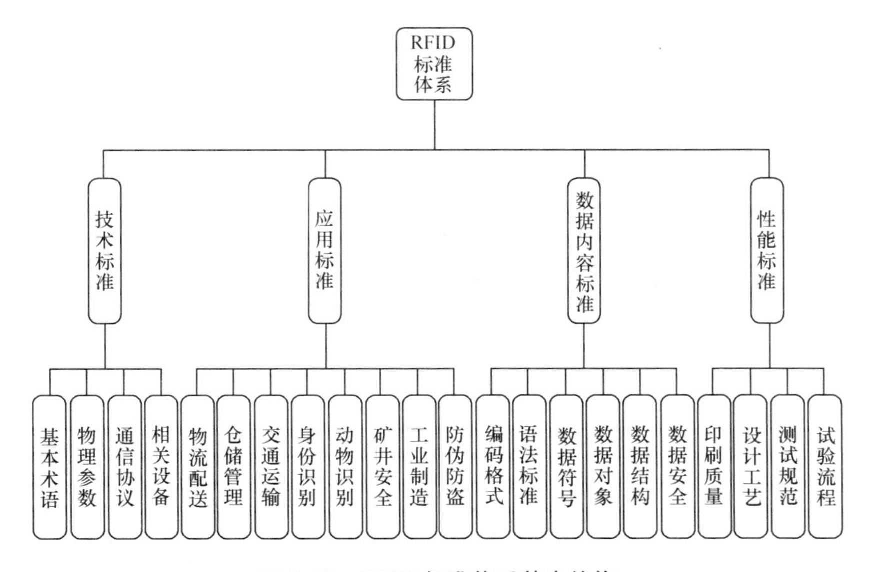

图 2.12　RFID 标准体系基本结构

RFID技术标准主要定义了不同频段的空中接口及相关参数,包括基本术语、物理参数、通信协议和相关设备等。例如,RFID中间件是RFID标签和应用程序之间的媒介,从应用程序端使用中间件所提供的一组应用程序接口(API),即能连接到RFID读写器,读取RFID标签数据。RFID中间件采用程序逻辑及存储再转送的功能来提供顺序的消息流,具有数据流设计与管理的能力。RFID技术标准结构如图2.13所示。

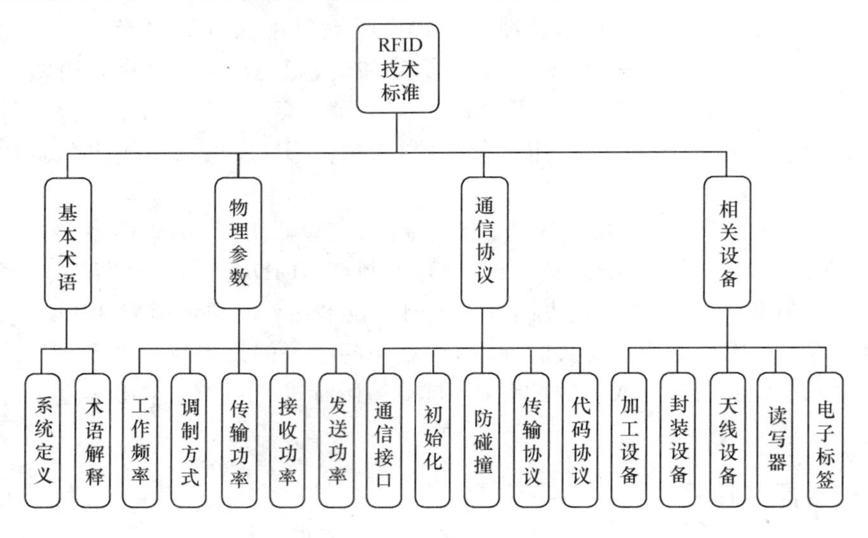

图2.13　RFID技术标准结构

针对RFID技术的广阔应用前景,我国应当了解RFID应用领域的现状(如物流仓储、商品零售、产品跟踪、工业制造、身份识别、资产管理、交通运输、动物识别、军事航空和防伪防盗等),研究RFID技术应用标准体系,阐明符合重点行业特点的RFID应用模式,从而加快射频识别技术在重点行业的应用,提高射频识别技术的应用水平,促进物流、电子商务等信息技术的发展,推动自动识别产业的发展,并提供咨询服务。

RFID应用标准主要涉及特定领域或环境中RFID的构建规则,包括RFID在物流配送、仓储管理、交通运输、信息管理、动物识别、矿井安全、工业制造等领域的应用标准和规范。

RFID数据内容标准主要涉及数据协议、数据编码规则及语法,包括编码格式、语法标准、数据符号、数据对象、数据结构和数据安全等。RFID数据内容标准能够支持多种编码格式。

RFID性能标准主要涉及设备性能及一致性测试方法,尤其是数据结构和数据内容(即编码格式及其内存分配),主要包括印刷质量、设计工艺、测试规范和试验流程等。

由于Wi-Fi、WiMAX(Worldwide Interoperability for Microwave Acess,微波接入全球互通)、蓝牙、ZigBee、专有短程通信协议及其他短程无线通信协议正用于RFID系统融入到RFID设备当中,这使得RFID标准所包含的范围正在不断扩大,实际应用将变得更为复杂。

RFID标准,无论是数量,还是质量,都需要统一和更新,如果没有统一的标准,制造商生产的时候就会出现很多的问题,也会产生不兼容等复杂的问题;而且标准要随着大环境变化而更新。

所以,在充分考虑我国国情和利用我国优势的前提下,应该参照或引用ISO(International Organization for Standards)、IEC(International Electrotechnical Commission)、ITU(International Telecommunications Union)等国际标准并作出适当的修改,尽量掌握国家在电子标签

领域发展的主动权。RFID的广泛应用蕴藏着巨大的商业利益、还涉及国家安全信息等,因此我们应该全面部署电子标签标准体系,重视编码体系、频率划分及与知识产权相关的技术和应用,并推出具有我们自主知识产权的标准。

2.5.2 RFID技术标准

目前,RFID还未形成统一的全球化标准,但随着全球物流行业RFID大规模应用的开始,RFID标准的统一已经得到业界的广泛认同。RFID系统主要由数据采集和后台数据库网络应用系统两大部分组成。目前已经发布或者是正在制定中的标准主要是与数据采集相关的,其中包括电子标签与读写器之间的空气接口、读写器与计算机之间的数据交换协议、RFID标签与读写器的性能和一致性测试规范以及RFID标签的数据内容编码标准等。后台数据库网络应用系统目前并没有形成正式的国际标准,只有少数产业联盟制定了一些规范,现阶段还在不断演变中。

RFID标准争夺的核心主要在RFID标签的数据内容编码标准这一领域。目前,形成了五大标准组织,分别代表了国际上不同团体或者国家的利益。EPCglobal是由北美UCC产品统一编码组织和欧洲EAN产品标准组织联合成立,在全球拥有上百家成员,得到了零售巨头沃尔玛,制造业巨头强生、宝洁等跨国公司的支持。而AIM、ISO、UID则代表了欧美国家和日本;IP-X的成员则以非洲、大洋洲、亚洲等国家为主。比较而言,EPCglobal由于综合了美国和欧洲厂商,实力相对占上风。

ISO的RFID标准体系包括通用标准和应用标准两部分,通用标准提供了一个基本框架,应用标准是对它的补充和具体规定。ISO18000系列包括了有源和无源RFID技术标准,主要是基于物品管理的RFID空中接口参数。ISO 17363~17364是一系列物流容器识别的规范,它们还未被认定为标准。该系列内的每种规范都用于不同的包装等级,比如货盘、货箱、纸盒与个别物品。

目前在我国常用的两个RFID标准为用于非接触智能卡两个ISO标准:ISO 14443,ISO 15693。

ISO 14443和ISO 15693标准在1995年开始制订,其完成则是在2000年之后,二者皆以13.56MHz交变信号为载波频率。ISO 15693读写距离较远,而ISO 14443读写距离稍近,但应用较广泛。目前的第二代电子身份证采用的标准是ISO 14443 TYPE B协议。

2004年12月16日,非盈利性标准化组织——EPCglobal批准了向EPCglobal成员和签订了EPCglobal IP协议的单位免收专利费的空中接口新标准——EPC Gen2,这一标准是无线射频识别(RFID)技术、互联网和产品电子代码(EPC)组成的EPCglobal网络的基础。

EPC Gen 2的获批对于RFID技术的应用和推广具有非常重要的意义,它为在供应链应用中使用的UHF RFID提供了全球统一的标准,给物流行业带来了革命性的变革,推动了供应链管理和物流管理向智能化方向发展。

UHF第二代空中接口协议,是由全球60多家顶级公司开发的并达成一致用于满足终端用户需求的标准,是在现有4个标签标准的基础上整合并发展而来的。这4个标准是:英国大不列颠科技集团(BTG)的ISO-180006A标准,美国Intermec科技公司(Intermec Technologies)的ISO-180006B标准,美国Matrics公司(近期被美国Symbol科技公司收购)的Class 0标准,Alien Technology公司的Class 1标准。

主导日本RFID标准研究与应用的组织是T-引擎论坛(T-Engine Forum),该论坛已经拥有成员475家成员。值得注意的是成员绝大多数都是日本的厂商,如NEC、日立、东芝等,但是少部分来自国外的著名厂商也有参与,如微软、三星、LG和SKT。T-引擎论坛下属的泛在识别中心(Ubiquitous ID Center-UID)成立于2002年12月,具体负责研究和推广自动识别的核心技术,即在所有的物品上植入微型芯片,组建网络进行通信。UID的核心是赋予现实世界中任何物理对象唯一的泛在识别号(Ucode)。它具备了128位(128-bit)的充裕容量,提供了340×1036编码空间,更可以用128位为单元进一步扩展至256、384或512位。Ucode的最大优势是能包容现有编码体系的元编码设计,可以兼容多种编码,包括JAN、UPC、ISBN、IPv6地址、甚至电话号码。Ucode标签具有多种形式,包括条码、射频标签、智能卡、有源芯片等。泛在识别中心把标签进行分类,并设立了多个不同的认证标准。

从全球的范围来看,美国已经在RFID标准的建立、相关软硬件技术的开发、应用领域等方面走在世界的前列。欧洲RFID标准追随美国主导的EPC global标准。在封闭系统应用方面,欧洲与美国基本处在同一阶段。日本虽然已经提出UID标准,但主要得到的是本国厂商的支持,如要成为国际标准还有很长的路要走。RFID在韩国的重要性得到了加强,政府给予了高度重视,但至今韩国在RFID标准上仍没有确切的描述。

2.5.3 中国RFID标准

2004年2月,中国国家标准化管理委员会宣布成立电子标签国家标准工作组,负责起草、制定中国有关电子标签的国家标准。4月底,中国企业加入了RFID的全球化标准组织EPC Global,同期EPC Global China也已成立。与此同时,日本的RFID标准化组织T-Engine论坛与中国企业实华开合作成立了基于日本UID标准技术的实验室——UID中国中心。至此,国际两大RFID标准组织在中国的战略布局都已经完成。

面对国际两大标准组织互不兼容的局面,中国也开始着手制定自己的RFID标准。如何让国家标准与未来的国际标准相互兼容,让贴着RFID标签的中国产品顺利地在世界范围中流通,是当前重要而急切需要解决的问题。

目前中国电子标签国家标准工作组正在考虑制定中国的RFID标准,包括RFID技术本身的标准,如芯片、天线、频率等方面,以及RFID的各种应用标准,如RFID在物流、身份识别、交通收费等各领域的应用标准。最近有消息指出,该标准组将向国家标准委员会提交RFID国家标准的第二稿,预示着中国RFID标准出台在即。

2005年11月和12月,中国RFID产业联盟和电子标签标准工作组先后正式成立。截止到2009年5月31日,电子标签标准工作组共有96个成员,几乎涵盖整条产业链,还包括很多研究机构,现在已经立项的标准共25项,正在申请的标准有9项。

中国RFID标准的建立将随着RFID应用的逐渐增多和成本的逐渐下降开始加速。RFID标准的再次发展显示,在涉及国家信息安全的重大标准问题上,协调政府部门间工作、以应用带动标准、政府扶持本土研发力量十分关键。在各国标准竞争激烈、统一标准尚无法出台的情况下,自主标准应用先行、培育市场和产业链十分重要。政府应出面组织和扶持国内企业加快自主标准产品的研发和产业化,决策必须要有透明性和连续性,才能提高企业信心和参与热情 。

在中国推广自主标准的努力中,先依靠巨大的市场和龙头企业,培育产业链,以市场推广带动标准发展极为重要。另外,政府作用不可忽视,这一方面体现在政府是组织和培育本土研发力量的带领者,另一方面,政府在推广标准时的决心也很重要,当然,这与中国市场巨大,国际组织和国外企业不敢轻言放弃有关。

2.6　RFID 的安全问题

RFID 增加了供应链的透明度,但这给数据安全带来了新的隐患。企业要确保所有数据非常安全,不仅指自己的数据安全,还指交易伙伴的相关数据的安全。

2.6.1　RFID 技术存在的安全隐患

1) RFID 标签容易被黑客、扒手或者满腹牢骚的员工所操控。

2) 竞争对手或者入侵者把非法阅读器安装在网络上,然后把扫描来的数据发给别人。

2.6.2　RFID 安全问题解决方案

1. 流密码加密

加密过程可以用来防止主动攻击和被动攻击,因而明文可以在传输前进行加密,使隐藏的攻击者不能推断出信息的真实内容。

加密的数据传输总是按相同的模式进行:通过使用密钥 K1 和加密算法对传输数据(明文)进行处理,得到密文。任何对加密算法和加密密钥 K1 不了解的攻击者无法破解密文获得明文,即无法从密文中重现传输信息的真实内容。在接收端,使用解密密钥 K2 和解密算法可将密文恢复成明文。

根据所使用的加密密钥 K1 和解密密钥 K2 是否相同,可以将加密体制分为对称密钥体制和公钥密钥体制。对 RFID 系统来说,最常用的算法就是使用对称算法。如果每个符号在传输前单独加密,这种方法称为流密码(也称序列密码),相反,如果将多个符号划分为一组进行加密,则称其为分组密码,通常分组密码的计算强度大,因而分组密码在射频识别系统中用得较少。

2. 流密码产生

在数据流密码中,每一步都用不同的函数把明文的字符序列变换为密码序列的加密算法。为了克服密钥的产生和分配问题。系统应按照"一次插入"原则创建流密码。同时,系统使用所谓的伪随机数序列来取代真正的随机序列,伪随机序列由伪随机数发生器产生。

伪随机数发生器是由状态自动机产生的,它由二进制存储单元即所谓的触发器组成。使用伪随机发生器产生流密码的基本原理:由于流密码的加密函数可以随着每个符号随机地改变,因而此函数不仅依赖于当前输入的符号,而且还依赖于附加的特性即其内部状态 M。内部状态 M 在每一加密步骤后随状态变换函数 g(K)而改变。伪随机数发生器由部件 M 和 g(K)构成。密文的安全性主要取决于内部状态 M 的数量和状态变换函数 g(K)的复杂性。对于流密码的研究,主要是对伪随机数发生器的研究。另一方面,加密函数 f(K)本身通常是很简单的,可能仅包括了加法或"XOR"逻辑门。伪随机数发生器是由状态自动机实现的,它由二进制存储单元(即所谓的触发器)组成。如果一个状态自动机具有 n 个存储单元,则它可取 $2n$ 个不同的内部状态 M。状态变换函数 g(K)u-7 表示组合逻辑。如果仅限于使用线性反馈移位寄存器(LFSR),则可大大简化伪随机数发生器的研制与实现。移位寄存器由触发器串联(输出 n 与输入 $n+1$ 相连接)组成,所有的时钟输入是并联在一起的。对每一个时钟脉冲来说,触发器随时钟脉冲均向前移一位,最后触发器的内容即为输出。

3. PLL 合成器部分采用 AD 公司的 ADF4106

它主要由低噪声数字鉴相器、精确电荷泵、可编程分频器、可编程 A、B 计数器及双模牵制分频器等部件组成。数字鉴相器用来对 R 计数器和 N 计数器的输出相位进行比较,然后输出一个与二者相位误差成比例的误差电压。鉴相器内部还有一个可编程的延迟单元,用来控制翻转脉冲宽度,这个脉冲保证鉴相器传递函数没有死区,因此降低了相位噪声和引入的杂散。

4. RSA

虽然许多公司刚刚开始考虑 RFID 安全问题,但隐私权倡导者和立法者已经关注标签的隐私问题了。RSA 安全公司展示了 RSA“阻塞器标签(BlockerTag)”,这种内置在购物袋中的专门设计的 RFID 标签能发动 DoS 攻击,防止 RFID 阅读器读取袋中所购货物上的标签。但缺点是:Blocker Tag 给扒手提供了干扰商店安全的办法。所以,该公司改变了方法,使用“软阻塞器”,它强化了消费者隐私保护,但只在物品确实被购买后执行。

思考题

2-1　什么是自动识别技术?

2-2　简述 RFID 的功能和工作原理。

2-3　简述 RFID 系统的组成和分类。

2-4　简述 RFID 标签的功能和工作原理。

2-5　简述 RFID 读写器的功能和工作原理。

2-6　简述 RFID 标准体系。

2-7　简述 RFID 的安全解决方案。

第3章　无线通信系统

3.1　无线通信系统结构

信息传播过程简单地描述为：信源→信道→信宿。其中，信源是信息的发布者，即上载者；信宿是信息的接收者，即最终用户；信道是传送信息的物理性通道，在两点之间用于收发信号的单向或双向通路。信道又可分为有线信道和无线信道。

无线通信系统也称为无线电通信系统，是由发送设备、接收设备、无线信道三大部分组成的，是利用无线电磁波实现信息和数据传输的系统，如图3.1所示。

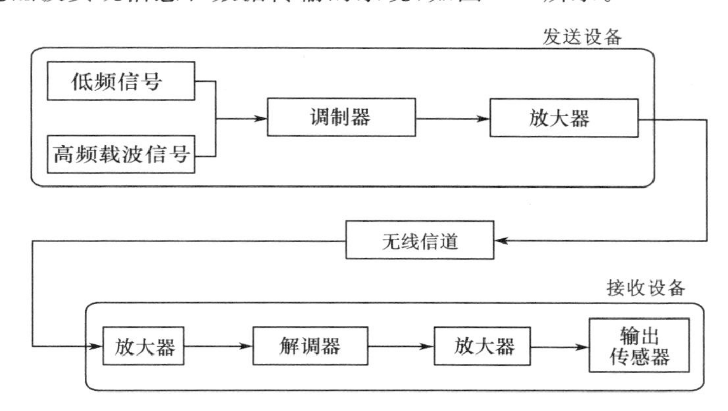

图3.1　无线通信系统组成

无线电传输的介质是电磁波，其工作覆盖范围如图3.2所示。

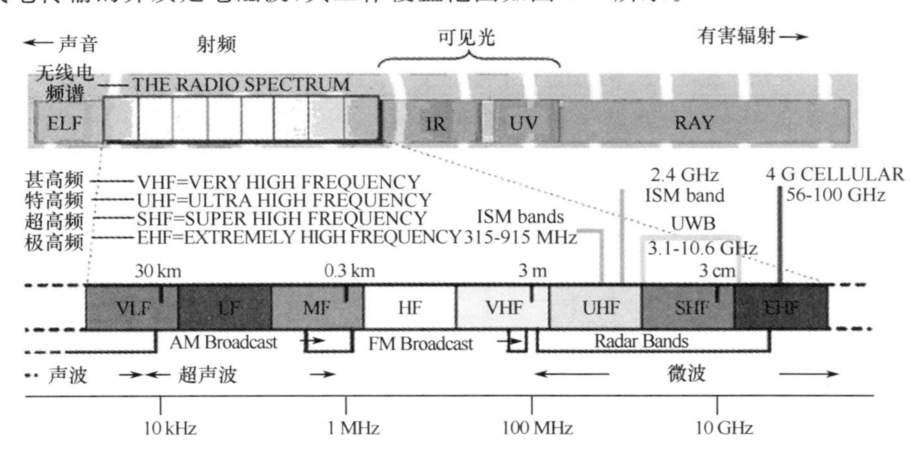

图3.2　电磁波工作覆盖范围

频谱（信道）是区别各种电波的一个重要依据，无线通信的频谱（信道）在射频频段包括了常见的调频收音机、各种手机、无线电话、无线卫星电视等。由于从几十兆到几千兆的频谱（信道）上，集中了各种不同的无线应用，而且这些无线电传播都使用同一个通信媒介——空气中的电磁波,所以为了保证各种无线通信之间不相互干扰,就需要对无线信道的使用进行必要的管理。图3.3为世界无线信道工作覆盖范围示意图。信道带宽限定了允许通过该信道的信号下限频率和上限频率,也就是限定了一个频率通带。任意在该频带范围内的各种单频波都可以通过该信道。

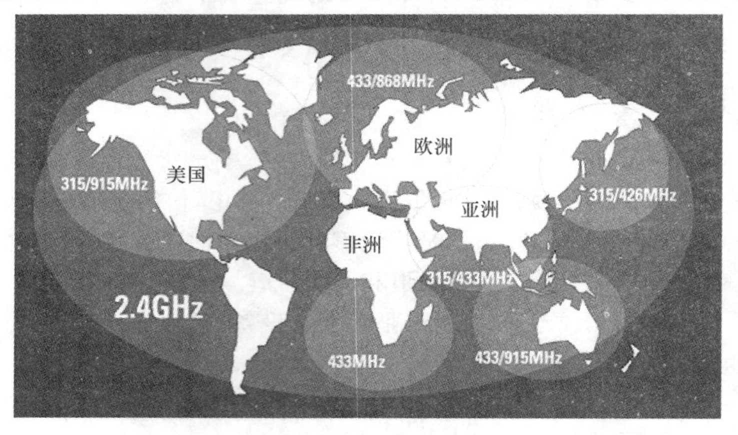

图 3.3　世界无线信道工作覆盖范围示意图

一般的无线收发装置如图3.4所示,其中包括了收发模块、接收天线和时钟晶振等模块。

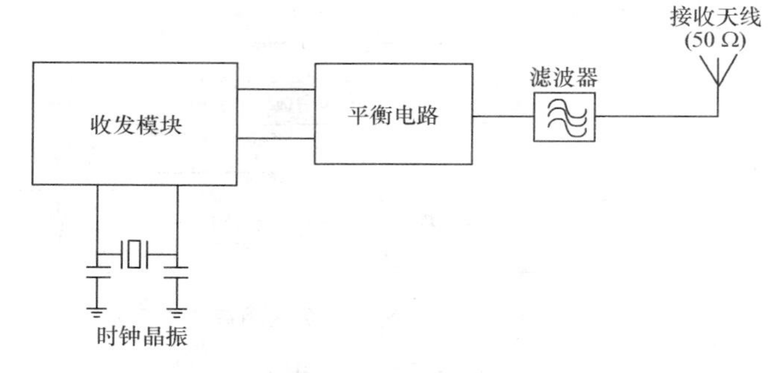

图 3.4　无线收发装置结构

无线收发装置的内部结构如图3.5所示。

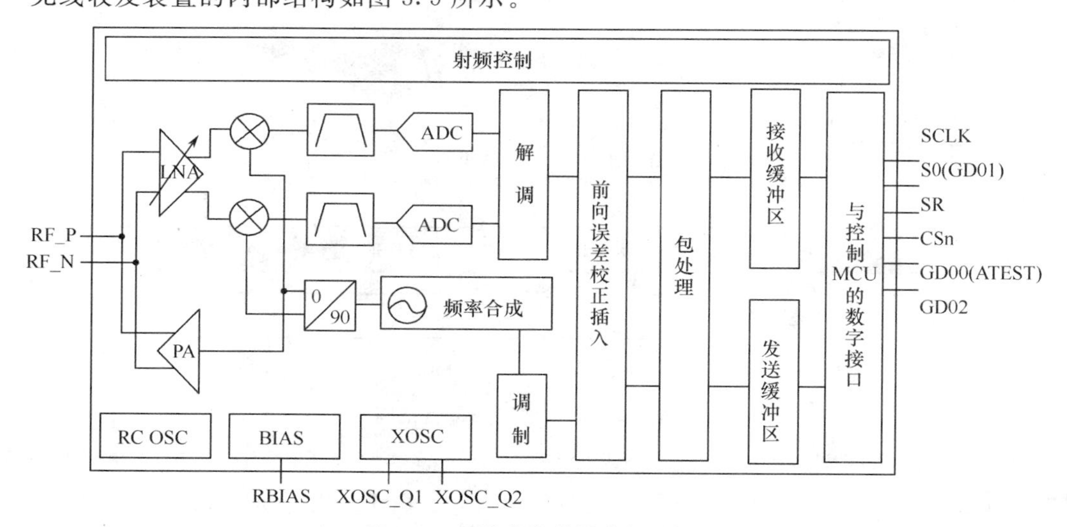

图 3.5　无线收发装置内部结构

3.2 调制与解调技术

调制(modulation)就是对信号源的信息进行处理加到载波上,使其变为适合于信道传输的形式的过程,就是使载波随信号而改变的技术。

一般来说,信号源的信息含有直流分量和频率较低的频率分量,称为基带信号。基带信号往往不能作为传输信号,因此必须把基带信号转变为一个相对基带频率而言频率非常高的信号以适合于信道传输。这个信号叫做已调信号,而基带信号叫做调制信号。调制是通过改变高频载波即消息的载体信号的幅度、相位或者频率,使其随着基带信号幅度的变化而变化来实现的。调制在通信系统中有十分重要的作用。通过调制,不仅可以进行频谱搬移,把调制信号的频谱搬移到所希望的位置上,从而将调制信号转换成适合于传播的已调信号,而且它对系统的传输有效性和传输的可靠性有很大的影响,调制方式往往决定了一个通信系统的性能。

解调(demodulate)就是从携带消息的已调信号中恢复消息的过程,是调制的逆过程。在各种信息传输或处理系统中,发送端用所欲传送的消息对载波进行调制,产生携带这一消息的信号。接收端必须恢复所传送的消息才能加以利用,这就是解调。

3.3 数据传输方式

(1) 并行传输与串行传输(按代码传输的顺序分)

并行传输指的是数据以成组的方式,在多条并行信道上同时进行传输,适用于计算机等设备内部或两个设备之间距离比较近时的外线上。其优点是不需要额外的措施来实现收发双方的字符同步,缺点则是必须有多条并行信道,成本比较高,不适宜远距离传输。

串行传输指的是组成字符的若干位二进制码排列成数据流以串行的方式在一条信道上传输,是目前外线上主要采用的一种传输方式。优点是只需要一条传输信道,易于实现,但要采取措施实现字符同步。

(2) 异步传输和同步传输(按同步方式分)

异步传输是以字符为单位的传输,每个字符的起始时刻可以是任意的。为了正确地区分每个字符,不论字符所采用的代码为多少位,在发送每一个字符时,都要在前面加上一个起始位,长度为一个码元长度,极性为"0",表示一个字符的开始;后面加上一个终止位,长度为1.5或2个码元长度,极性为"1",表示一个字符的结束。能实现字符同步,比较简单,收发双方的时钟信号不需要严格同步。缺点是对每个字符都需加入起始位和终止位,因而信息传输效率低。

同步传输是以固定的时钟节拍来发送数据信号的,因此在一个串行数据流中,各信号码元之间的相对位置是固定的(即同步)。传输效率较高,但接收方为了从接收到的数据流中正确地区分每个信号码元,必须建立准确的时钟同步等,实现起来比较复杂。

(3) 单工、半双工和全双工传输(按数据电路的传输能力分)

单工传输指的是传输系统的两端数据只能沿单一方向发送和接收。

半双工传输指的是系统两端可以在两个方向上进行双向数据传输,但两个方向的传输不能同时进行,当其中一端发送时,另一端只能接收,反之亦然。

全双工传输指的是系统两端可以在两个方向上同时进行数据传输，即两端都可以同时发送和接收数据。

3.4　数据通信技术指标

3.4.1　工作速率——衡量数据通信系统通信能力

(1) 调制速率

调制速率(又称符号速率或码元速率)N_{Bd}(或 f_s)表示每秒传输信号码元的个数，单位为波特(Bd)。其计算公式为

$$N_{Bd}=\frac{1}{T} \tag{3-1}$$

(2) 数据传信速率(简称传信率)R(或 f_b)

数据传信速率表示每秒传输的信息量，即比特个数或二进制码元的个数，单位为 bit/s。传信速率可表示为

$$R=N_{Bd}\log_2 M \tag{3-2}$$

式(3-2)说明了数据传信速率与调制速率之间的关系，M 为传送的波形数。

(3) 数据传送速率

数据传送速率为单位时间内在数据传输系统的相应设备之间实际传送的平均数据量，又称有效数据传输速率，单位为比特/秒(bit/s)、字符/秒或码组/秒。但在实际中，有效数据传送速率是小于数据传信速率的。

3.4.2　有效性指标——频带利用率

频带利用率 η 是描述数据传输速率和带宽之间关系的一个指标。它是单位时间内所能传输的信息速率，可表示为系统的传输速率/系统的频带宽度(B)，单位为 Bd/Hz 或 bit/(s · Hz)，即

$$\eta=\frac{N_{Bd}}{B} \tag{3-3}$$

$$\eta=\frac{R}{B} \tag{3-4}$$

从以上可看出，若码元速率相同，加大 M 或减少 B 都可使频带利用率提高。前者可采用多进制调制技术实现，后者可采用单边调制、部分响应等压缩发送信号频谱的方法。

3.4.3　可靠性指标——传输的差错率

(1) 码元差错率

码元差错率指正在传输的码元总数中发生差错的码元数所占的比例(平均值)，简称误码率，表示为

$$P_e=N/M \tag{3-5}$$

式(3-5)表示码元差错率与错误接收码元数和码元传输总数的关系，M 为码元传输总数，N 为错误接收码元数。

当统计的码元数很大时，它与理论上的码元差错概率很接近，故用同一符号 P_e 表示。

(2) 比特差错率

比特差错率指在传输的比特总数中发生差错的比特数所占的比例(平均值)，也称误字符(码组)率。当统计的比特数很大时，它与理论上的比特差错率概率很接近，故用同一符号 P_{eb} 表示。误字符(码组)率等于接收出现差错的字符(码组)数/总的发送字符(码组)数。

3.5 无线通信系统的多路访问技术

无线通信与有线通信在诸多重要环节上完全不同，这些环节导致了它们之间的通信质量的差异：

1) 无线链路是通过相同的传输媒介——空气来传播无线电信号的。

2) 误码率比常规有线系统高几个数量级，即RF链路的可靠性比有线链路低。

3) 为了实现在同一范围内多点间通信，必须防止数据包在空气中的传输时相互碰撞，为此要建立可靠的无线传输通路。例如FDMA/TDMA/CSMA/FHSS等都是无线通信中实行多路访问、提高信道效率和通信可靠性的常用方法。

3.5.1 频分多址(FDMA)访问技术

频分多址(Frequency Division Multiple Access，FDMA)即不同的用户分配在时隙相同而频率不同的信道上，如图3.6所示。按照这种技术，把在频分多路传输系统中集中控制的频段根据要求分配给用户。与固定分配系统相比，频分多址使得通道容量可根据要求动态地进行交换。

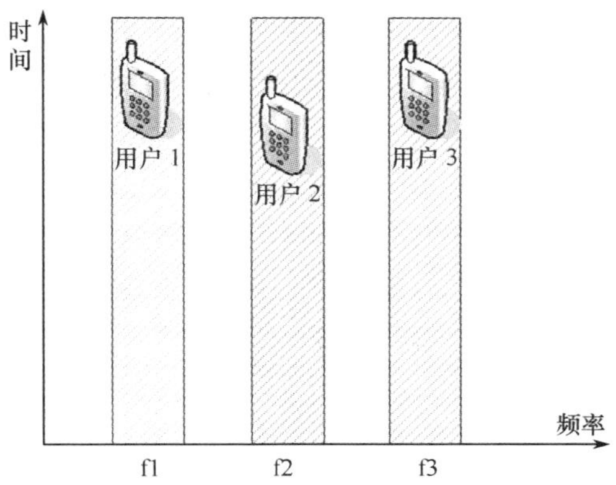

图3.6 频分多址(FDMA)工作原理图

在FDMA系统中，分配给用户一个信道，即一对频谱，一个频谱用作前向信道即基站向移动台方向的信道，另一个则用作反向信道即移动台向基站方向的信道。这种通信系统的基站必须同时发射和接收多个不同频率的信号，任意两个移动用户之间进行通信都必须经过基站的中转，因而必须同时占用2个信道(2对频谱)才能实现双工通信。

3.5.2 时分多址(TDMA)访问技术

时分多址(Time Division Multiple Access ，TDMA)是把时间分割成周期性帧(Frame)，每个帧再分割成若干个时隙向基站发送信号，在满足定时和同步的条件下，基站可以分别在各时隙中接收到各移动终端的信号而不混扰。同时基站发向多个移动终端的信号都按顺序安排在预定的时隙中传输，各移动终端只要在指定的时隙内接收，就能在合路的信号中把发给它的信号区分并接收下来。

TDMA较FDMA具有通信信号质量高，保密较好，系统容量较大等优点，但它必须有精确的定时和同步以保证移动终端和基站间正常通信，技术上比较复杂。TDMA是在同一个信道上,把不同地址发送的信号按照时间间隔的方法进行传输的无线通信方式,如图3.7所示。

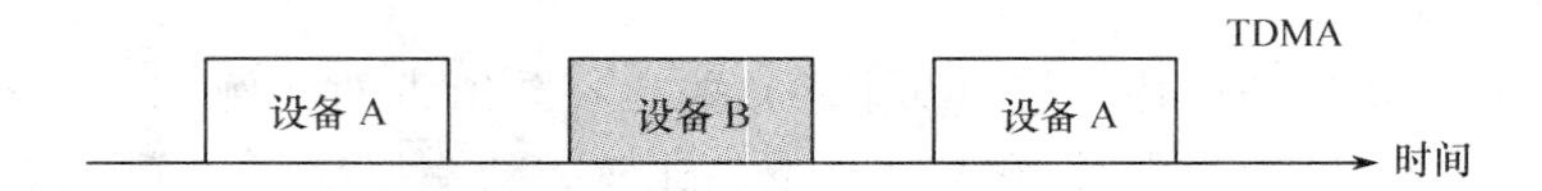

图3.7　时分多址(TDMA)访问技术原理图

TDMA是在一个信道上对时间进行分配,让设备在不同的时间段完成数据的交互通信。

在编程时使用模块TX1和模块TX2,程序的写法是完全相同的,模块TX1和模块TX2不断检测按键,如果有按键按下,发送模块(以后称为节点模块)就开始接收模块(以后称之为主机)定时发送出来的同步信号。收到同步信号后,就产生一个与自己ID相关的延时函数后直接把按键值发送出去。而主机每时每刻自动扫描监视空气中的信号并在一定时间内发送一次同步信号,发现有合格的数据包,就会自动进行接收。

这就实现了点(主机模块)对多点(节点1和节点2)的可靠无线数据通信。很多工业控制的无线系统,无线传感器系统,都常采用TDMA的无线通信传输方式。

3.5.3　载波侦听(CSMA)访问技术

载波侦听多路访问/冲突检测CSMA/CD(Carrier Sense Multiple Access Collision detect,CSMA/CD)的工作原理如下:

1) 若媒体空闲,则传输。

2) 若媒体忙,一直监听直到信道空闲,然后立即传输。

3) 若在传输中监听到干扰,则发干扰信号通知所有站点,等候一段时间,再次传输。

载波监视CSMA访问技术原理图如图3.8所示,这种无线通信方式比起前面介绍的FDMA/TDMA来,它能更好地利用资源,因为这种通信方法在发送数据之前,一直在检测空气中是否存在有相同频率的载波,如果在当前时间空气中有相同频率的载波,就不发送数据,如果空气中没有同频率的载波,表明现在空间资源没有被占用,可以发送数据,这样不仅提高了空间资源的利用效率,也同时提高了通信的可靠性。

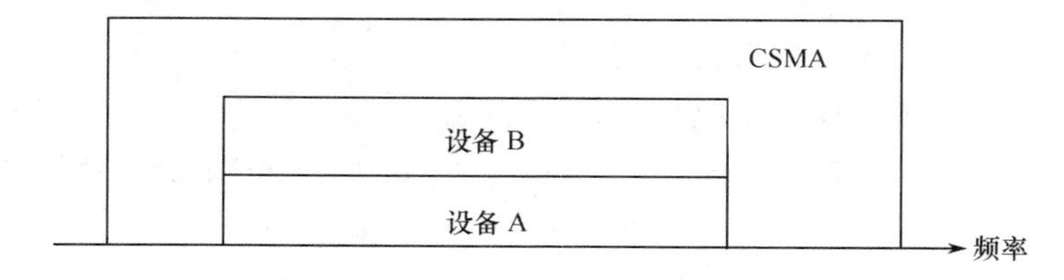

图3.8　载波侦听(CSMA)访问技术原理图

可以通俗理解为"先听后说,边说边听"。CSMA/CD是一种分布式介质访问控制协议,网中的各个站(节点)都能独立地决定数据帧的发送与接收。每个站在发送数据帧之前,首先要进行载波监听,只有介质空闲时,才允许发送帧。这时,如果两个以上的站同时监听到介质空闲并发送帧,则会产生冲突现象,这时发送的帧都成为无效帧,发送随即宣告失败。

每个站必须有能力随时检测冲突是否发生,一旦发生冲突,则应停止发送,以免介质带宽因传送无效帧而被浪费,然后随机延时一段时间后,再重新争用介质,重发送帧。CSMA/CD协议简单、可靠,其网络系统(如Ethernet)被广泛使用。

载波监视这种无线通信方式比起前面介绍的 FDMA/TDMA 能更好地利用资源，因为它在发送数据之前，一直在检测空气中是否存在有相同频率的载波，如果在当前时间空气中有相同频率的载波，就不发送数据，如果空气中没有同频率的载波，表明现在空间资源没有被占用，可以发送数据，这样不仅提高了空间资源的利用效率，也同时提高了通信的可靠性。

3.5.4 跳频通信(FHSS)访问技术

跳频通信(Frequency-Hopping Spread Spectrum，FHSS)可以说是抗干扰能力最强的一种通信方式，其原理图如图 3.9 所示，与前面讲的 CSMA 的原理近似。但与 CSMA 通信方式比较，跳频通信的灵活性更大，能够更加合理地利用空间资源。

在跳频的通信过程中，发送端如果在发送了数据包后，在一定的时间内没有回复，那就说明空气中有相同频率的载波存在。继续尝试有没有回复，如有回复就说明通信成功。这样就可以实现接收和发送端的跳频节奏一致，通信范围就从一个频道扩展到了一个频谱上。

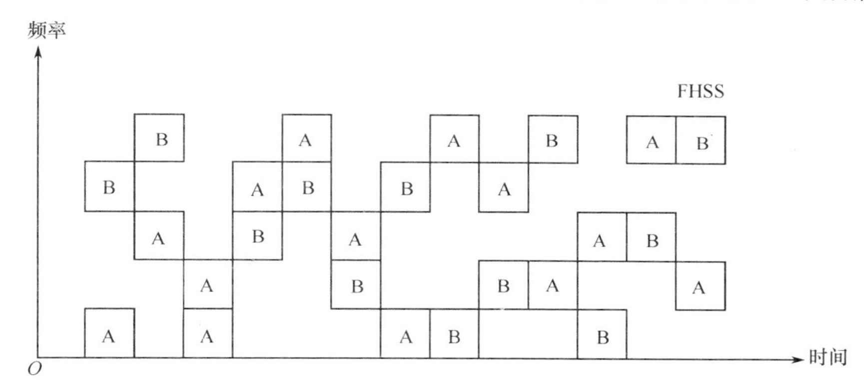

图 3.9 跳频通信(FHSS)访问技术原理图

在跳频通信过程中主要是看如何实现接收和发送端在改变频道的过程中实现频道的统一，而且在频道转换过程中应当尽可能地少花费时间。

思考题

3-1 无线通信系统的组成是什么?

3-2 简述电磁波的工作覆盖范围和国际电信管制体系。

3-3 简述信号的调制解调技术。

3-4 数据传输方式有哪几种?

3-5 数据通信技术指标有几个?

3-6 简述无线收发装置的组成和工作原理。

3-7 简述载波侦听 CSMA 访问技术。

3-8 简述跳频通信技术原理。

第4章 无线单片机技术

4.1 无线单片机概述

无线传感器网络节点的微控制器,不是完成某一个逻辑功能的芯片,而是把一个计算机系统集成到一个芯片上。概括地讲:一块芯片就成了一台计算机。目前,绝大多数传感器网络节点都是采用无线单片机作为微控制器。

1. 无线单片机的定义

近年来为了适应无线通信和无线网络节点的要求,比如:要求体积较小、低功耗及更低的价格等,无线片上系统(System on Chip,SOC)得到了快速发展。

这种无线片上系统(即无线单片机)将CPU(Central Processing Unit)、随机存取存储器(Random Access Memory,RAM)、只读存储器(Read-Only Memory,ROM)、基本输入/输出(Input/Output)接口电路、定时器/计数器、A/D转换器,以及需要的接口电路和无线数据通信收发芯片全部集成到一个非常小的芯片上。一个单独的芯片,就可以构成一个可以独立工作的具有无线通信和无线网络节点的无线片上系统(无线单片机)。

无线单片机的出现,为开发无线通信和无线网络,提供了新的选择;同时也使无线通信和无线网络的设计工作更加简化,更容易开发。图4.1为一种典型的无线单片机。

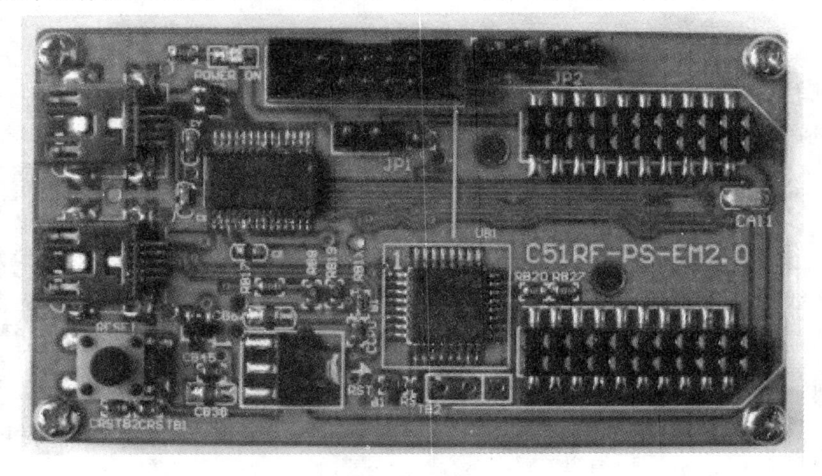

图4.1 典型的无线单片机

2. 无线单片机的主要特点

(1) 简易的天线电路设计

无线单片机已经将全部的高频部分电路全部集成到了电路内部,从无线数据通信收发芯片到天线之间,只有简单的滤波电路,系统设计者完全不必进行任何高频电路设计。

(2) 特殊的高频线路设计

采用特殊的高频线路设计，使无线芯片、微处理器和高频线路间，实现完美的配合，数字电路对高频通信的影响减低到最小。

(3) 快速的功能设计开发

无线单片机是将微处理器和无线芯片设计成一体。读者只要学习过使用过单片机，就可以轻松完成无线通信功能的设计开发。

作为射频片上系统的核心——嵌入式的微处理器，需要处理无线通信中的大量软件，包括纠错、防止碰撞、通信协议处理等，特别是在复杂网络系统和未来短距离、微功耗的IEEE 802.15.4中，更需要微处理器承担大量的计算和控制功能，在这个微处理器内核的选择上，需要考虑：①快速的计算能力；②极低的功率消耗；③高效率的开发工具，包括编译/汇编/DEBUG工具；④和高频无线收发部分电路的有机结合；⑤应用软件的支持。

目前，通常选用有多年历史的8051微处理器内核作为无线片上系统的微处理器。

3. 常见的无线单片机简介

1）德州仪器收购了Chipcon公司的CC2430，是市场上首款SoC的ZigBee单片机，它把协议栈z-stack集成在芯片内部的闪存里面，具有稳定可靠的CC2420收发器，增强性的8051内核，8KRAM，外设有I/O口，ADC，SPI，UART和AES128安全协处理器，三个版本分别是32K/64K/128K的闪存。以128K为例，扣除基本z-stack协议还有3/4的空间留给应用代码，即使完整的ZigBee协议，还有近1/2的空间留给应用代码，的无线单片机除了处理通信协议外，还可以完成一些监控和显示任务。无线单片机都支持通过SPI或者UART与通用单片机或者嵌入式CPU结合。

2）工业控制领域的另一个芯片巨头——飞思卡尔的单片ZigBee处理器MC1321X的方案也非常类似，集成了HC08单片机核心，16K/32K/64K闪存，外设有GPIO，I^2C和ADC，软件是Beestack协议，只是最多4K RAM对于更多的任务显得小了些。但是凭借32位单片机Coldfire和系统软件方面经验和优势，飞思卡尔在满足用户应用的弹性需求方面更有特色，它率先能够提供从低-中-高各个层面的解决方案。

3）以Wavecom为代表的GPRS SoC无线单片机同时演绎着GPRS无线处理器的革命，如WMP50是一个带有四频GSM网络无线通信工业处理器，内置了ARM9 CPU，支持128K闪存，128K RAM，外设有11个GPIO，I^2C，SPI，5X5键盘，2个UART，USB 2.0并口，ADC，DAC等。WMP50内部有一个可强制的实时多任务操作系统，它支持应用任务工作在比GPRS任务高优先级的方式，即能保证控制响应要求。

总之，无论是GPRS无线单片机，还是ZigBee单片机都在朝着更低成本，更标准化和更高性能的方向发展。2007年4月，后起之秀Jennic推出了5美元ZigBee/IEEE802.15.4参考设计，这个价格是包括了JN513932位无线单片机PCB天线设计和其他辅助器件的BOM成本，据称RF性能能够达到1km的距离。

4. 无线单片机的应用

由于良好的控制性能和灵活的嵌入形式，无线单片机在许多领域都获得了极为广泛的应用。下面就几个方面进行介绍。

(1) 智能家庭网络

可以将装有无线单片机的节点模块安装在电视、电冰箱、洗衣机、空调、电灯、烟雾感应、报警器和摄像头等设备上,让这些电子设备联系起来组成一个网络,以实现对家庭照明、温度、安全、家电设备的无线控制,甚至可通过网关连接到 Internet 达到远程控制的目的,提供家居生活的自动化、智能化和网络化。

(2) 工业控制

在工业生产现场通过装有无线单片机的节点模块组成传感器网络,可对各种信息进行采集,将各种信息反馈到中央系统并进行分析,根据分析结果对生产过程进行控制,加强作业管理,提高生产效率。

(3) 精确农业

传统农业主要使用孤立的、没有通信能力的机械设备,主要依靠人力监测作物的生长状况。采用了传感器和装有无线单片机的节点模块组成网络后,农业将可以逐渐地转向以信息和软件为中心的生产模式,使用更多远程控制的设备来耕种。

(4) 环境监测

采用装有无线单片机的节点模块组成的环境监控网络,能够有效地克服其他组网方式组网成本高、容易发生故障的缺点,而且还能采用播撒的方式,通过自适应和自组织组网,实现大面积环境数据采集和传输的目的。

(5) 医疗监护

医疗监护是近年来一个研究热点,可以通过传感器准确而且实时地监测病人的血压、体温和心跳速度等信息,还可以在医疗仪器上安装有无线单片机的节点模块监控装置,以实现病人治疗的远程监控,从而减少医生查房的工作负担,有助于医生作出快速的反应,特别是对重病和病危患者的监护和治疗。

4.2 无线单片机的结构

微控制器 MCU(Micro Controller Unit),俗称单片机(Single Chip Microcomputer),它将组成微型机所必需的部件——CPU、RAM、ROM、I/O、定时/计数器、串行端口等集成在一个芯片上,如图 4.2 所示。

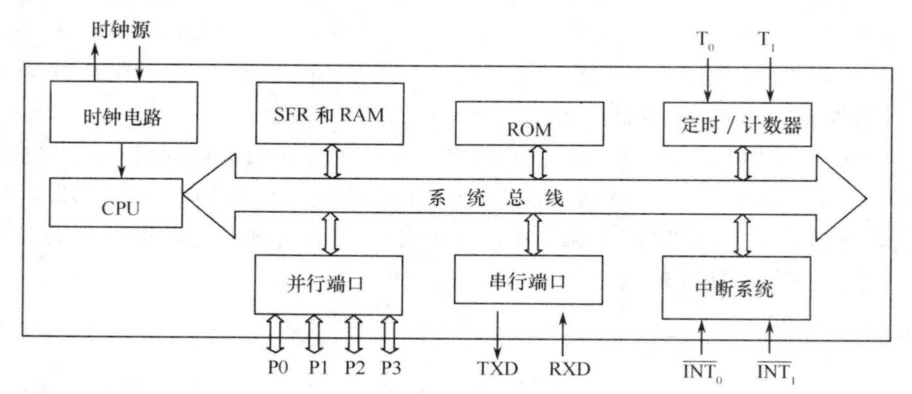

图 4.2 单片机基本结构

1. 微处理器

微处理器(Micro Processor Unit,MPU)又称为中央处理单元(Central Processing Unit,CPU),是由算术逻辑部件(Arithmetic Logic Unit,ALU)、控制部件(Control Unit,CU)和寄存器(Registers,R)等组成的计算机核心部件。在 CPU 基础上添加程序存储器(ROM)、数据存储器(RAM)、输入/输出(I/O)接口电路和系统总线即构成了计算机,如图 4.3 所示。

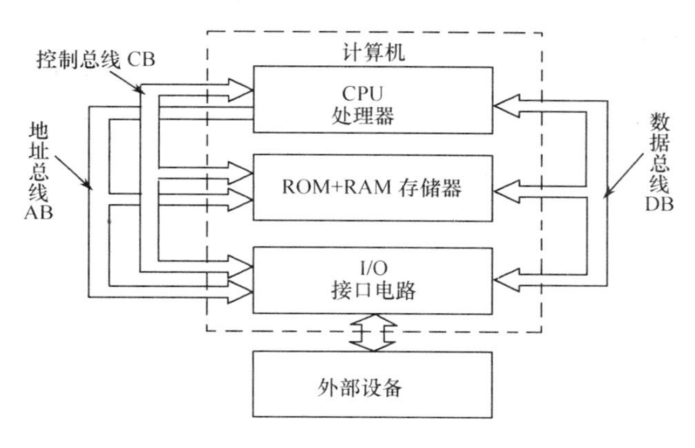

图 4.3　微型计算机组成

1) 算术逻辑部件(ALU)是对传送到微处理器的数据进行算术运算或逻辑运算的电路,如执行加法、减法运算,逻辑与、逻辑或运算等。

2) 控制部件(CU)包括时钟电路和控制电路——时钟电路产生时钟脉冲,用于计算机各部分电路的同步定时;控制电路产生完成各种操作所需的控制信号。

3) 寄存器组(CPU)中有多个工作寄存器,用来存放操作数及运算的中间结果等。

2. 存储器

存储器是微型计算机的重要组成部件,计算机有了存储器才具备记忆功能。存储器由许多存储单元组成,图 4.4 是其示意图,每个方格表示一个存储单元。在 8 位微机中,每个存储单元存放 8 位二进制代码。在计算机中,8 位二进制数又称一个字节,所以 8 位微机的存储单元即为一个字节(Byte)。

0000	0000	0011　1100
0000	0001	1010　0011
0000	0010	1110　0101
0000	0011	
0000	0100	
		⋮
1111	1110	
1111	1111	

图 4.4　存储器示意图

存储器的一个重要指标是容量。假如存储器有256个单元,每个单元存放8位二进制数,那么该存储器容量为256个字节,或256×8位。在容量较大的存储器中,存储容量都以“KB”为单位,1KB容量实际上是$2^{10}=1024$个存储单元。

计算机工作时,CPU将数据码存入存储器的过程称为“写”操作,CPU从存储器中取数码的过程为“读”操作。写入存储单元的数码取代了原有的数码,而且在下一个新的数码写入之前一直保留着,即存储器具有记忆数据的功能。在执行读操作后,存储单元中原有的内容不变,即存储器的读出是非破坏性的。

为了便于读、写操作,要对存储器所有单元按顺序编号,这种编号就是存储单元的地址。每个单元都拥有相应的唯一地址,地址用二进制表示,地址的二进制位数N与存储容量Q的关系是:$Q=2^N$。

3. 输入/输出接口电路

I/O接口是连接CPU与外围设备的不可缺少的重要部件。外围设备种类繁多,其运行速度、数据形式、电平各不相同,常常与CPU不一致,所以要用I/O接口作为桥梁,起到信息转换与协调的作用。

4. 总　线

所谓总线,就是在微型计算机芯片之间或芯片内部各部件之间传输信息的一组公共通信线。微型计算机采用总线结构后,芯片之间不需单独走线,这大大减少了连接线的数量。同时还可以提高计算机扩展存储器芯片及I/O芯片的灵活性。

将微处理器、存储器、I/O接口电路及简单的输入输出设备组装在一块印制电路板上,称为单板微型计算机,简称单板机。将微处理器、存储器、I/O接口电路集成在一块芯片上,称为单片微机系统。

4.3 无线单片机的介绍

由于无线通信技术的发展,无线单片机模块也在不断发展,功能更加齐全,种类也不断增加,各种公司开发的无线单片机模块特征各不相同。本书将就TI公司开发的CC2430及CC2530系列的基于ZigBee协议的无线单片机模块进行介绍。

4.3.1 CC2430简介

CC2430是一个真正的系统芯片(SoC)CMOS解决方案。这种解决方案能够提高性能并满足以ZigBee为基础的2.4GHz ISM波段应用,及对低成本、低功耗的要求。它结合一个高性能2.4GHz DSSS(直接序列扩频)射频收发器核心和一颗工业级小巧高效的8051控制器。CC2430的设计结合了8KB的RAM及强大的外围模块,并且有3种不同的版本,它们根据不同的闪存空间32KB、64KB和128KB来优化复杂度与成本的组合。

CC2430的主要特点有:

- 高性能和低功耗的8051微控制器核;
- 集成符合IEEE802.15.4的2.4GHz的RF无线电收发机;

• 优良的无线接收灵敏度和强大的抗干扰性；

• 在休眠模式时仅 0.9μA 的流耗，外部的中断或 RTC 能唤醒系统；在待机模式时少于 0.6μA 的流耗，外部的中断能唤醒系统；

• 硬件支持 CSMA/CA 功能；

• 较宽的电压范围(2.0～3.6V)；

• 数字化的 RSSI/LQI 支持和强大的 DMA 功能；

• 具有电池监测和温度感测功能；

• 集成了 14 位模数转换的 ADC；

• 集成 AES 安全协处理器；

• 带有 2 个强大的支持几组协议的 USART，以及 1 个符合 IEEE 802.15.4 规范的 MAC 计时器，1 个常规的 16 位计时器和 2 个 8 位计时器；

• 强大和灵活的开发工具——作为无线单片机模块，CC2430 只需要很少的外围电路即可实现信号的收发功能，其典型的应用电路如图 4.5 所示。

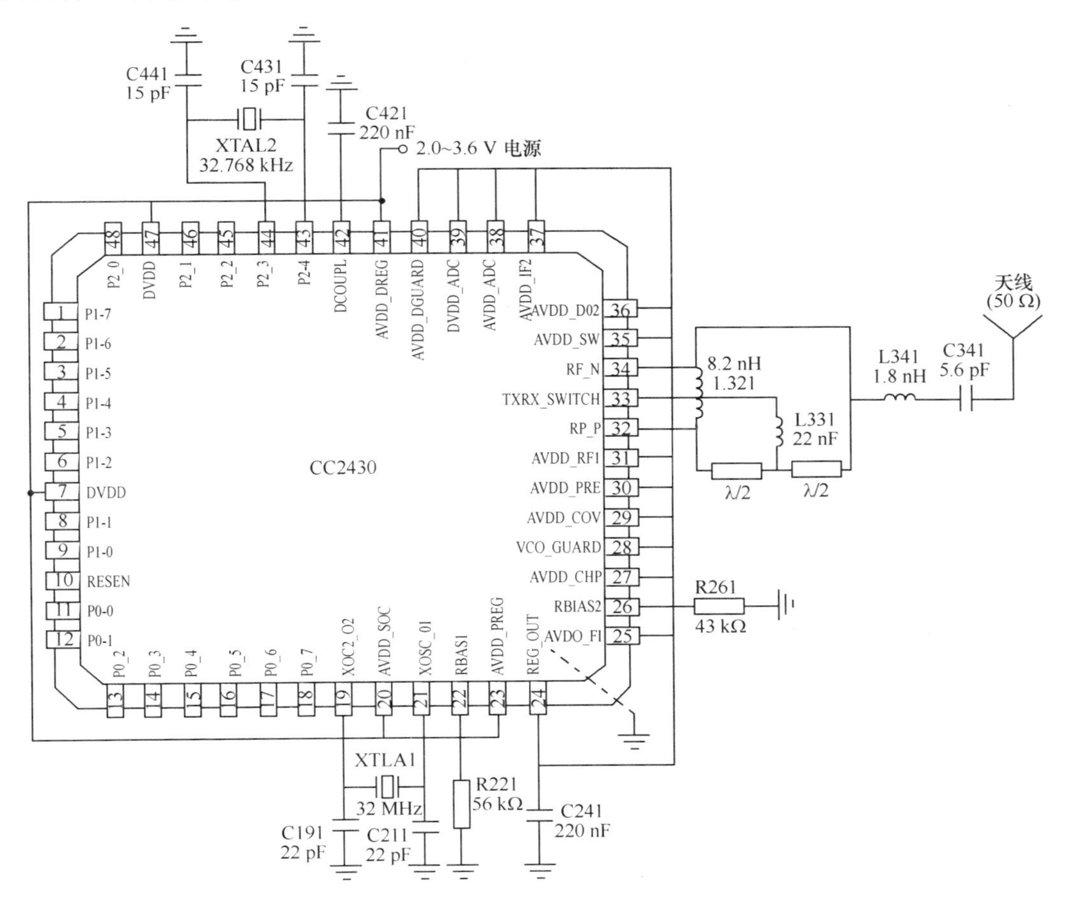

图 4.5　CC2430 外围电路

电路使用一个非平衡天线，链接非平衡变压器可使天线性能更好。R221 和 R261 为偏置电阻，电阻 R221 主要用来为 32MHz 的晶振提供一个合适的工作电流。用一个 32MHz 的石英谐振器(XTAL1)和两个电容(C191,C221)构成一个32MHz的晶振电路。用一个32.768kHz的石英谐振器(XTAL2)和两个电容(C441,C431)构成一个32.768kHz的晶振电路。电压调节器为所有要求1.8V电压的引脚和内部电源供电,C241和C421电容是去耦电容,用来实现电源滤波,提高芯片稳定性。

4.3.2 CC2530简介

CC2530是用于IEEE802.15.4、ZigBee和RF4CE应用的一个真正的片上系统(SoC)解决方案。它能够以非常低的总的材料成本建立强大的网络节点。CC2530结合了领先的RF收发器的优良性能,业界标准的增强型8051CPU,系统内可编程闪存,8KB RAM和许多其他强大的功能。CC2530有四种不同的闪存版本:CC2530F32/64/128/256,分别具有32/64/128/256KB的闪存。CC2530具有不同的运行模式,使得它尤其适应超低功耗要求的系统。运行模式之间的转换时间短进一步确保了低能源消耗。

CC2530F256结合了德州仪器的业界领先的黄金单元ZigBee协议栈(Z-Stack),提供了一个强大和完整的ZigBee解决方案。CC2530F64结合了德州仪器的黄金单元RemoTI,更好地提供了一个强大和完整的ZigBeeRF4CE远程控制解决方案。

CC2530的特点有:

- 高性能、低功耗的8051微控制器内核;
- 适应2.4GHz IEEE 802.15.4的RF收发器;
- 极高的接收灵敏度(-97dBm)和抗干扰性能;
- 32/64/128/256 KB Flash存储器;
- 8 KB SRAM,具备在各种供电方式下的数据保持能力;
- 强大的DMA功能;
- 电流消耗小(当微控制器内核运行在32MHz时,RX为24mA,TX为29mA);
- 功耗模式1电流为0.2mA,唤醒系统仅需4μs;功耗模式2电流为1μA,睡眠定时器运行;功耗模式3电流为0.4μA,外部中断唤醒;
- 硬件支持避免冲突的载波侦听多路存取(CSMA-CA);
- 电源电压范围宽(2.0~3.6V);
- 支持数字化的接收信号强度指示器/链路质量指示(RSSI/LQI);
- 电池监视器和温度传感器;
- 具有8路输入8~14位ADC;
- 高级加密标准(AES)协处理器;
- 2个支持多种串行通信协议的USART;
- 1个IEEE 802.15.4媒体存取控制(MAC)定时器;1个通用的16位和2个8位定时器;
- 1个红外发生电路;
- 21个通用I/O引脚,其中2个具有20mA的电流吸收或电流供给能力。

CC2530的典型应用电路如图4.6所示。

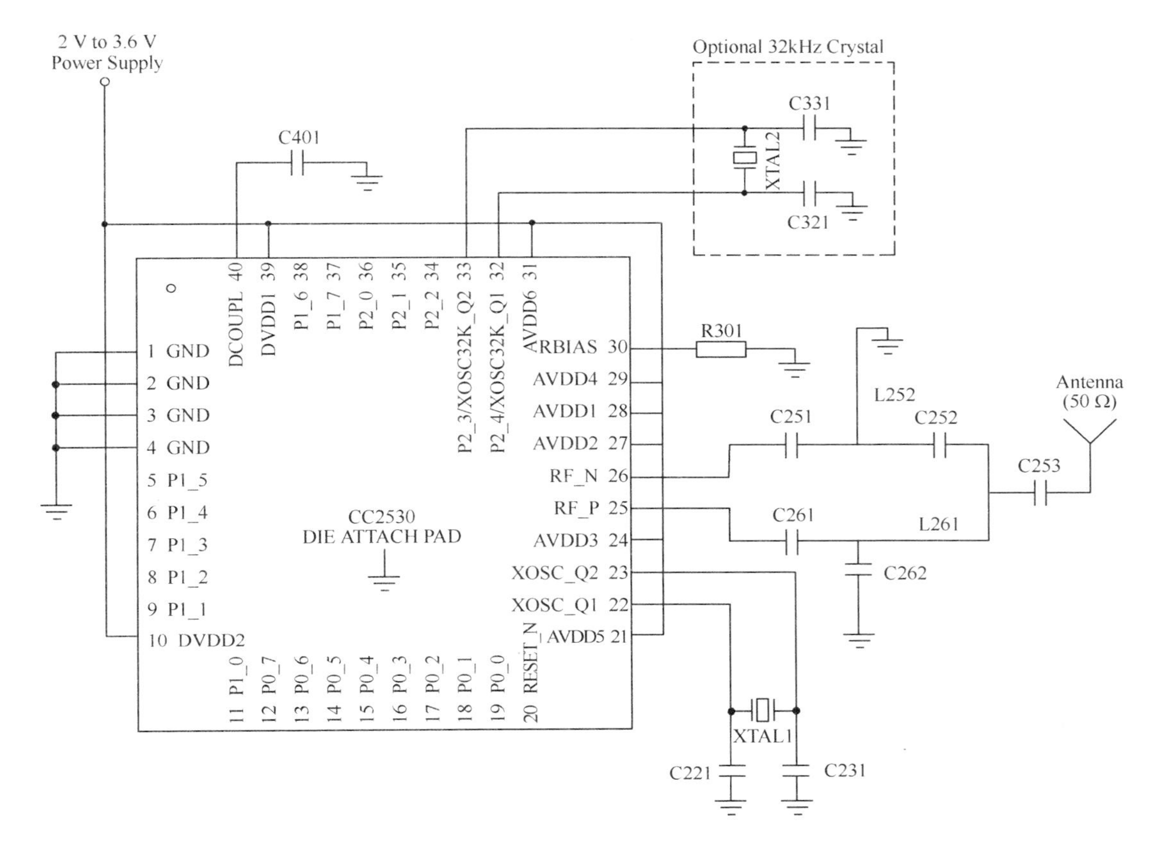

图 4.6　CC2530 外围电路

4.3.3　CC2430 与 CC2530 比较

CC24430 与 CC2530 性能参数比较见表 4.1。

表 4.1　CC2530 与 CC2430 性能参数对比

项　目	CC2530	CC2430	备　注
引脚	48	40	—
封装	QLP48	QFN40	—
电压/V	2.0～3.6	2.0～3.6	—
大小	7mm×7mm	6mm×6mm	—
微控制器	增强型 8051	增强型 8051	—
Flash	32/64/128kB	32/64/128/256kB	—
Ram	8k SRAM,4kB data	8kB	—
频段	2.4G	2.4G	—
支持标准	ZigBee04/06/simpliciTI	ZigBee07/pro/RF4CE/simpliciTI	—
软件平台	IAR	IAR	—
射频 RF	Cc2420	Cc2520	—

续表 4.1

项　目	CC2530	CC2430	备　注
接收灵敏度/dBm	−90	−97	典型值:802.15.4 要求为−85dBm
输出功率	0(最小为−3)dBm	4.5(最小为−8,最大10)dBm	典型值
自带传感器	温度	温度	—
功耗	Rx:27mA Tx:25mA	RX:24mA Tx:29mA	—
低功耗	掉电:0.9μA 挂起:0.6μA	掉电:1μA 挂起:0.4μA	—
抗干扰	CSMA/CA	CSMA/CA	—
DMA	支持	支持	—
RSSI/LQI	支持	支持	—
AES 处理器	有	有	—
I/O	21 个	21 个	—
定时/计数器	4(2个16位,2个8位)	4(2个16位,2个8位)	—
串口	2个	2个	—
802.15.4 定时器	有	有	—
中断源	18个	18个	—
ADC	8～14位	7～12位	—
开发工具	C51RF-3-PK	C51RF-CC2530-PK	—

CC2530是在CC2430的基础上对实际应用中的一些问题做了改进,缓存加大了,存储容量最大支持256k,不用再为存储容量小而对代码进行限制,CC2530的通信距离可达400m,不用再用CC2430外加功放来扩展距离。

从CC2430移植到CC2530只需要少量修改,CC2530支持最新的2007/pro协议栈。

4.3.4 IAR简介

针对CC2430和CC2530无线单片机,厂商提供的开发平台是一套IAR Systems软件。因为IAR Systems的C/C++编译器可以生成高效可靠的可执行代码,并且应用程序规模越大,效果越明显;与其他的工具开发厂商相比,系统同时使用全局和针对具体芯片的优化技术;连接器提供的全局类型检测和范围检测对于生成目标代码的质量是至关重要的。

IAR Embedded Workbench(IAR EW)的C/C++交叉编译器和调试器对不同的微处理器提供同样直观的用户界面。目前,EW已经支持35种以上的8位、16位、32位ARM的微处理器。EW包括嵌入式C/C++优化编译器、汇编器、连接定位器、库管理员、编译器、项目管理器和C-SPY调试器,能生成最优化、最紧凑的代码,从而节省硬件资源,最大限度地降低产品费用。

IAR Embedded Workbench集成的编译器的主要特点有:

- 高效 PROMable 代码；
- 完全标准 C 兼容；
- 内建对应芯片的程序速度和大小优化器；
- 目标特性扩充；
- 便捷的中断处理和模拟；
- 高效浮点支持；
- 内存模式选择。

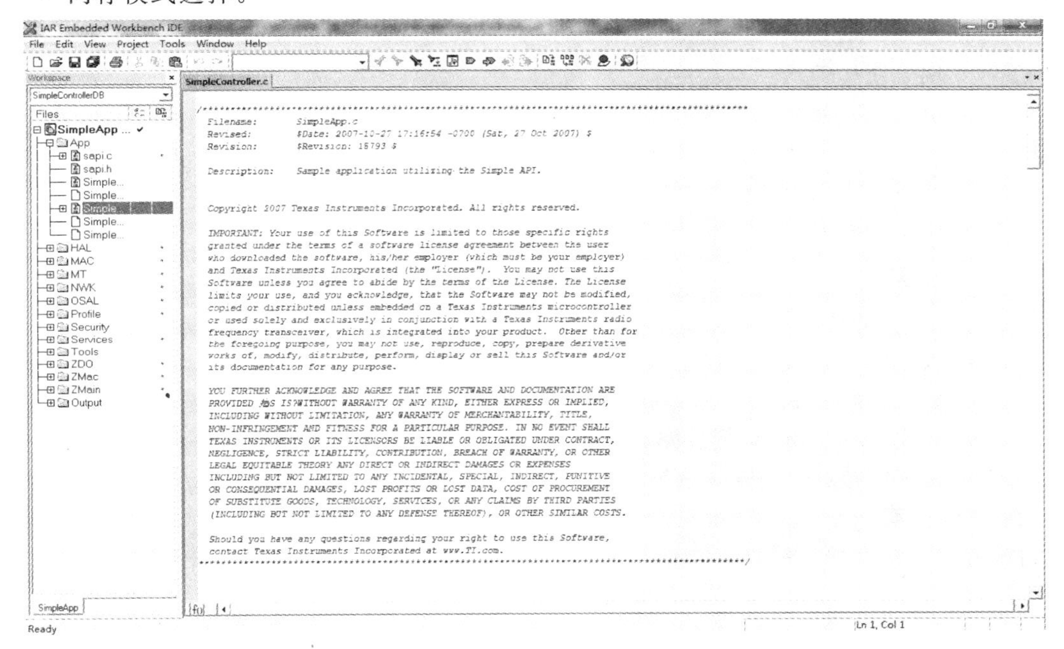

图 4.7　IAR 显示 ZigBee 协议栈的软件界面

4.4　嵌入式智能传感器概述

目前，传感器一般都是用单片机控制规则进行控制的，智能性不高，并没有达到真正意义上的智能。当传感器结合嵌入式微处理机功能和人工智能技术，才能实现真正意义上的智能。本节内容介绍嵌入式理论与传感器技术相结合的产物——嵌入式智能传感器的定义及特点，论证它的可行性，并给出嵌入式智能传感器的一般结构框图及智能控制模块的功能。

1. 定　义

利用嵌入式微处理器、智能理论（人工智能技术、神经网技术、模糊技术）、传感器技术等集成而得到的新型传感器称为嵌入式智能传感器。

2. 性能特点

嵌入式智能化传感器是一种带嵌入式微处理器的传感器，是嵌入式微处理器，智能控制理

论和传感器技术相结合而成的,它兼有检测、判断、网络、通信和信息处理等功能,与传统的传感器相比有很多特点:

- 具有思维、判断和信息处理功能,能对测量值进行修正、误差补偿,可提高测量精度;
- 具有知识性,可多传感器参数进行测量综合处理;
- 根据需要可进行自诊断和自校准,提高数据的可靠性;
- 对测量数据进行存取,使用方便;
- 有数据通信接口,能与微型计算机直接通信,实现远程控制;
- 可在网上传送数据实现全球监测控制;
- 可实现无线传输;
- 主要由嵌入式微处理器和软件组成,成本低。

4.4.1 嵌入式智能传感器基础

嵌入式微处理器具有如下功能特点:

(1)硬件方面

- 体积小、低功耗、低成本、高性能;
- 可以实现网上控制;支持 Thumb(16 位)/ ARM(32 位)双指令集;
- FLASH 存储器容量大,成本低,可以存储大量的智能程序,执行速度更快;
- 寻址方式灵活简单,执行效率高;
- 指令长度固定,因此嵌入式智能传感器在硬件方已具备了条件。

(2)软件方面

目前嵌入式软件都是与嵌入式微处理器相配套的,功能比较完善,虽然还没通用的嵌入式系统软件,但并不影响开发智能嵌入式电子设备;也可以用通用语言(如 VC++等)进行开发。

4.4.2 嵌入式智能传感器一般结构

一个完整的嵌入式智能传感器等同于嵌入式微处理器+智能控制模块+交互接口单元+多传感器系统+输出接口,如图 4.8 所示。智能控制模块是一个智能程序,它可以模拟人类专家解决问题的思维过程,该系统能进行有效的推理,具有一定的获得知识的能力,具有灵活性、透明性、交互性,有一定的复杂性和难度。智能控模块通常由知识库、推理机、知识获取程序、综合数据库四部分组成,并存放在嵌入式微处理器中,如图 4.9 所示。

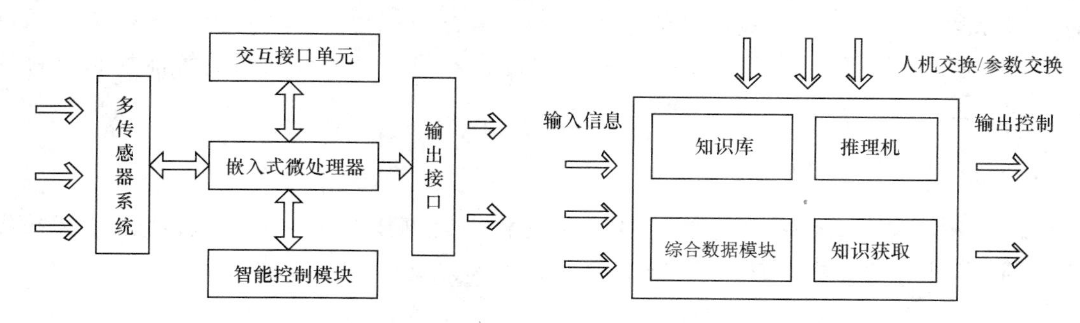

图 4.8　嵌入式智能传感器结构框图　　图 4.9　智能控制模块图

1. 智能控制模块的功能分析

(1) 知识库

用于存放嵌入式智能传感器运行过程中所需要的专家知识、经验值及传感器的基本参数,知识库中的知识是推理机发出命令的依据。

(2) 综合数据模块

用于存放嵌入式智能传感器的原始数据、各种常用数据及各种参数。

(3) 推理机

根据传感器及综合数据中的数据,利用知识库中的知识进行思维、判断、推理后作出判断,并对嵌入式智能传感器的各种参数进行修改。

2. 交互接口单元

用于外界对嵌入式智能传感器系统进行交互,包括对数据修改和添加,进行一致性、完整性的维护等功能。

3. 多传感器系统模块

该模块由各种类型的普通传感器组成,负责提供外界信息。

4. 输出单元

输出单元用于输出正确的传感器信息,供用户使用。

5. 嵌入式微处理器

嵌入式微处理器负责对数据的采集、处理、存储、管理、传送等任务。对不同的嵌入式智能传感器控制策略有所不同,一般的控制策略是不断检测电路中相关的参数,分析查找有无异常数据,再根据检测数据的情况,由推理机综合数据库中的知识(数据)对数据进行处理的专家型智能控制方式,具体的控制方式可采用模糊控制、神经网控制、常规控制等。

4.5 嵌入式系统

近年来随着各个行业信息化的持续深入,嵌入式系统因其可定制性已广泛应用于网络通信、消费电子、制造、工业控制、安防系统等多个领域。物联网是交叉学科,智能传感器芯片技术和物联网嵌入式软件技术是两个重点发展方向,这与嵌入式系统发展更是息息相关,面向应用的 SoC 芯片和嵌入式软件是未来嵌入式系统发展的重点。物联网的热潮一定会带动相关电子产业的发展,比如物流管理、医疗电子、电力控制和智能家居等方面,嵌入式系统行业应该重视和把握这个机会,利用自身在嵌入式系统上积累的知识和经验,发掘物联网应用,在已经成熟的平台和产品基础上,通过与应用传感单元的结合,扩展物联和感知的支持能力,通过拓展后台(也称为物联网中枢服务器)应用处理和分析功能,向物联应用综合系统方面发展。实际上,物联网是嵌入式系统一种新的应用,相比传统的嵌入式系统应用,物联网应用的层次更加丰富和复杂,即有表现在传感层上的实时应用,还有在计算和网络应用层上的海量的数据处理和分析。

根据IEEE(美国电气和电子工程师协会)的定义，嵌入式系统是控制、监视或者辅助装置、机器和设备运行的装置(Devices Used to Control，Monitor，or Assist the Operation of Equipment，Machinery or Plants)。从中可以看出嵌入式系统是软件和硬件的综合体，还可以涵盖机械等附属装置。嵌入式系统是以应用为中心，以计算机技术为基础，并且软硬件可裁剪，适用于应用系统对功能、可靠性、成本、体积、功耗有严格要求的专用计算机系统。它一般由嵌入式微处理器、存储器、输入/输出系统、嵌入式操作系统及用户的应用程序等组成，如图4.10所示，用于实现对其他设备的控制、监视或管理等功能。嵌入式系统和具体应用有机地结合在一起，其升级换代也和具体产品同步进行，因此嵌入式系统产品具有较长的生命周期。

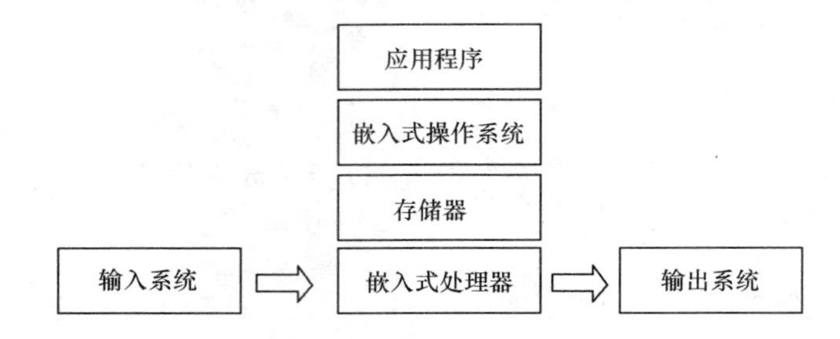

图4.10　嵌入式系统的组成

嵌入式计算机系统同通用型计算机系统相比具有以下特点：

1）系统内核小。由于嵌入式系统一般应用于小型电子装置，系统资源相对有限，所以内核较之传统的操作系统要小得多。比如Enea公司的OSE分布式系统，内核只有5K。

2）用性强。嵌入式系统的个性化很强，其中的软件系统和硬件的结合非常紧密，一般要针对硬件进行系统的移植，即使在同一品牌、同一系列的产品中也需要根据系统硬件的变化和增减不断进行修改。同时针对不同的任务，往往需要对系统进行较大更改，程序的编译下载要和系统相结合，这种修改和通用软件的"升级"是完全不同的两个概念。

3）系统精简。嵌入式系统一般没有系统软件和应用软件的明显区分，不要求其功能设计及实现上过于复杂，这样一方面利于控制系统成本，同时也利于实现系统安全。

4）高实时性的系统软件(OS)是嵌入式软件的基本要求，而且软件要求固态存储，以提高速度；软件代码要求高质量和高可靠性。

5）嵌入式软件开发要实现标准化，就必须使用多任务的操作系统。嵌入式系统的应用程序可以没有操作系统直接在芯片上运行；但是为了合理地调度多任务、利用系统资源、系统函数及和专家库函数接口，用户必须自行选配RTOS(Real-Time Operating System)开发平台，这样才能保证程序执行的实时性、可靠性，并减少开发时间，保障软件质量。

6）嵌入式系统开发需要开发工具和环境。由于其本身不具备自举开发能力，即使设计完成以后用户通常也是不能对其中的程序功能进行修改的，必须有一套开发工具和环境才能进行开发，这些工具和环境一般是基于通用计算机上的软硬件设备及各种逻辑分析仪、混合信号示波器等。开发时往往有主机和目标机的概念，主机用于程序的开发，目标机作为最后的执行机，开发时需要交替进行。

数字信息时代使得嵌入式产品获得了巨大的发展契机，为嵌入式市场展现了美好的前景，同时也对嵌入式生产厂商提出了新的挑战，从中可以看出未来嵌入式系统的几大发展趋势：

1）嵌入式开发是一项系统工程，因此要求嵌入式系统厂商不仅要提供嵌入式软硬件系统本身，同时还需要提供强大的硬件开发工具和软件包支持。目前很多厂商已经充分考虑到这一点，在主推系统的同时，将开发环境也作为重点推广。比如三星在推广Arm7，Arm9芯片的同时还提供开发板和版级支持包（BSP），而WindowCE在主推系统时也提供Embedded VC++作为开发工具，还有Vxworks的Tonado开发环境，DeltaOS的Limda编译环境等都是这一趋势的典型体现。当然，这也是市场竞争的结果。

2）网络化、信息化的要求随着因特网技术的成熟、带宽的提高日益提高，使得以往单一功能的设备如电话、手机、冰箱、微波炉等功能不再单一，结构更加复杂。这就要求芯片设计厂商在芯片上集成更多的功能，为了满足应用功能的升级，设计师们一方面采用更强大的嵌入式处理器如32位、64位RISC芯片或信号处理器DSP增强处理能力，同时增加功能接口，如USB，扩展总线类型，如CAN BUS，加强对多媒体、图形等的处理，逐步实施片上系统（SOC）的概念。软件方面采用实时多任务编程技术和交叉开发工具技术来控制功能复杂性，简化应用程序设计、保障软件质量和缩短开发周期。

3）网络互联成为必然趋势。未来的嵌入式设备为了适应网络发展的要求，必然要求硬件上提供各种网络通信接口。传统的单片机对于网络支持不足，而新一代的嵌入式处理器已经开始内嵌网络接口，除了支持TCP/IP协议，还有的支持IEEE1394、USB、CAN、Bluetooth或IrDA通信接口中的一种或者几种，同时也需要提供相应的通信组网协议软件和物理层驱动软件。软件方面系统内核支持网络模块，甚至可以在设备上嵌入Web浏览器，真正实现随时随地用各种设备上网。

4）精简系统内核、算法，降低功耗和软硬件成本。未来的嵌入式产品是软硬件紧密结合的设备，为了减低功耗和成本，需要设计者尽量精简系统内核，只保留和系统功能紧密相关的软硬件，利用最低的资源实现最适当的功能，这就要求设计者选用最佳的编程模型和不断改进算法，优化编译器性能。因此，既要软件人员有丰富的硬件知识，又需要发展先进嵌入式软件技术，如Java、Web和WAP等。

5）提供友好的多媒体人机界面，嵌入式设备能与用户亲密接触，最重要的因素就是它能提供非常友好的用户界面。目前一些先进的PDA在显示屏幕上已实现汉字写入、短消息语音发布，但一般的嵌入式设备距离这个要求还有很长的路要走。

思考题

4-1 简述无线单片机微控制器结构，包括哪几个功能部件，它们分别有什么作用。

4-2 无线单片机主要的特点有哪些？

4-3 试说出无线单片机主流芯片。

4-4 分别介绍CC2430和CC2530特点和区别。

4-5 简述IAR工具开发平台的作用。

4-6 什么是嵌入式系统？简述智能嵌入式传感器的组成。

第5章 传感器技术

物联网的子网之一无线传感网是由大量分布式智能传感器节点组成的面向任务的无线个人局域网(WPAN),它融合了微电机技术、数据采集技术、嵌入式计算机(MCU)技术、现代网络与无线通信技术、分布式信息处理技术、节点节能技术等多个领域的技术。如图5.1所示,通过多功能传感器点对目标信息进行实时监测,由MCU对信息进行处理,由WPAN进行数据通信,由主控PC系统软件将千万个节点采集的数据进行综合分析处理及控制。无线传感网技术具有广阔的市场前景,可以广泛应用于国防、反恐、工农业监测、城市管理、生物医疗、环境监测、森林防火、抢险救灾、工程检测、智能大厦、危险区域远程控制等领域。

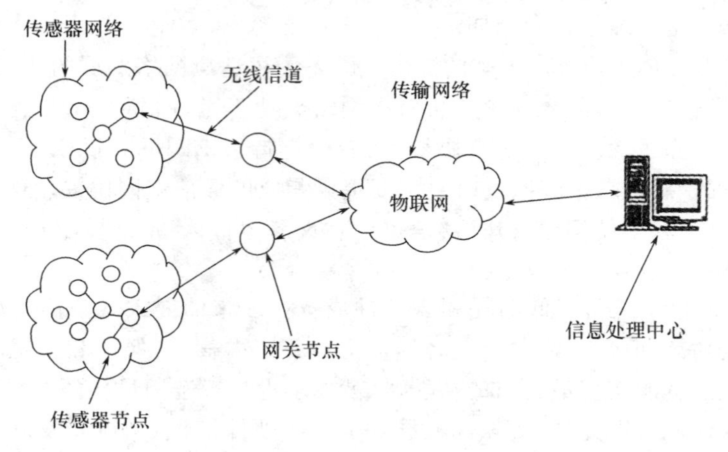

图5.1 无线传感网的组成

5.1 传感器的基本知识

5.1.1 传感器的概念

什么是传感器(Transducer,Senor)?生物体的感官就是天然的传感器。人的眼、耳、鼻、舌、皮肤分别具有视、听、嗅、味、触觉,人的大脑神经末梢(感受器)借助这些器官就能感知外界的信息。传感器在工程领域即可被认为是人体的"五官"。国家标准(GB/T 7765－87)把它定义为:能感受规定的被测量(包括物理量、化学量、生物量等)并按照一定的规律转换成可用信号的器件或装置,通常由敏感元件(Sensing Element)和转换元件(Transduction Element)组成。当今电信号最易于处理和便于传输,因此,可把传感器狭义地定义为:能把外界非电信息转换成电信号输出的器件或装置。从广义的角度,也可以这样定义传感器:"凡是利用一定的物质(物理、化学、生物)法则、定律、效应等进行能量转换与信息转换,并且输出与输入严格一一对应的器件或装置均可称为传感器。"因此,在不同的技术领域,传感器又被称为检测器、换能器、变换器等。

传感器技术则是以传感器为核心论述其内涵、外延的技术；也是一门涉及测量技术、功能材料、微电子技术、精密与细微加工技术、信息处理技术和计算机技术等相互结合形成的密集型综合技术。

5.1.2　传感器的物理定律

传感器之所以具有能量信息转换的功能，在于它的工作机理是基于各种物理的、化学的和生物的效应，并受相应的定律和法则所支配。了解这些定律与法则，有助于对传感器本质的理解和对新效应传感器的开发。传感器的工作原理的基本定律和法则有以下四种类型：

1. 守恒定律

它包括能量、动量、电荷量等守恒定律。这些定律，是探索、研制新型传感器时，或在分析、综合现有传感器时，都必须严格遵守的基本法则。

2. 场的定律

它包括运动场的运动定律、电磁场的感应定律等，其相互作用与物体在空间的位置及分布状态有关。一般可由物理方程表示，这些方程可作为许多传感器工作的数学模型。例如：利用静电场定律研制的电容式传感器；利用电磁感应定律研制的自感、互感、电涡流式传感器；利用运动定律与电磁感应定律研制的磁电式传感器等。利用场的定律构成的传感器，其形状、尺寸（结构）决定了传感器的量程、灵敏度等主要性能，故此类传感器可以统称为“结构型传感器”。

3. 物质定律

它是表示各种物质本身内在性质的定律（如胡克定律、欧姆定律等），通常以这种物质所固有的物理常数加以描述。因此，这些常数的大小决定着传感器的主要性能。如：利用半导体物质法则——压阻、热阻、磁阻、光阻、湿阻等效应，可分别做成压敏、热敏、磁敏、光敏、湿敏等传感器件；利用压电晶体物质法则——压电效应，可制成压电、声表面波、超声传感器等。这种物质定律的传感器，可统称为“物性型传感器”。这是当代传感器技术领域中具有广阔发展前景的传感器。

4. 统计法则

它是把微观系统与宏观系统联系起来的物理法则。这些法则，常常与传感器的工作状态有关，它是分析某些传感器的理论基础。这方面的研究尚待进一步深入。

5.1.3　传感器的分类

用于不同科技领域或行业的传感器种类繁多，可分为如下几类：

1）根据基本效应，可分为物理型、化学型和生物型等，分别以转换中的物理效应、化学效应等命名。

2）根据传感器机理可分为结构型传感器（机械式、感应式、电参量式等）和物性型传感器（压电、热电、光电、生物、化学等）

3）根据能量关系可以分为能量转换型（自源型）和能量控制型（外源型）传感器。

4）根据作用原理可以分为应变式、电容式、压电式、热电式等。

5）根据功能性质可以分为力敏、热敏、磁敏、光敏、气敏等。

6）根据功能材料可以分为固态(半导体、半导磁、电介质)、光纤、膜、超导等。

7）根据输入量可以分为位移、压力、温度、流量、气体等。

8）根据输出量可以分为模拟式、数字式。

除了上述的八种分类方法外,还有按与某种高技术、新技术相结合而得名的,如集成传感器、智能传感器、机器人传感器、仿生传感器等。

无论哪一种传感器,作为物联网应用层的首层,必须满足快速、准确、可靠而又经济地实现信息转换的基本要求,即:

1）足够的容量——传感器的工作量程要求足够大,同时要有一定承受过载的能力。

2）灵敏度高,精度适当——要求传感器的输出信号与被测输入信号有确定的关系,且比值要大;传感器的静态响应与动态响应的精确度能满足要求。

3）响应速度快,工作稳定可靠。

4）适用性和适应性强——体积小,重量轻,耗能低,对被测对象的状态基本没有影响;内部噪声小,不易受外部恶劣环境影响;输入输出接口要求通用,易移植。

5）经济适用——成本低、寿命长。在物联网技术的发展要求下,传感器的大量使用已经成为必然趋势,经济实用成了选择传感器的必须考虑的主要因素之一。

当然,目前能够满足上述所有性能要求的传感器还不多,在选用传感器时,应该结合自己的项目要求、被测对象的状况、精度的要求和信息处理等具体条件而综合考虑。

5.1.4　现代传感器应用

传感器的应用领域相当广泛,从宇宙开发到科学测量,从工业交通到家用电器,还有环保气象、土木建筑、农林水产、医疗保健、金融流通、海洋及资源开发(如用速度传感器测定海水的流速及探测鱼群)、信息处理及电视广播等都要应用传感器来获取信息、测量参数、调节控制。如用红外传感器进行图像处理和光通信,用光传感器、射线传感器分别检测紫外光、X射线及其他射线的存含量,在高温、高压、有毒及窄小等一切人所不能到达或不愿去的环境下均可应用传感器获取多种信息。

1. 机械制造

在机械制造中,通过距离传感器可以识别物体的形状及其位置;在工业机器人中,要求它能从事越来越复杂的工作,对变化的环境有更强的适应能力,能进行更精确的定位和控制,一个工业机器人用到的传感器,有位置、加速度、速度及压力等内部控测传感器,还有触觉、视觉、接近觉、听觉、嗅觉、味觉等外界控测传感器。例如,为了提高生产水平、保证生产质量,将视觉传感器引入到汽车零部件的装配线中,从而实现对汽车零部件生产过程的严格监控,是一个非常灵活、高效、可靠的办法。又如,在制药包装行业中,利用视觉传感器检测药品包装情况。

2. 国防工业

在国防工业中,传感器是决定武器的性能和实战能力的重要因素。传感器技术和计算机技术推动了智能化电子武器的发展。在远方战场监视系统、防空系统、雷达系统、导弹系统、军用飞机等领域都使用了许多传感器。

军用飞机上采用的线传控制系统，其设计原理简单地讲就是一个闭环负反馈控制系统；通俗地讲就是在飞机上安装多个传感器用以检测飞机的发射飞机飞行姿态，这些传感器把采集到的飞行姿态数据适时传输到飞机上的飞行控制系统，计算机给这些数据一个负增益，并加入到飞机操控系统给出的控制数据中去，以产生一个最终的控制信号。传感器技术在军用电子系统中的运用，促进了武器、作战指挥、控制、监视和通信等方面的智能化，提高了军事战斗力。在航天应用中，利用加速度传感器可测量人造卫星的加速度。

3. 电力、石油、化工

在电力、石油、化工行业中，为了保证生产过程正常有效地进行，对工艺参数(如温度、压力、流量等)进行检测和控制，必须采用传感器检测出这些量，以便进行自动控制和集中管理。如冶金工业中的连续铸造生产过程，钢包液体的检测和高炉铁水硫磷含量分析等，就需要多种多样的传感器为操作人员提供可靠的数据。

4. 环保安全

在环保、安全方面，传感器用于控测易燃、有毒、易爆气体的报警等。如制成的气体成分控测仪、气体报警器、空气净化器等，可用于对工厂、矿山、家庭、宾馆、娱乐场所等进行气体监测，以防火灾、爆炸等事故发生，确保环境清新、安全；利用超声波制成超声波汽车尾部防撞探测器和超声波实用探测电路探测器等；用于气囊系统的加速度传感器，能可靠地探测到汽车意外碰撞时加速度的变化信号，通过气囊完成对驾驶人员的人身保护；采用汽车尾气传感器和尾气催化剂(国际上已采用的汽车尾气传感器，为用掺杂的 ZrO2 做的电解质电池型或用 TiO2 做的金属氧化物半导体电阻型)，解决了以汽油为燃料的汽车尾气污染问题；由于热释电红外探测器，对人体发出的微弱红外线能量最为敏感，它广泛用于对人体移动的探测，对仓库、商场等场地进行防盗报警和安全防范。

5. 医疗卫生

在医疗卫生方面，生物医学是传感器新的应用领域，通过离子敏感器件，能实现对多种体液的综合检测；用 DNA 生物传感器能将目的 DNA 的存在转变为可检测的光、电、声等信号，它与传统的标记基因技术方法相比，具有快速、灵敏、操作简便、无污染、并具有分子识别、分离纯化基因等功能；应用约瑟夫逊效应制成的超导量子干涉器，就能检测到连人体自身都感受不到的———人脑及人体心脏所产生的极其微弱的磁场信号；可以用检测 Na+、+和 H+离子的传感器，同时检测出血液中的 Na+、K+和 H+离子浓度，对诊断心血管疾病有很大的实用价值。如脉搏传感器，可以进行脉率检测、无创心血管功能检测、妊高征检测、中医脉象诊断等。

6. 汽车工业

汽车传感器作为汽车电子控制系统的信息源，是汽车电子控制系统的关键部件，也是汽车电子技术领域研究的核心内容之一。目前，一辆普通家用轿车上约要安装几十到近百只传感器，而豪华轿车上的传感器数量可多达二百余只。据报道，2000 年汽车传感器市场约为

61.7亿美元(超过9.04亿件产品),到2005年增至约84.5亿美元(超过12.68亿件产品),增长率为6.5%(按美元计)和7.0%(按产品件数计)。汽车传感器在汽车上主要用于发动机控制系统、底盘控制系统、车身控制系统和导航系统。

发动机控制系统用传感器是整个汽车传感器的核心,种类很多,包括温度传感器、压力传感器、位置和转速传感器、流量传感器、气体浓度传感器和爆震传感器等。这些传感器向发动机的电子控制单元(ECU)提供发动机的工作状况信息,供ECU对发动机工作状况进行精确控制,以提高发动机的动力性、降低油耗、减少废气排放和进行故障检测。

压力传感器主要用于检测气缸负压、大气压、涡轮发动机的升压比、气缸内压、油压等。吸气负压式传感器主要用于吸气压、负压、油压检测。汽车用压力传感器多为电容式、压阻式、差动变压器式(LVDT)、表面弹性波式(SAW)。

电容式压力传感器主要用于检测负压、液压、气压,测量范围20～100kPa,具有输入能量高,动态响应特性好、环境适应性好等特点;压阻式压力传感器受温度影响较大,需要另设温度补偿电路,但适应于大量生产;LVDT式压力传感器有较大的输出,易于数字输出,但抗干扰性差;SAW式压力传感器具有体积小、质量轻、功耗低、可靠性高、灵敏度高、分辨率高、数字输出等特点,用于汽车吸气阀压力检测,能在高温下稳定地工作,是一种较为理想的传感器。

5.2 常见传感器

下面对常用的热敏、光敏、气敏、力敏和磁敏传感器及其敏感元件做进一步介绍。

5.2.1 温度传感器及热敏元件

温度传感器主要由热敏元件组成。热敏元件品种较多,市场上销售的有双金属片、铜热电阻、铂热电阻、热电偶及半导体热敏电阻等。以半导体热敏电阻为探测元件的温度传感器应用广泛,这是因为在元件允许工作条件范围内,半导体热敏电阻器具有体积小、灵敏度高、精度高的特点,而且制造工艺简单、价格低廉,如图5.2所示。

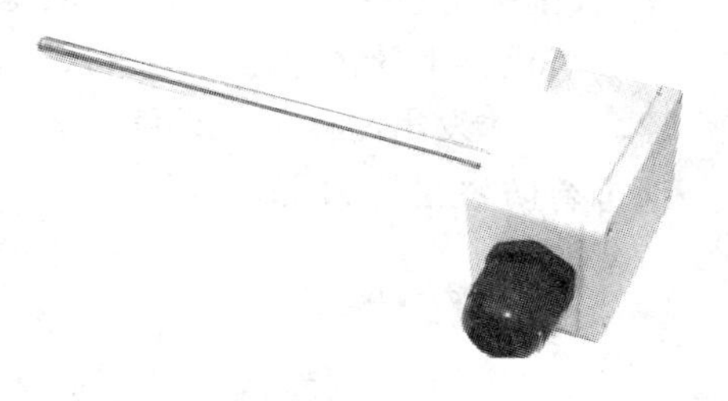

图5.2　温度传感器

1. 半导体热敏电阻的工作原理

半导体热敏电阻按温度特性热敏电阻可分为两类,随温度上升电阻增加的为正温度系数热敏电阻,反之为负温度系数热敏电阻。

正温度系数热敏电阻的工作原理:热敏电阻以钛酸钡(BaTio3)为基本材料,再掺入适量的稀土元素,利用陶瓷工艺高温烧结而成。纯钛酸钡是一种绝缘材料,但掺入适量的稀土元素如镧(La)和铌(Nb)等以后,变成了半导体材料,被称半导体化钛酸钡。它是一种多晶体材料,晶粒之间存在着晶粒界面,对于导电电子而言,晶粒间界面相当于一个位垒。当温度低时,由于半导体化钛酸钡内电场的作用,导电电子可以很容易越过位垒,所以电阻值较小;当温度升高到居里点温度(即临界温度,此元件的'温度控制点一般钛酸钡的居里点为120℃)时,内电场受到破坏,不能帮助导电电子越过位垒,所以表现为电阻值的急剧增加。因为这种元件具有未达居里点前电阻随温度变化非常缓慢，具有恒温、调温和自动控温的功能，只发热，不发红，无明火，不易燃烧，电压交、直流 3～440V 均可，使用寿命长，非常适用于电动机等电器装置的过热探测。

负温度系数热敏电阻的工作原理：负温度系数热敏电阻是以氧化锰、氧化钴、氧化镍、氧化铜和氧化铝等金属氧化物为主要原料，采用陶瓷工艺制造而成。这些金属氧化物材料都具有半导体性质，完全类似于锗、硅晶体材料，体内的载流子（电子和空穴）数目少，电阻较高；温度升高，体内载流子数目增加，自然电阻值降低。负温度系数热敏电阻类型很多，使用区分低温（－60～300℃）、中温（300～600℃）、高温（＞600℃）三种，有灵敏度高、稳定性好、响应快、寿命长、价格低等优点，广泛应用于需要定点测温的温度自动控制电路，如冰箱、空调、温室等的温控系统。

热敏电阻与简单的放大电路结合，就可检测千分之一度的温度变化，所以和电子仪表组成测温计，能完成高精度的温度测量。普通用途热敏电阻工作温度为－55～＋315℃，特殊低温热敏电阻的工作温度低于－55℃，甚至可达－273℃。

2. 热敏电阻的型号

中国热敏电阻按 SJ1155－82 来制定型号，由 4 部分组成：

1）主称，用字母‘M’表示敏感元件。

2）类别，用字母‘Z’表示正温度系数热敏电阻器，或者用字母‘F’表示负温度系数热敏电阻器。

3）用途或特征，用一位数字（0～9）表示。一般数字‘1’表示普通用途，‘2’表示稳压用途（负温度系数热敏电阻器），‘3’表示微波测量用途（负温度系数热敏电阻器），‘4’表示旁热式（负温度系数热敏电阻器），‘5’表示测温用途，‘6’表示控温用途，‘7’表示消磁用途（正温度系数热敏电阻器），‘8’表示线性型（负温度系数热敏电阻器），‘9’表示恒温型（正温度系数热敏电阻器），‘0’表示特殊型（负温度系数热敏电阻器）。

4）序号，也由数字表示，代表规格、性能。

往往厂家出于区别本系列产品的特殊需要，在序号后加‘派生序号’，由字母、数字和‘－’号组合而成。

［例］	M	Z	1	1
	敏感元件	正温度系数热敏电阻器	普通用途	序号

3. 热敏电阻器的主要参数

各种热敏电阻器的工作条件一定要在其出厂参数允许范围之内。热敏电阻的主要参数有十余项：标称电阻值、使用环境温度（最高工作温度）、测量功率、额定功率、标称电压（最大工作电压）、工作电流、温度系数、材料常数、时间常数等。其中标称电阻值是在 25℃零功率时的电阻值，允许有一定误差，在±10％之内。普通热敏电阻的工作温度范围较大，可根据需要在－55～＋315℃间选择，值得注意的是，不同型号热敏电阻的最高工作温度差异很大，如 MF11 片状负温度系数热敏电阻器为＋125℃，而 MF53－1 仅为＋70℃，学生实验时应注意一般不要超过 50℃。

4. 实验用热敏电阻选择

首选普通用途负温度系数热敏电阻器,因它随温度的变化比正温度系数热敏电阻器易观察,电阻值连续下降明显。若选正温度系数热敏电阻器,实验温度应在该元件居里点温度附近。

[例]　MF11 普通负温度系数热敏电阻器参数:

- 标称阻值 10~15kΩ(片状外形);
- 额定功率为 0.25W;
- 材料常数 B 范围 1 980~3 630;
- 温度系数为 2.23~4.09(10－2/℃);
- 耗散系数≥5mW/℃;
- 时间常数≤30s;
- 最高工作温度为 125℃。

粗测热敏电阻的值,宜选用量程适中且通过热敏电阻测量电流较小的万用表。若热敏电阻 10kΩ 左右,可以选用 MF10 型万用表,将其挡位开关拨到欧姆挡 R×100,用鳄鱼夹代替表笔分别夹住热敏电阻的两引脚。在环境温度明显低于体温时,读数 10.2kΩ,用手捏住热敏电阻,可看到表针指示的阻值逐渐减小;松开手后,阻值加大,逐渐复原。这样的热敏电阻可以选用,注意最高工作温度 100℃左右。

应将热敏电阻封装后再放入水中。最简单的封装是用电工塑料套管,也可密封于类似的圆珠笔杆内。

5.2.2　光传感器及光敏元件

光传感器主要由光敏元件组成,如图 5.3 所示。目前光敏元件发展迅速、品种繁多、应用广泛。市场出售的有光敏电阻器、光电二极管、光电三极管、光电耦合器和光电池等。

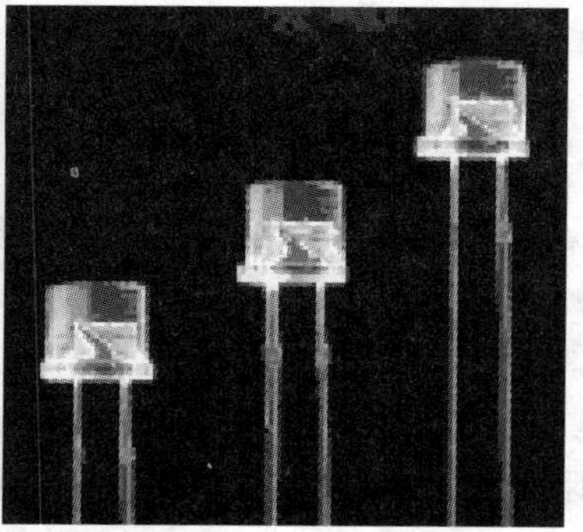

图 5.3　光传感器

1. 光敏电阻器

光敏电阻器由能透光的半导体光电晶体构成,因半导体光电晶体成分不同,又分为可见光光敏电阻（硫化镉晶体）、红外光光敏电阻（砷化镓晶体）、和紫外光光敏电阻（硫化锌晶体）。当敏感波长的光照半导体光电晶体表面，晶体内载流子增加，使其电导率增加（即电阻减小）。

光敏电阻的主要参数：

- 亮电流、亮阻，在一定外加电压下，当有光（1001×照度）照射时，流过光敏电阻的电流称亮电流；外加电压与该电流之比为亮阻，一般几千欧姆～几十千欧姆；
- 暗电流、暗阻：在一定外加电压下，当无光（01×照度）照射时，流过光敏电阻的电流称暗电流；外加电压与该电流之比为暗阻，一般几百千欧姆～几十千欧姆以上；
- 光电流：亮电流与暗电流之差；
- 最大工作电压：一般几十伏至上百伏；
- 环境温度：一般－25～＋55℃，有的型号可以－40～＋70℃；
- 额定功率（功耗）：光敏电阻的亮电流与外电压乘积；可有5～300mW多种规格选择；
- 光敏电阻的主要参数还有响应时间、灵敏度、光谱响应、光照特性、温度系数、伏安特性等。

值得注意的是，光照特性（随光照强度变化的特性）、温度系数（随温度变化的特性）、伏安特性不是线性的，如CdS（硫化镉）光敏电阻的光阻有时随温度的增加而增大，有时随温度的增加又变小。硫化镉光敏电阻器的参数见表5.1。

表5.1　硫化镉光敏电阻器的参数

型　号	MG41－22	MG42－16	MG44－02	MG45－52
环境温度/℃	－40～＋60	－25～＋55	－40～＋70	－40～＋70
额定功率/mW	20	10	5	200
亮阻，1 001×/kΩ	≤2	≤50	≤2	≤2
暗阻，01×/MΩ	≥1	≥10	≥0.2	≥1
响应时间/ms	≤20	≤20	≤20	≤20
最高工作电压/V	100	50	20	250

2. 光电二极管

和普通二极管相比，除它的管芯也是一个PN结、具有单向导电性能外，其他均差异很大。首先管芯内的PN结的结深比较浅（$<1\mu m$），以提高光电转换能力；第二，PN结的面积比较大，电极面积则很小，以有利于光敏面收集更多光线；第三，光电二极管在外观上都有一个用有机玻璃透镜密封、能汇聚光线于光敏面的“窗口”；所以光电二极管的灵敏度和响应时间远远优于光敏电阻。

常见的几种光电二极管及符号如下：

2DU有前极、后极、环极三个极。其中环极是为了减小光电二极管的暗电流和增加工作稳定性而设计增加的，应用时需要接电源正极。光电二极管的主要参数有：最高工作电压（10～50V），暗电流（≤0.05～1μA），光电流（＞6～80μA），光电灵敏度、响应时间（几十纳秒～几十微秒）、结电容和正向压降等。

光电二极管的优点是线性好，响应速度快，对宽范围波长的光具有较高的灵敏度，噪声低；缺点是单独使用时输出电流(或电压)很小，需要加放大电路。适用于通信及光电控制等电路。

光电二极管的检测可用万用表 R×1k 挡，避光测正向电阻应 10～200kΩ，反向应无穷大，去掉遮光物后向右偏转角越大，灵敏度越高。

光电三极管可以视为一个光电二极管和一个三极管的组合元件，由于具有放大功能，所以其暗电流、光电流和光电灵敏度比光电二极管要高得多，但其结构原因使结电容加大，响应特性变坏。它广泛应用于低频的光电控制电路。

常见的光电三极管形状及符号如下：

半导体光电器件还有 MOS 结构，如扫描仪、摄像头中常用的 CCD(电荷耦合器件)就是集成的光电二极管或 MOS 结构的阵列。

5.2.3 气敏传感器及气敏元件

由于气体与人类的日常生活密切相关，对气体的检测已经是保护和改善生态居住环境不可缺少的手段，气敏传感器发挥着极其重要的作用。例如生活环境中的一氧化碳浓度达0.8～1.15ml/L 时，人就会出现呼吸急促，脉搏加快，甚至晕厥，而一氧化碳浓度达 1.84ml/L 时则人有在几分钟内死亡的危险，因此对一氧化碳检测必须快而准。利用 SnO2 金属氧化物半导体气敏材料，通过颗粒超微细化和掺杂工艺制备 SnO2 纳米颗粒，并以此为基体掺杂一定催化剂，经适当烧结工艺进行表面修饰，制成旁热式烧结型 CO 敏感元件，能够探测 0.005%～0.5%范围的 CO 气体。还有对易爆可燃气体、酒精气体、汽车尾气等有毒气体的进行探测的传感器。

常用的主要有接触燃烧式气体传感器、电化学气敏传感器和半导体气敏传感器等。接触燃烧式气体传感器的检测元件一般为铂金属丝(也可表面涂铂、钯等稀有金属催化层)，使用时对铂丝通以电流，保持 300～400℃的高温，此时若与可燃性气体接触，可燃性气体就会在稀有金属催化层上燃烧，因此铂丝的温度会上升，铂丝的电阻值也上升；通过测量铂丝的电阻值变化的大小，就知道可燃性气体的浓度。电化学气敏传感器一般利用液体(或固体、有机凝胶等)电解质，其输出形式可以是气体直接氧化或还原产生的电流，也可以是离子作用于离子电极产生的电动势。半导体气敏传感器具有灵敏度高、响应快、稳定性好、使用简单的特点，应用极其广泛；下面重点介绍半导体气敏传感器及其气敏元件，如图 5.4 所示。

图 5.4 气敏传感器

半导体气敏元件有 N 型和 P 型之分。N 型在检测时阻值随气体浓度的增大而减小；P 型阻值随气体浓度的增大而增大。SnO2 金属氧化物半导体气敏材料，属于 N 型半导体，在 200～300℃温度它吸附空气中的氧，形成氧的负离子吸附，使半导体中的电子密度减少，从而使其电阻值增加。当遇到能供给电子的可燃气体（如 CO 等）时，原来吸附的氧脱附，而由可燃气体以正离子状态吸附在金属氧化物半导体表面；氧脱附放出电子，可燃行气体以正离子状态吸附也要放出电子，从而使氧化物半导体导带电子密度增加，电阻值下降。可燃性气体不存在了，金属氧化物半导体又会自动恢复氧的负离子吸附，使电阻值升高到初始状态。这就是半导体气敏元件检测可燃气体的基本原理。

目前国产的气敏元件有两种。一种是直热式，加热丝和测量电极一同烧结在金属氧化物半导体管芯内；一种是旁热式，气敏元件以陶瓷管为基底，管内穿加热丝，管外侧有两个测量极，测量极之间为金属氧化物气敏材料，经高温烧结而成。

气敏元件的参数主要有加热电压、电流，测量回路电压，灵敏度，响应时间，恢复时间，标定气体（0.1%丁烷气体）中电压，负载电阻值等。QM－N5 型气敏元件适用于天然气、煤气、氢气、烷类气体、烯类气体、汽油、煤油、乙炔、氨气、烟雾等的检测，属于 N 型半导体元件，且灵敏度较高、稳定性较好、响应和恢复时间短、市场上应用广泛。QM－N5 气敏元件参数如下：标定气体（0.1%丁烷气体，最佳工作条件）中电压≥2V，响应时间≤10s，恢复时间≤30s，最佳工作条件加热电压 5V、测量回路电压 10V、负载电阻 RL 为 2kΩ，允许工作条件加热电压 4.5～5.5V、测量回路电压 5～15V、负载电阻 0.5～2.2kΩ。常见的气敏元件还有 MQ－31（专用于检测 CO）、QM－J1 酒敏元件等。

5.2.4　力敏传感器及力敏元件

力敏传感器的种类甚多，传统的测量方法是利用弹性材料的形变和位移来表示。随着微电子技术的发展，利用半导体材料的压阻效应（即对其某一方向施加压力，其电阻率就发生变化）和良好的弹性，已经研制出体积小、重量轻、灵敏度高的力敏传感器，广泛用于压力、加速度等物理力学量的测量。

5.2.5　磁敏传感器及磁敏元件

目前磁敏元件有霍尔器件（基于霍尔效应）、磁阻器件（基于磁阻效应：外加磁场使半导体的电阻随磁场的增大而增加。）、磁敏二极管和三极管等。以磁敏元件为基础的磁敏传感器在一些电、磁学量和力学量的测量中广泛应用。

在一定意义上传感器与人的感官有对应的关系，其感知能力已远超过人的感官。例如利用目标自身红外辐射进行观察的红外成像系统（夜像仪），黑夜中可在 1000m 以内发现人，2000m 以内发现车辆；热像仪的核心部件是红外传感器。

1991 年海湾战争中，伊拉克的坦克配置的夜视仪探测距离仅 800m，还不及美英联军坦克夜视距离的一半，黑暗中被打得惨败是必然的。目前世界各国都将传感器技术列为优先发展的高新技术的重点。为了大幅度提供传感器的性能，将不断采用新结构、新材料和新工艺，逐步向小型化、集成化和智能的方向发展。

5.3 MEMS传感器

物联网的建设使得人们越来越关注传感器产业，作为一种技术含量更高、体积更小，可以批量生产的传感器产品，MEMS传感器也开始受到业界的广泛关注。

MEMS(Micro-Electro-Mechanical Systems)是微机电系统的缩写，MEMS是对微米/纳米材料进行设计、加工、制造、测量和控制的技术，完整的MEMS是由微传感器、微执行器、信号处理和控制电路、通信接口和电源等部件组成的一体化的微型器件系统。MEMS传感器能够将信息的获取、处理和执行集成在一起，组成具有多功能的微型系统，从而大幅度地提高系统的自动化、智能化和可靠性水平。它能将一件产品的所有功能集成到单个芯片上，从而降低成本，以用于大规模生产。MEMS具有以下几个主要特点：

1) 微型化。MEMS器件体积小、精度高、重量轻、耗能低、惯性小、响应时间短。其体积可达亚微米以下，尺寸精度达纳米级，重量可至纳克；

2) 以硅为主要材料，机械电气性能优良，硅材料的强度、硬度和杨氏模量与铁相当，密度类似铝，热传导率接近钼和钨；

3) 能耗低、灵敏度和工作效率高：很多的微机械装置所消耗的能量远小于传统机械的十分之一，但却能以十倍以上的速度来完成同样的工作；

4) 批量生产，用硅微加工工艺在一片硅片上可以同时制造成百上千个微机械部件或完整的MEMS，批量生产可以大大降低生产成本；

5) 集成化，可以把不同功能、不同敏感和制动方向的多个传感器或执行器集成于一体，形成微传感器阵列或微执行器阵列，甚至可以把器件集成在一起以形成更为复杂的微系统。微传感器、执行器和IC集成在一起可以制造出高可靠性和高稳定性的MEMS；

6) 学科上的交叉综合，以微电子及机械加工技术为依托，范围涉及微电子学、机械学、力学、自动控制学、材料学等多种工程技术和学科；

7) 应用上的高度广泛，MEMS的应用领域包括信息、生物、医疗、环保、电子、机械、航空、航天等。它不仅可形成新的产业，还能通过产品的性能提高、成本降低，有力地改造传统产业。

目前，MEMS的研究和应用主要集中在三个方向：微型传感器、微型执行器和微型系统。其中微型传感器与微型执行器经过了数十年的发展，已取得了很大的进展，技术已经相对成熟，产品广泛应用于各个领域。微型系统则是将微型传感器、微型执行器及其相关的信号采集电路、控制电路、电源全部高度集成在一起，并且与其他学科相结合，能够独立完成某种功能。MEMS技术几乎可以应用于所有的行业领域，它与不同的技术结合，便会产生不同的新型MEMS器件。正因为如此，MEMS器件的种类极为繁杂。根据目前的研究情况，除了进行信号处理的集成电路部件以外，微机电系统内部包含的单元主要有以下几大类：

1) 微传感器。微传感器种类很多，主要包括机械类、磁学类、热学类、化学类、生物学类等，每一类中又包含有很多种。例如机械类中又包括力学、力矩、加速度、速度、角速度(陀螺)、位置、流量传感器等，化学类中又包括气体成分、湿度、PH值和离子浓度传感器等。

2) 微执行器。微执行器主要包括微马达、微齿轮、微泵、微阀门、微机械开关、微喷射器、微扬声器、微可动平台等。

3) 微型构件。三维微型构件主要包括微膜、微梁、微探针、微齿轮、微弹簧、微腔、微沟道、微锥体、微轴、微连杆等。

4）微机械光学器件。这是一种利用 MEMS 技术制作的光学元件及器件。目前制备出的微光学器件主要有微镜阵列、微光扫描器、微光阀、微斩光器、微干涉仪、微光开关、微变焦透镜、微外腔激光器、光编码器等。

5）真空微电子器件。它是微电子技术、MEMS 技术和真空电子学相结合的产物，是一种采用已有的微细加工工艺在芯片上制造的集成化微型真空电子管或真空集成电路。它主要由场致发射阵列阴极、阳极、两电极之间的绝缘层和真空微腔组成。由于电子输运是在真空中进行的，因此真空微电子器件具有极快的开关速度、非常好的抗辐照能力和极佳的温度特性。目前研究较多的真空微电子器件主要包括场发射显示器、场发射照明器件、真空微电子毫米波器件、真空微电子传感器等。

6）电力电子器件。它主要包括利用 MEMS 技术制作的垂直导电型 MOS(VMOS)器件、V 型槽垂直导电型 MOS(VVMOS)器件等各类高压大电流器件。

经过几十年的研究与开发，MEMS 器件与系统的设计及制造工艺逐步成熟，但产业化、市场化的 MEMS 器件的种类并不多，还有许多 MEMS 仍未能大量走出实验室充分发挥其在军事与民品中的潜在应用，还需要研究和解决许多问题。究其原因，在于 MEMS 器件是属于多域值器件，与传统的 IC 器件相比有很大差别。从工艺上看，尽管 MEMS 技术是在集成电路(IC)技术的基础上发展起来的，MEMS 技术沿用了许多 IC 制造工艺。但同时，还发展了许多新的微机械加工工艺，如体微机械加工工艺、表面微机械加工工艺、LIGA 工艺、准 LIGA 工艺和微机械组装技术等。从器件种类上看，MEMS 器件与 IC 器件相比种类繁多，有光学 MEMS、射频 MEMS(RFMEMS)、生物 MEMS 等，不同的 MEMS 其结构和功能差异很大，应用环境也大不相同。归纳起来，MEMS 与 IC 之间的主要差别是：

1）IC 本质上是平面器件，典型的 MEMS 不是；

2）IC 依赖于隐埋于 IC 表面之下的效应，而 MEMS 通常是表面效应器件；

3）IC 无活动的零部件，而典型的 MEMS 是活动器件；

4）IC 的制作工艺使得它在以大圆片形式流入小心控制的 IC 标准生产线之前对环境相对地不敏感，而大圆片形式的 MEMS 在封装好之前对环境都非常敏感。这就使得 MEMS 制造的每道后工序——划片、装架、引线制作、封装密封等都与 IC 不同且花费非常昂贵；

5）IC 器件主要是电信号，而 MEMS 器件有机械、光、电、多种信号；

6）IC 主要是表面加工工艺，而 MEMS 有多种加工工艺；

7）IC 主要是半导体材料，而 MEMS 有多种加工材料。

由于 MEMS 技术与 IC 技术相比在材料、结构、工艺、功能和信号接口等方面存在诸多差别，难以简单地将 IC 技术移植到 MEMS 技术中，这就使得 MEMS 器件在设计、材料、加工、系统集成、封装和测试等各方面都面临着许多新的问题，其中封装是制约 MEMS 走向产业化的一个重要原因之一。

今后，微系统的主要发展方向是将 MEMS 技术结合光学而产生的微型光机电系统(MOEMS)、将 MEMS 技术结合生物技术而产生的生物医学微系统(BIOMEMS)以及将 MEMS 技术与射频或微波通信技术相结合产生的射频微系统(RF MEMS)。微型光机电系统使用 MEMS 技术可以实现多种类型的高性能光学器件，满足光学器件对于微小尺寸与高精度的要求；利用 MEMS 技术制造的光学器件容易达到阵列化、低成本和高效率制作，可以很好地应用于光通信。利用 MEMS 技术制造的生物医学微系统不仅可以深入到细胞内部,对极其细微的结构和化学物质进行研究,还促进了各种先进的诊断仪器与医疗仪器、药物开发、药物释放、微创手术等领域的发展。使用 MEMS 技术的射频微系统可以实现通信部件的集成化与微型化,可以提高信号处理速度和缩小个人移动系统的体积,大大促进移动通信的发展。

5.4 传感器和微控制器接口

目前,在控制、自动化、传感网领域,传感器已经普遍与网络相连,但是由于各种总线标准都定义了自己的物理特性、协议格式及数据传送格式等,使传感器生产厂家无法生产出能适应各种不同工业总线的产品。现在传感器网络化、智能化、标准化已是发展的主要趋势。这种网络化智能传感器集成通信技术、网络服务技术、传感探测技术、智能信息处理技术等,将会对社会的各个方面产生深远的影响。

设计一种通用的接口协议,使具有网络化、智能化、标准化的传感器与各种不同的现场总线分离,将有效解决上述问题。IEEE 1451 协议就是在这样的背景下制定的。

从 20 世纪 90 年代开始,美国国家标准技术研究所和 IEEE 仪器与测量协会的传感技术委员会联合组织了智能传感器通用通信接口问题和相关标准的制定,即 IEEE 1451 的智能变送器接口标准(Standard for a Smart Transducer Interface for Sensors and Actuators)。迄今为止,针对变送器工业各个领域的需求,先后建立多个工作组来开发接口标准的不同部分,并取得了显著的进展。美国国家标准协会高级研究员 Kang Lee 表示:"飞机有望用光纤或无线网络取代成吨重的缆线。"这使飞机可以承运更多的乘客或消耗较少的燃料。

IEEE 1451 定义的传感器电子数据表单(Transducer Electronic Data Sheet,TEDS)对传感器关键参数进行了较为详细的描述。

★ IEEE 1451.4 协议是在 IEEE 1451.1 和 IEEE 1451.2 基础上提出来的一种小空间范围内智能传感器之间互联的标准,该标准主要定义了混合模式接口和相应的 TEDS,把传统的模拟传感器信号与低成本的串行数字连接结合在一起,以访问传感器内嵌的 TEDS,为了将"传感器即插即用"的优势用于传统模拟传感器,用虚拟 TEDS(存储在本地计算机或网络访问数据库中)以文档形式提供同样的传感器 TEDS,有了虚拟 TEDS,传统的模拟传感器也可以进行自我识别和描述,图 5.5 为虚拟 TEDS 的模型。虚拟 TEDS 让大量传统模拟传感器无需内置 EEPROM 就能体现 TEDS 的优势,应用于不能使用 EEPROM 之类电子器件的传感器时,虚拟 TEDS 也很有价值。根据 IEEE 1451 标准开发的传感器能大幅度减少传感器测量系统的搭建、配置及编程工作。

★ IEEE 1451 是 1994 年由电气与电子工程师学会(IEEE)仪器与测量分会和美国国家标准与技术协会(NIST)发起的,致力于标准通信接口解决传统传感器集成的问题。目前,P1451 已经发展成 7 个工作组,其中 4 个是正式批准的。

近年来,P1451.3 工作组定义了用于集群传感器应用和确保高速、同步数据传输的标准。同时,P1451.4 工作组起草了模拟变送器的混合模式通信的标准,例如数字电子表格和模拟信号。

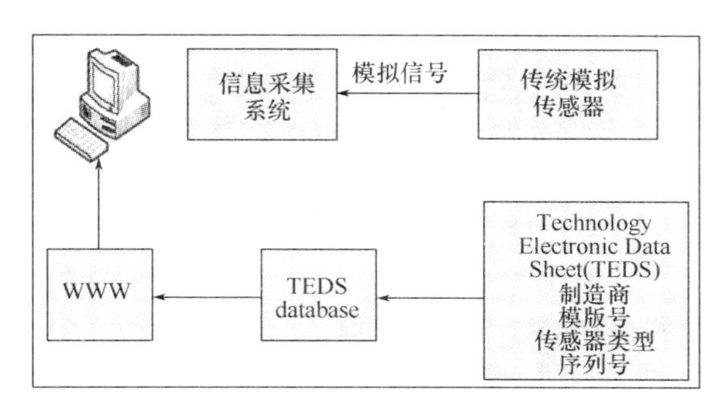

图 5.5 虚拟 TEDS 的模型

5.4.1 标准接口

在 2004 年获准通过的 IEEE 1451.4 标准，以其更简单、实用的应用使智能变送器接口标准得到了重生，同时它用于模数信息转换的变送器电子数据表格(TEDS)具有即插即用功能，这引发了开发全新解决方案的热潮。这一部分标准中增加了存储元件以使传感器更加智能化，还通过变送器电子数据表格(Transducer Electronic Data Sheets, TEDS)增加了自识别功能。这种简便的方法使变送器电子数据表格可用于大量现存的模拟传感器接口，且添加了即插即用功能，并确保了精确和经济的解决方案和应用。简言之，P1451 不再是"一个寻找问题的解决方案"(P 代表整个标准目前处于提交状态)。

这一标准满足了中小型传感器和变送器制造商长久以来的期望——寻求一个通用的传感器接口，但却长期承担着不同网络、现场总线、协议和需求造成的历史负担。1451 标准最初的概念是为了让变送器外壳有空间安装驱动器，允许变送器可插入 P1451 类的驱动器，减少了专门驱动的需要，据说能节省 90%～95%的软件开发时间。

通过给模拟变送器增加即插即用功能，可将其添加到数字仪器和测量系统的网络中。IEEE 1451.4 目前可依靠简化变送器的安装、网络的建设与系统的维护和更新来加快联网传感器的应用。1451.4 正通过建立一个通用系统达成上述目标，该系统的信息数字网络需要辨识、标志、接口和使用来自模拟传感器的信号。

1451.4 工作组副主席，美国国家仪器公司经理 David Potter 解释说 1451.4 是一项实用的技术标准，它使变送器电子数据表格与模拟测量相兼容。"由于在变送器模拟接口增加了自识别功能，该标准具有令任何测量系统，模拟的或数字的，更易于安装、配置和维护。当传感器连接到数据采集设备或任何仪表板，就会得到大量的关于安装范围、滤波和其他一些参数。如果这些信息已经保存在一块存储芯片中，那么就可以自动进行安装与校正。"

1451.4 标准还利用嵌入在传感器中的电可擦除、可编程、只读存储器芯片(EEPROM)实现即插即用功能详细资料的存储与通信。制造商可由 Internet 获取芯片的标志符。一个完整的变送器电子数据表格可能包含一个具体类型传感器的类型识别和属性内容，如加速计、麦克风、应变仪、热电偶和其他类别传感器。变送器电子数据表格中还可以包含传感器的全部校准数据。

对某个具体传感器的要求是，模板描述文件应当在网站上给出并发布。该标准考虑到在一些现存的传感器中不能嵌入如 EEPROM 存储器，因此在 Internet 上提供了虚拟变送器电子数据表格。美国国家仪器公司和他的合作伙伴提供了庞大的虚拟变送器电子数据表格库，可以在网址 www.ni.com/sensors 免费下载。作为美国国家仪器公司合作伙伴计划的一部分,目前大约有 25 家公司提供符合 1451.4 标准的传感器。

Seymour 在 2004 年 ISA 展会上展示了 Watlow 公司的 Infosense-P 型即插即用热电偶、热电阻和电热调节器如何与符合 1451.4 标准的芯片和变送器电子数据表格配合使用,用于校准一个典型的“衣架(coat hanger)”,并使其比传统的温度传感器更精确。

对测试和测量用户而言,1451.4 标准可以大幅度提高热电偶的精度。例如,典型的 J 型热电偶是由两种不同等级和相对精度的金属组成,但是,Watlow 公司在它生产的热电偶上增加 1451.4 的单线存储器,可提高校准性能和曲线线性化程度,测量误差从 1.5℃ 降低到 0.5℃,使之比美国国家标准化组织的热电偶更加精确。又如,一个典型的 K 型热电偶通常使用在 600℃时有±2.6℃的不确定度,但是通过加入符合 1451.4 标准的智能传感器和更好的原材料,根据 Watlow 公司战略市场经理 Chris Seymour 的说法,可将在 600℃时的不确定度降低到 0.6℃。同时他补充说,一个 A 级的热电阻(RTD)工作在 600℃时通常有±1.4℃的不确定度,而 1451.4 将其改造为智能热电阻后,其不确定度可以小到 0.2℃。

“我们主要是向 OEM 供货,这要求精度和可重复性,他们之前不得不购买精度在 0.5%~1.0%误差范围的传感器,现在我们可以将所有的校准信息存放于一片存储器中”,Seymour 说。“我们现在能实时地了解一个传感器的工作状态,因为它其中的数字元件可以告诉我们其模拟侧的运行状态。在这个情况下,我们的 OEM 客户能够生产出在较高温度下工作,并比热电阻技术更精确的热电偶,而后者要昂贵得多。”

Seymour 补充说采用符合 1451.4 标准的芯片意味着:为了获得更好的精度、提高寿命、降低温漂,Watlow 公司也可以在其热电偶使用新型混合材料,例如高温合金。现在,芯片中有所有的电压/电阻数据表,能告诉仪器它可能是什么类型的传感器。“以前用户不得不购买校准表,但很容易被丢弃。而现在,拥有了变送器电子数据表格后,就不可能将信息与芯片分离开了”,Seymour 又说。“而且,最初的标准是传感器必须线性运行,变化也必须是线性的,因为所有的仪器都是模拟的。现在,我们有数字电子技术,我们可以跟踪记录任何我们想要的功能,包括收集有关未来传感器工作故障的数据”。

IEEE P1451 标准:

1) 1451.0——通用功能、通信协议和 TEDS 格式。

功能:标准草案的目的是开发一套用于 1451 智能变送器标准的通用功能、命令和 TEDS。

状态:标准草案制定中;2005 年投票。

2) 1451.1——网络应用处理器(NCAP)信息模型。

状态:1999 年 6 月被批准为标准;目前正在修订。

3) 1451.2——变送器-微处理器通信协议和 TEDS 格式。

状态:1997 年 9 月被批准为标准;目前正在修订,加入 UART 接口。

4) 1451.3——分布式多点系统数字通信和 TEDS 格式。

状态:2003 年 11 月作为标准被批准。

5) 1451.4——混合模式通信协议和 TEDS 格式。

功能:定义采用反转极性的混合模式通信,在相同的两条线路上以数字方式传送 TEDS 数据,发送模拟变送器信号。

状态:2004 年 5 月被批准为标准,2004 年 11 月公布。

6) 1451.5——无线传感器通信和 TEDS 格式。

功能:减少电缆和安装成本;降低电缆/局域网压降;改进基于条件监测的数据采集;有助于预维护。

状态:标准草案制定中;2005 年投票。

7) 1451.6——用于本质安全和非本质安全应用的高速、基于 CANopen 协议的变送器网络接口。

状态:标准草案制定中。

5.4.2　串行接口

串行接口简称串口,也称串行通信接口(通常指 COM 接口),是采用串行通信方式的扩展接口。一条信息的各位数据被逐位按顺序传送的通信方式称为串行通信。串行通信的特点是:数据位传送,按位顺序进行,最少只需一根传输线即可完成;成本低但传送速度慢。串行通信的距离可以从几米到几千米;根据信息的传送方向,串行通信可以进一步分为单工、半双工和全双工三种。

串行接口的出现是在 1980 年前后,数据传输率为 115～230kb/s。串口出现的初期是为了实现连接计算机外设的目的,初期串口一般用来连接鼠标和外置 Modem 及老式摄像头和写字板等设备。串口也可以应用与由于两台计算机(或设备)之间的互联及数据传输。由于串口(COM)不支持热插拔及传输速率较低目前部分新主板和大部分便携电脑已开始取消该接口,目前串口多用于工控和测量设备及部分通信设备中。

串行接口按电气标准及协议来分,包括RS－232－C、RS－422、RS485、USB 等。RS－232－C、RS－422 与 RS－485 标准只对接口的电气特性做出规定,不涉及接插件、电缆或协议。USB 是近几年发展起来的新型接口标准,主要应用于高速数据传输。

RS－232－C 也称标准串口,是目前最常用的一种串行通信接口。它是在 1970 年由美国电子工业协会(EIA)联合贝尔系统、调制解调器厂家及计算机终端生产厂家共同制定的用于串行通信的标准。它的全名是"数据终端设备(DTE)和数据通信设备(DCE)之间串行二进制数据交换接口技术标准"。

传统的 RS－232－C 接口标准有 22 根线,采用标准 25 芯 D 型插头座。自 IBM PC/AT 开始使用简化了的 9 芯 D 型插座。至今 25 芯插头座现代应用中已经很少采用。电脑一般有两个串行口:COM1 和 COM2,9 针 D 形接口通常在计算机后面能看到。现在有很多手机数据线或者物流接收器都采用 COM 口与计算机相连。

RS－232 采取不平衡传输方式,即所谓单端通信。由于其发送电平与接收电平的差仅为 2～3V 左右,所以其共模抑制能力差,再加上双绞线上的分布电容,其传送距离最大为约 15m,最高速率为 20kb/s。RS－232 是为点对点(即只用一对收、发设备)通信而设计的,其驱动器负载为 3～7kΩ。

单片机串行接口是一个可编程的全双工串行通信接口。它可用作异步通信方式(UART),与串行传送信息的外部设备相连接,或用于通过标准异步通信协议进行全双工的单片机多机系统也能通过同步方式,使用 TTL 或 CMOS 移位寄存器来扩充 I/O 口。单片机通过管脚 RXD(串行数据接收端)和管脚 TXD(串行数据发送端)与外界通信。

RS－422 全称是"平衡电压数字接口电路的电气特性",它定义了接口电路的特性。典型的 RS - 422 是四线接口。实际上还有一根信号地线,共 5 根线。由于接收器采用高输入阻抗和发送驱动器比 RS232 更强的驱动能力,故允许在相同传输线上连接多个接收节点,最多可接 10 个节点。即一个主设备(Master),其余为从设备(Salve),从设备之间不能通信,所以 RS - 422支持点对多的双向通信。接收器输入阻抗为 4kΩ,故发端最大负载能力是 10×4kΩ +100Ω(终接电阻)。RS - 422 四线接口由于采用单独的发送和接收通道,因此不必控制数据方向,各装置之间任何必需的信号交换均可以按软件方式(XON/XOFF 握手)或硬件方式(一对单独的双绞线)实现。

RS - 422 为改进 RS - 232 通信距离短、速率低的缺点,RS - 422 定义了一种平衡通信接口,将传输速率提高到 10MB/s,传输距离延长到 1219m(速率低于 100kb/s 时),并允许在一条平衡总线上连接最多 10 个接收器。一般 100m 长的双绞线上所能获得的最大传输速率仅为 1MB/s。RS - 422 是一种单机发送、多机接收的单向、平衡传输规范,被命名为 TIA/EIA - 422 - A 标准。

为扩展应用范围,EIA 又于 1983 年在 RS - 422 基础上制定了 RS - 485 标准,增加了多点、双向通信能力,即允许多个发送器连接到同一条总线上,同时增加了发送器的驱动能力和冲突保护特性,扩展了总线共模范围,后命名为 TIA/EIA - 485 - A 标准。

RS - 485 是从 RS - 422 基础上发展而来的,所以 RS - 485 许多电气规定与 RS - 422 相仿。如都采用平衡传输方式、都需要在传输线上接终接电阻等。RS - 485 可以采用二线与四线方式,二线制可实现真正的多点双向通信,而采用四线连接时,与 RS - 422 一样只能实现点对多的通信,即只能有一个主(Master)设备,其余为从设备,但它比 RS - 422 有改进,无论四线还是二线连接方式总线上可 32 个设备。

RS - 485 与 RS - 422 的不同还在于其共模输出电压是不同的,RS - 485 是-7～+12V 之间,而 RS - 422 在-7～+7V 之间,RS - 485 接收器最小输入阻抗为 12kΩ、S - 422 为 4kΩ;由于 S - 485 满足所有 RS - 422 的规范,所以 RS - 485 的驱动器可以用在 RS - 422 网络中应用。

RS - 485 与 RS - 422 一样,其最大传输距离约为 1 219m,最大传输速率为 10MB/s。平衡双绞线的长度与传输速率成反比,在 100kb/s 速率以下,才可能使用规定最长的电缆长度。只有在很短的距离下才能获得最高速率传输。一般 100m 长双绞线最大传输速率仅为 1MB/s。

Universal Serial Bus(通用串行总线)简称 USB,是目前电脑上应用较广泛的接口规范,由 Intel、Microsoft、Compaq、IBM、NEC、Northern Telcom 等几家大厂商发起的新型外设接口标准。USB 接口是电脑主板上的一种四针接口,其中中间两个针传输数据,两边两个针给外设供电。USB 接口速度快、连接简单、不需要外接电源,传输速度 12MB/s,新的 USB 2.0 可达 480MB/s;电缆最大长度 5m,USB 电缆有 4 条线:2 条信号线,2 条电源线,可提供 5V 电源,USB 电缆还分屏蔽和非屏蔽两种,屏蔽电缆传输速度可达 12MB/s,价格较贵,非屏蔽电缆速度为 1.5MB/s,但价格便宜;USB 通过串联方式最多可串接 127 个设备;支持热插拔。最新的规格是 USB 3.0。

RJ - 45 接口是以太网最为常用的接口,指的是由 IEC(60)603 - 7 标准化,使用由国际性的接插件标准定义的 8 个位置(8 针)的模块化插孔或者插头。

5.4.3　SPI 接口

串行外围接口(Serial Peripheral Interface,SPI)总线系统是一种同步串行外设接口,它可以使MCU与各种外围设备(FLASH、RAM、网络控制器、显示驱动器、A/D转换器、传感器、电机和MCU等)以串行方式进行通信以交换信息。

SPI总线系统可直接与各个厂家生产的多种标准外围器件直接接口,该接口一般使用4条线:串行时钟线(SCK)、主机输入/从机输出数据线MISO、主机输出/从机输入数据线MOSI和低电平有效的从机选择线SS(有的SPI接口芯片带有中断信号线INT或INT、有的SPI接口芯片没有主机输出/从机输入数据线MOSI)。

SPI接口最早由Motorola提出,用于MC68系列单片机,由于其简单实用,又不涉及专利问题,因此许多厂家的设备都支持该接口,广泛应用于外设控制领域。

SPI接口是一种事实标准,并没有标准协议,大部分厂家都是参照Motorola的SPI接口定义来设计的。但正因为没有确切的版本协议,不同家产品的SPI接口在技术上存在一定的差别,容易引起歧义,有的甚至无法直接互联(需要软件进行必要的修改)。

SPI接口主要应用在EEPROM,FLASH,实时时钟,AD转换器,还有数字信号处理器和数字信号解码器之间。

SPI接口是在CPU和外围低速器件之间进行同步串行数据传输,在主器件的移位脉冲下,数据按位传输,高位在前,低位在后,为全双工通信,数据传输速度总体来说比I²C总线要快,速度可达到几兆比特每秒。SPI接口是以主从方式工作的,这种模式通常有一个主器件和一个或多个从器件。其接口包括以下4种信号:

- MOSI,主器件数据输出,从器件数据输入;
- MISO,主器件数据输入,从器件数据输出;
- SCLK,时钟信号,由主器件产生;
- /SS,从器件使能信号,由主器件控制。

在点对点的通信中,SPI接口不需要进行寻址操作,且为全双工通信,显得简单高效。SPI接口的一个缺点:没有指定的流控制,没有应答机制确认是否接收到数据。

5.4.4 I²C接口

在现代电子系统中,有为数众多的IC需要进行相互之间以及与外界的通信。为了提供硬件的效率和简化的电路设计,PHILIPS公司开发了一种用于内部IC控制的简单的双向两线串行总线I²C(Inter-Intergrated Circuit)。I²C总线支持任何一种IC制造工艺,并且PHILIPS公司和其他厂商提供了种类非常丰富的I²C兼容芯片。作为一个专利的控制总线,I²C已经成为世界性的工业标准。

每个I²C器件都有一个唯一的地址,而且可以是单接收的器件(如LCD驱动器)或者可以接收也可以发送的器件(例如存储器)。发送器或接收器可以在主模式或从模式下操作,这取决于芯片是否必须启动数据的传输还是仅仅被寻址。I²C是一个多主总线,即它可以由多个连接的器件控制。

早期的I²C总线数据传输速率最高为100kb/s,采用7位寻址。但是由于数据传输速率和应用功能的迅速增加,I²C总线也增强为快速模式(400kb/s)和10位寻址以满足更高速度和更大寻址空间的需求。

I²C总线始终和先进技术保持同步,但仍然保持其向下兼容性,并且最近还增加了高速模式,速度可达3.4MB/s。它使得I²C总线能够支持现有及将来的高速串行传输应用,例如EE-

PROM和Flash存储器。

I^2C总线是一种由PHILIPS公司开发的两线式串行总线,用于连接微控制器及其外围设备。I^2C总线产生于在20世纪80年代,最初为音频和视频设备开发,如今主要在服务器管理中使用,其中包括单个组件状态的通信。例如管理员可对各个组件进行查询,以管理系统的配置或掌握组件的功能状态,如电源和系统风扇。可随时监控内存、硬盘、网络、系统温度等多个参数,增加了系统的安全性,方便了管理。

I^2C总线最主要的优点是其简单性和有效性。由于接口直接在组件之上,因此I^2C总线占用的空间非常小,减少了电路板的空间和芯片管脚的数量,降低了互联成本。总线的长度可高达25英尺,并且能够以10kb/s的最大传输速率支持40个组件。I^2C总线的另一个优点是,它支持多主控(multimastering),其中任何能够进行发送和接收的设备都可以成为主总线。一个主控能够控制信号的传输和时钟频率。当然,在任何时间点上只能有一个主控。

I^2C总线是由数据线SDA和时钟SCL构成的串行总线,可发送和接收数据。在CPU与被控IC之间、IC与IC之间进行双向传送,最高传送速率100kb/s。各种被控制电路均并联在这条总线上,但就像电话机一样只有拨通各自的号码才能工作,所以每个电路和模块都有唯一的地址,在信息的传输过程中,I^2C总线上并接的每一模块电路既是主控器(或被控器)也是发送器(或接收器),这取决于它所要完成的功能。CPU发出的控制信号分为地址码和控制量两部分,地址码用来选址,即接通需要控制的电路,确定控制的种类;控制量决定该调整的类别(如对比度、亮度等)及需要调整的量。这样,各控制电路虽然挂在同一条总线上,却彼此独立,互不相关。

I^2C总线在传送数据过程中共有三种类型信号,它们分别是:开始信号、结束信号和应答信号。

- 开始信号:SCL为高电平时,SDA由高电平向低电平跳变,开始传送数据。
- 结束信号:SCL为低电平时,SDA由低电平向高电平跳变,结束传送数据。
- 应答信号:接收数据的IC在接收到8bit数据后,向发送数据的IC发出特定的低电平脉冲,表示已收到数据。CPU向受控单元发出一个信号后,等待受控单元发出一个应答信号,CPU接收到应答信号后,根据实际情况作出是否继续传递信号的判断。若未收到应答信号,由判断为受控单元出现故障。

目前有很多半导体集成电路上都集成了I^2C接口。带有I^2C接口的单片机有:CYGNAL的C8051F0XX系列,PHILIPSP87LPC7XX系列,MICROCHIP的PIC16C6XX系列等。很多外围器件如存储器、监控芯片、传感器等也提供I^2C接口。

I^2C规程运用主/从双向通信。器件发送数据到总线上,则定义为发送器,器件接收数据则定义为接收器。主器件和从器件都可以工作于接收和发送状态。总线必须由主器件(通常为微控制器)控制,主器件产生串行时钟(SCL)控制总线的传输方向,并产生起始和停止条件。SDA线上的数据状态仅在SCL为低电平的期间才能改变,SCL为高电平的期间,SDA状态的改变被用来表示起始和停止条件。

在I^2C总线的应用中应注意的事项总结为以下几点:

1) 严格按照时序图的要求进行操作。

2) 若与口线上带内部上拉电阻的单片机接口连接,可以不外加上拉电阻。

3) 程序中为配合相应的传输速率,在对口线操作的指令后可用NOP指令加一定的延时。

4）为了减少意外的干扰信号将 EEPROM 内的数据改写可用外部写保护引脚(如果有)，或者在 EEPROM 内部没有用的空间写入标志字，每次上电时或复位时做一次检测，判断 EEPROM 是否被意外改写。

5.4.5 I²C、SPI、RS－232 的区别

SPI 总线由三条信号线组成：串行时钟(SCLK)、串行数据输出(SDO)、串行数据输入(SDI)。SPI 总线可以实现多个 SPI 设备互相连接。提供 SPI 串行时钟的 SPI 设备为 SPI 主机或主设备(Master)，其他设备为 SPI 从机或从设备(Slave)。主从设备间可以实现全双工通信，当有多个从设备时，还可以增加一条从设备选择线。

如果用通用 I/O 口模拟 SPI 总线，必须要有一个输出口(SDO)，一个输入口(SDI)，另一个口则视实现的设备类型而定，如果要实现主从设备，则需输入输出口，若只实现主设备，则需输出口即可，若只实现从设备，则只需输入口即可。

I²C 总线是双向、两线(SCL、SDA)、串行、多主控(multi-master)接口标准，具有总线仲裁机制，非常适合在器件之间进行近距离、非经常性的数据通信。在它的协议体系中，传输数据时都会带上目的设备的设备地址，因此可以实现设备组网。如果用通用 I/O 口模拟 I²C 总线，并实现双向传输，则需一个输入输出口(SDA)，另外还需一个输出口(SCL)。

RS－232 总线是异步串口，因此一般比前两种同步串口的结构要复杂很多，一般由波特率产生器(产生的波特率等于传输波特率的 16 倍)、接收器、发送器组成，硬件上由两根线，一根用于发送，一根用于接收。

显然，如果用通用 I/O 口模拟 RS－232 总线，则需要一个输入口和一个输出口。

SPI 和 UART 可以实现全双工，但 I²C 不行。I²C 线更少，UART、SPI 更为强大，但是技术上也更加复杂些，因为 I²C 需要有双向 I/O 的支持，而且使用上拉电阻，抗干扰能力较弱，一般用于同一板卡上芯片之间的通信，较少用于远距离通信。SPI 实现要简单一些，RS－232 需要固定的波特率，就是说两位数据的间隔要相等，而 SPI 则无所谓，因为它是具有时钟的协议。I²C 的速度比 SPI 慢一点，协议比 SPI 复杂一点，但是连线也比标准的 SPI 少。

SPI 协议没有定义寻址机制，需通过外部 SS 信号线选择设备，当出现多 slave 应用时，需要多根 SS 信号线，实现起来较 I²C 要复杂。此外，SPI 总线不支持总线控制权仲裁，故只能用在单 Master 的场合；而 I²C 可以支持多 Master 的应用。

SPI 协议相对 I²C 要简单，没有握手机制，数据传输效率高，速率也更快，通常应用中可达几兆比特每秒；此外 SPI 是全双工通信，可同时发送和接收数据，因此，SPI 比较适合用于数据传输的场合。比如需要较大批量数据传输的场合(比如 MMC/SD 卡的数据传输就支持 SPI 模式)，或者无需寻址传输的场合。

而 I²C 协议功能较丰富，但也相对复杂，多用在传输一些控制命令字等有意义数据的场合。比如 TSC2046 只有一个控制寄存器(一个 8bit 的命令字)，使用 SPI 接口即可控制，因为无需寻址。而 OV 的 Cmos Sensor 内有多个控制寄存器，此时就必须使用 I²C 接口才能实现寻址控制。

SPI 接口属于一种非常基本的外设接口，但是应用却很广泛。SPI 也有所发展，比起 NS 推出的 SPI 的精简接口 Microwire 更满足通常外设的扩展需求。Motorola 还推出了扩展功能的 QSPI(Queued SPI)接口，应用更为广泛。

思考题

5-1　说出几种传感器包括他们的型号和参数。

5-2　简述常用几种通信接口,介绍他们的特点、工作方式和规范。

5-3　试说明 I^2C、SPI、RS232 的规范和区别。

5-4　简述 MEMS 概念、组成结构和功能。

第6章 无线传感器网络技术

6.1 概 述

传感器信息获取技术已经从过去的单一化渐渐向集成化、微型化和网络化方向发展，并将会带来一场信息革命。

早在20世纪70年代，就出现了将传统传感器采用点对点传输、连接传感控制器而构成的传感器网络雏形，即第一代传感器网络。随着相关学科的不断发展和进步，传感器网络同时还具有了获取多种信息信号的综合处理能力，与传感控制器，组成了有信息综合和处理能力的传感器网络，这是第二代传感器网络。而从20世纪末开始，现场总线技术开始应用于传感器网络，人们用其组建智能化传感器网络，大量多功能传感器被运用，并使用无线技术连接，无线传感器网络逐渐形成。

无线传感器网络是新一代的传感器网络，具有非常广泛的应用前景，其发展和应用将会给人类的生活和生产的各个领域带来深远影响。发达国家如美国，非常重视无线传感器网络的发展，IEEE正在努力推进无线传感器网络的应用和发展，波士顿大学(Boston University)还于最近创办了传感器网络协会(Sensor Network Consortium)，期望能促进传感器联网技术发展。除了波士顿大学，该协会还包括BP、霍尼韦尔(Honeywell)、Inetco Systems、Invensys、L-3 Communications、Millennial Net、Radianse、Sensicast Systems及Textron Systems。美国的《技术评论》杂志在论述未来新兴十大技术时，更是将无线传感器网络列为第一项未来新兴技术，《商业周刊》预测的未来四大新技术中，无线传感器网络也列入其中。可以预计，无线传感器网络的广泛是一种必然趋势，它的出现将会给人类社会带来极大的变革。

无线传感器网络(Wireless Sensor Networks, WSNs)是一种特殊的Ad-hoc网络，它是一种集成了传感器技术、微机电系统技术、无线通信技术和分布式信息处理技术的新型网络技术。它可应用于布线和电源供给困难的区域、人员不能到达的区域(如受到污染、环境不能被破坏或敌对区域)和一些临时场合(如发生自然灾害时，固定通信网络被破坏)等。它不需要固定网络支持，具有快速展开、抗毁性强等特点，可广泛应用于军事、工业、交通、环保等领域，引起了人们广泛关注。

无线传感器网络典型工作方式如下：使用飞行器将大量传感器节点(数量从几百到几千个)抛撒到感兴趣区域，节点通过自组织快速形成一个无线网络。节点既是信息的采集和发出者，也充当信息的路由者，采集的数据通过多跳路由到达网关。网关(一些文献也称为sink node)是一个特殊的节点，可以通过Internet、移动通信网络、卫星等与监控中心通信，也可以利用无人机飞越网络上空，通过网关采集数据。

6.2 无线传感器网络的体系结构

无线传感器网络由大量高密度分布的处于被观测对象内部或周围的传感器节点组成。其节点不需要预先安装或预先决定位置,这样提高了动态随机部署于不可达或危险地域的可行性。

传感器网络具有广泛的应用前景,范围涵盖医疗、军事和家庭等很多领域。例如,传感器网络快速部署、自组织和容错特性使其可以在军事指挥、控制、通信、计算、智能、监测、勘测方面起到不可替代的作用。在医疗领域,传感器网络可以部署用来监测病人并辅助残障病人。在商业领域,其应用还包括跟踪产品质量、监测危险地域等。

6.2.1　无线传感器网络结构

无线传感器网络是由部署在监测区域内大量的微型传感器节点组成,通过无线通信的方式形成的一个多跳的自组织的网络系统,其目的是协作地感知、采集和处理网络覆盖的地理区域中感知对象的信息,并发布给观察者。

无线传感器网络由无线传感器、感知对象和观察者三个基本要素构成。无线是传感器与观察者之间、传感器与传感器之间的通信方式,能够在传感器与观察者之间建立通信路径。无线传感器的基本组成和功能包括如下几个单元:电源、传感部件、处理部件、通信部件和软件等。此外,还可以选择其他的功能单元,如定位系统、移动系统及电源自供电系统等。图 6.1 所示为传感节点的物理结构。传感节点一般由传感单元、数据处理单元、GPS 定位装置、移动装置、能源(电池)及网络通信单元(收发装置)等六大部件组成,其中传感单元负责被监测对象原始数据的采集,采集到的原始数据经过数据处理单元的处理之后,通过无线网络传输到一个数据汇聚中心节点(Sink),Sink 再通过因特网或卫星传输到用户数据处理中心。

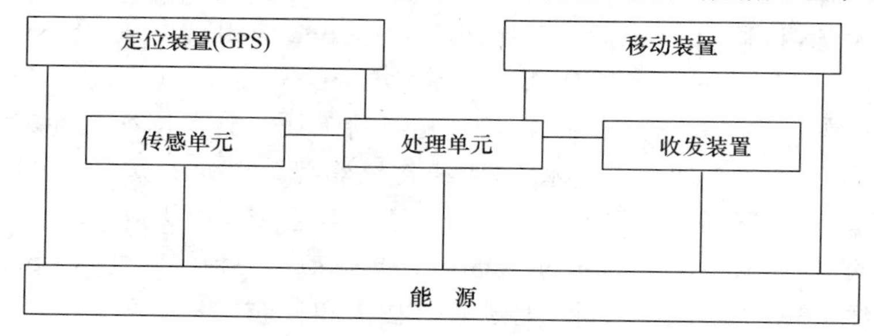

图 6.1　传感节点的物理结构

借助于节点内置的形式多样的感知模块测量所在环境中的热、红外、声呐、雷达和地震波信号,从而探测包括温度、湿度、噪声、光强度、压力、土壤成分、移动物体的大小、速度和方向等物质现象。节点的计算模块则完成对数据进行简单处理,再采用微波、无线、红外和光等多种通信形式,通过多跳中继方式将监测数据传送到汇聚节点,汇聚节点将接收到的数据进行融合及压缩后,最后通过 Internet 或其他网络通信方式将监测信息传送到管理节点。同样,用户也可以通过管理节点进行命令的发布,通知传感器节点收集指定区域的监测信息。图 6.2 给出了无线传感器网络的结构。在图 6.2 中,网络中的部分节点组成了一个与 SINK 进行通信的数据链路,再由 SINK 把数据传送到卫星或者因特网,然后通过该链路和 SINK 进行数据交换并借此使数据到达最终用户手中。

无线传感器网络相对于传统网络,其最明显的特色是“自组织,自愈合”。自组织是指在无线传感网中不像传统网络需要人为指定拓扑结构,其各个节点在部署之后可以自动探测邻居

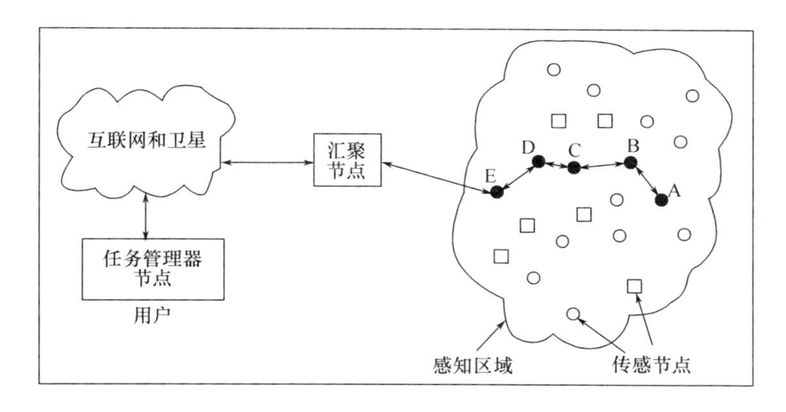

图 6.2 无线传感器网络的体系结构

节点并形成网状的最终汇聚到网关节点的多跳路由，整个过程不需人为干预。同时整个网络具有动态鲁棒性，在任何节点损坏，或加入新节点时，网络都可以自动调节路由随时适应物理网络的变化，这就是所谓的自愈合特性。

6.2.2 无线传感器网络的特征

目前常见的无线网络包括移动通信网、无线局域网、蓝牙网络、Ad hoc 网络等，与这些网络相比，无线传感器网络具有以下特点：

1）硬件资源有限。节点由于受价格、体积和功耗的限制，其计算能力、程序空间和内存空间比普通的计算机功能要弱很多。这一点决定了在节点操作系统设计中，协议层次不能太复杂。

2）电源容量有限。网络节点由电池供电，电池的容量一般不是很大。其特殊的应用领域决定了在使用过程中，不能给电池充电或更换电池，一旦电池电量耗尽，这个节点也就失去了作用（死亡）。因此在传感器网络设计过程中，任何技术和协议的使用都要以节能为前提。

3）无中心。无线传感器网络中没有严格的控制中心，所有结点地位平等，是一个对等式网络。结点可以随时加入或离开网络，任何结点的故障不会影响整个网络的运行，具有很强的抗毁性。

4）自组织。网络的布设和展开无需依赖于任何预设的网络设施，节点通过分层协议和分布式算法协调各自的行为，节点开机后就可以快速、自动地组成一个独立的网络。

5）多跳路由。网络中节点通信距离有限，一般在几百米范围内，节点只能与它的邻居直接通信。如果希望与其射频覆盖范围之外的节点进行通信，则需要通过中间节点进行路由。固定网络的多跳路由使用网关和路由器来实现，而无线传感器网络中的多跳路由是由普通网络节点完成的，没有专门的路由设备。这样每个节点既可以是信息的发起者，也是信息的转发者。

6）动态拓扑。无线传感器网络是一个动态的网络，节点可以随处移动；一个节点可能会因为电池能量耗尽或其他故障，退出网络运行；一个节点也可能由于工作的需要而被添加到网络中。这些都会使网络的拓扑结构随时发生变化，因此网络应该具有动态拓扑组织功能。

7）节点数量众多，分布密集。为了对一个区域执行监测任务，往往有成千上万传感器节点空投到该区域。传感器节点分布非常密集,利用节点之间高度连接性来保证系统的容错性和抗毁性。

6.2.3 无线传感器网络应用领域

由于无线传感器网络的特殊性,其应用领域与普通通信网络有着显著的区别,主要包括以下几类。

1) 军事应用。军事应用是无线传感器网络技术的主要应用领域,由于其特有的无须架设网络设施、可快速展开、抗毁性强等特点,是数字化战场无线数据通信的首选技术,是军队在敌对区域中获取情报的重要技术手段。

2) 紧急和临时场合使用。在发生了地震、水灾、强热带风暴或遭受其他灾难后,固定的通信网络设施(如有线通信网络、蜂窝移动通信网络的基站等网络设施、卫星通信地球站以及微波接力站等)可能被全部摧毁或无法正常工作,对于抢险救灾来说,这时就需要无线传感器网络这种不依赖任何固定网络设施、能快速布设的自组织网络技术。边远或偏僻野外地区、植被不能破坏的自然保护区,无法采用固定或预设的网络设施进行通信,也可以采用无线传感器网络来进行信号采集与处理。无线传感器网络的快速展开和自组织特点,是这些场合通信的最佳选择。

3) 大型设备的监控。在一些大型设备中,需要对一些关键部件的技术参数进行监控,以掌握设备的运行情况。在安装有线传感器的情况下,无线传感器网络就可以作为一个可选的通信手段。

4) 医疗卫生保健应用。可以在病人身上安装用于检测身体机能的传感器节点,这些信息汇总后,传送给医生,进行及时处理,为远程医疗创造条件。

6.3 无线传感网络协议栈

传感器网络体系结构具有二维结构,即横向的通信协议层和纵向的传感器网络管理平台。通信协议层可以划分为物理层、链路层、网络层、传输层、应用层,而网络管理平台则可以划分为能耗管理平台、移动性管理平台以及任务管理平台。

6.3.1 协议栈整体结构

图6.3所示为符合开放式系统互联模式无线传感网典型协议堆栈OSI(Open System Interconnection)。

下面对各层协议和平台分别作介绍:

(1) 物理层(MAC层)

物理层负责数据传输的介质规范,如是无线还是有线;还规定了工作频段、工作温度、数据调制、信道编码、定时、同步等标准。为了确保能量的有效利用,保持网络生存时间的平滑性能,物理层与介质访问控制(Midia MAC)层应密切关联使用。物理层的设计直接影响到电路的复杂度和传输能耗等问题,研究目标是设计低成本、低功耗和小体积的传感器节点。

(2) 数据链路层

由于网络无线信道的特性,环境噪声、节点移动和多点冲突等现象在所难免,而能量又是传感器网络的核心问题。因此,该层除了要完成传统网络数据链路层数据成帧、差错校验和帧

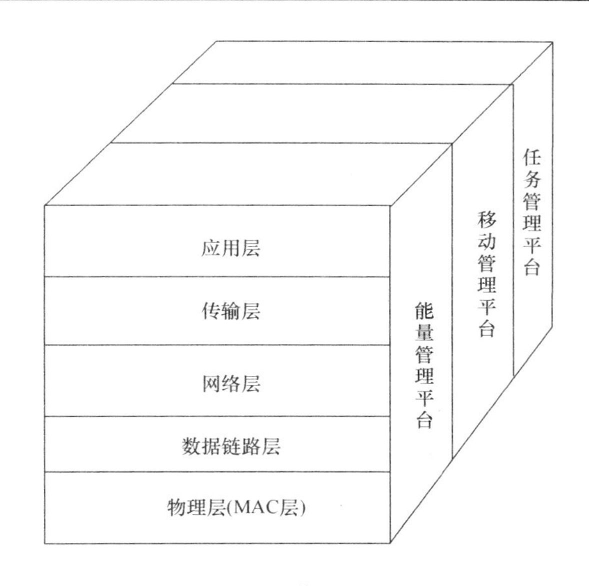

图 6.3　无线传感网 OSI

检测等功能外，最主要的是设计一个适合于传感器网络的介质访问控制方法（MAC），以减少传感器网络的能量损耗，或者说减少无效能耗损失，传感器节点的无效能耗主要有以下 4 个来源：

1）空闲侦听。节点不知道邻居节点何时向自己发送数据，射频收发模块必须一直处于工作状态，消耗大量能源，是无效能耗的主要来源。

2）冲突。同时向同一节点发送多个数据帧，信号相互干扰，接收方无法准确接收，重发造成能量浪费。

3）串扰。接收和处理发往其他节点的数据属于无效功耗。

4）控制开销。控制报文不传送有效数据，消耗的能量对用户来说是无效功耗。

由于传感器网络不同于传统无线网络的众多特性，使得 802.11 无线局域网标准不完全适用于无线传感器网络，而 802.15 标准由于其能量损耗相对较小，在 MICA MOTE-KIT 系列传感器节点中有所应用。针对这种情况，S－MAC、T－MAC 和 D－MAC 将时间分成多个确定长度帧的策略，为每个帧分别指定不同的功能，将帧内分为工作阶段、休眠阶段和唤醒阶段等几个不同步骤，有效减少了空闲侦听的无效能耗。Wise MAC 和 B－MAC 采用信道评估和退避算法等方法减少信道侦听、冲突和串扰，但增加了控制开销。BMA 采用数据融合技术将传感器节点管理分为簇建立阶段和稳定状态阶段，减少了控制性信息。

可见，介质访问控制方法是否合理与高效，直接决定了传感器节点间协调的有效性和对网络拓扑结构的适应性，合理与高效的介质访问控制方法能够有效地减少传感器节点收发控制性数据的比率，进而减少能量损耗。

（3）网络层

实现数据融合，负责路由发现、路由维护和路由选择，使得传感器节点可以进行有效的相互通信。路由算法执行效率的高低，直接决定了传感器节点收发控制性数据与有效采集数据的比率。控制性数据越少能量损耗越少，控制性数据越多能量损耗越多，从而影响到整个传感器网络的生存时间，可以说“路由算法”是网络层的最核心内容。

(4) 传输层

如果信息只在传感器网络内部传递,传输层并不是必需的。但如果要想传感器网络通过Internet或卫星直接与外部网络进行通信,则传输层必不可少。由于传感器网络的研究还处于初期阶段,大多数的研究都还只停留在物理层、数据链路层和网络层。据不完全统计,到目前为止,还没有一个专门的传感器网络传输层协议。如果传感器网络要通过现有的Internet网络或卫星与外界通信,必然需要将传感器网络内部以数据为基础的寻址变换为外界的以IP地址为基础的寻址,即必须进行数据格式的转换。即使专门为传感器网络设计一个传输层协议,它也还是不能和外界网络通信。也就是说,现在迫切要做的不是设计一个新的传感器网络传输层,而是要解决传感器网络内部寻址和外部网络寻址的格式转换问题。对于传感器网络传输层的研究大多以IP网络的TCP和UDP两种协议为基础,主要是改善数据传输的差错控制、线路管理和流量控制等技术指标。

(5) 应用层

根据应用的具体要求的不同,不同的应用程序可以添加到应用层中,它包括一系列基于监测任务的应用软件。

管理平台包括能量管理平台、移动管理平台和任务管理平台。这些管理平台用来监控传感器网络中能量的利用、节点的移动和任务的管理。它们可以帮助传感器节点在较低的能耗的前提下协作完成某些监测任务。管理平台可以管理一个节点怎样使用它的能量。例如一个节点接收到它的一个邻近节点发送过来的消息之后,它就把它的接收器关闭,避免收到重复的数据。同样,一个节点的能量太低时,它会向周围节点发送一条广播消息,以表示自己已经没有足够的能量来帮它们转发数据,这样它就可以不再接收邻居发送过来的需要转发的消息,进而把剩余能量留给自身消息的发送。

移动管理平台能够记录节点的移动。任务管理平台用来平衡和规划某个监测区域的感知任务,因为并不是所有节点都要参与到监测活动中,在有些情况下,剩余能量较高的节点要承担多一点的感知任务,这时需要任务管理平台负责分配与协调各个节点的任务量的大小,有了这些管理平台的帮助,节点可以以较低的能耗进行工作,可以利用移动的节点来转发数据,可以在节点之间共享资源。

6.3.2 无线传感器网络MAC协议

目前针对不同的传感器网络应用,研究人员从不同方面提出了多个MAC协议,但对传感器网络MAC协议还缺乏一个统一的分类方式。MAC协议分类的原则:第一,采用分布式控制还是集中控制;第二,使用单一共享信道还是多个信道;第三,采用固定分3章MAC协议网络的MAC协议分为三类:

1) 采用无线信道的时分复用方式(Time Division Multiple Access,TDMA),给每个传感器节点分配固定的无线信道使用时段,从而避免节点之间的相互干扰;

2) 采用无线信道的随机竞争方式,节点在需要发送数据时随机使用无线信道,重点考虑尽量减少节点间的干扰;

3) 其他MAC协议,如通过采用频分复用或者码分复用等方式,实现节点间无冲突的无线信道的分配。

1. 基于竞争的 MAC 协议

基于无线信道随机竞争方式的 MAC 协议采用按需使用信道的方式，主要思想就是当节点有数据发送请求时，通过竞争方式占用无线信道，当发送数据发生冲突时，按照某种策略（如 IEEE 802.11 MAC 协议的分布式协调工作模式 DCF 采用的是二进制退避重传机制）重发数据，直到数据发送成功或彻底放弃发送数据。由于在 IEEE 802.11MAC 协议基础上，研究者们提出了多个适合无线传感器网络的基于竞争的 MAC 协议，故本小节重点介绍 IEEE 802.11MAC 协议及近期提出改进的无线传感器网络 MAC 协议。

(1) IEEE 802.11MAC 协议

IEEE 802.11MAC 协议有分布式协调（Distributed Coordination Function，DCF）和点协调（Point Coordination Function，PCF）两种访问控制方式，其中 DCF 方式是 IEEE 802.11 协议的基本访问控制方式。由于在无线信道中难以检测到信号的碰撞，因而只能采用随机退避的方式来减少数据碰撞的概率。在 DCF 工作方式下，节点在侦听到无线信道忙之后，采用 CSMA/CA 机制和随机退避时间，实现无线信道的共享。另外，所有定向通信都采用立即的主动确认（ACK 帧）机制：如果没有收到 ACK 帧，则发送方会重传数据。

PCF 工作方式是基于优先级的无竞争访问，是一种可选的控制方式。它通过访问接入点（Access Point，AP）协调节点的数据收发，通过轮询方式查询当前哪些节点有数据发送的请求，并在必要时给予数据发送权。

在 DCF 工作方式下，载波侦听机制通过物理载波侦听和虚拟载波侦听来确定无线信道的状态。物理载波侦听由物理层提供，而虚拟载波侦听由 MAC 层提供。如图 6.4 所示，节点 A 希望向节点 B 发送数据，节点 C 在节点 A 的无线通信范围内，节点 D 在节点 B 的无线通信范围内，但不在节点 A 的无线通信范围内。节点 A 首先向节点 B 发送一个请求帧（Request-to-send，RTS），节点 B 返回一个清除帧（Clear-to-Send）进行应答。在这两个帧中都有一个字段表示这次数据交换需要的时间长度，称为网络分配矢量（Network Allocation Vector，NAV），其他帧的 MAC 头也会捎带这一信息。节点 C 和节点 D 在侦听到这个信息后，就不再发送任何数据，直到这次数据交换完成为止。NAV 可看做一个计数器，以均匀速率递减计数到零。当计数器为零时，虚拟载波侦听指示信道为空闲状态；否则，指示信道为忙状态。

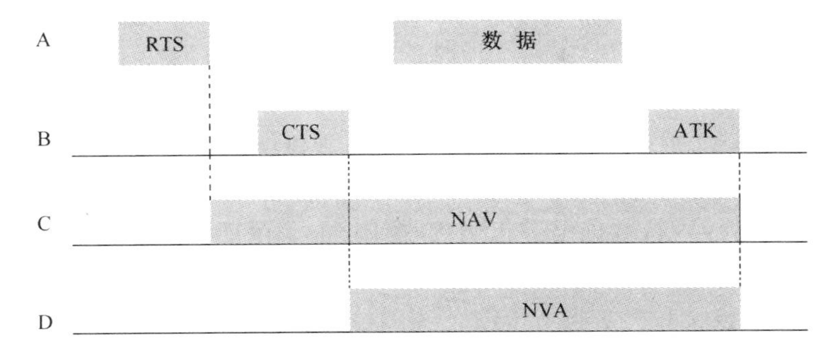

图 6.4　CSMA/CA 中的虚拟载波侦听

IEEE 802.11MAC 协议规定了三种基本帧间间隔（Interframe spacing，IFS），用来提供访问无线信道的优先级。三种帧间间隔分别为：

1) SIFS(Short IFS):最短帧间间隔,使用 SIFS 的帧优先级最高,用于需要立即响应的服务,如 ACK 帧、CTS 帧和控制帧等。

2) PIFS(PCFIFS):PCF 方式下节点使用的帧间间隔,用以获得在无竞争访问周期启动时访问信道的优先权。

3) DIFS(DCFIFS):DCF 方式下节点使用的帧间间隔,用以发送数据帧和管理帧。

上述各帧间间隔满足关系式:

$$DIFS > PIFS > SIFS$$

根据 CSMA/CA 协议,当一个节点要传输一个分组时,它首先侦听信道状态。如果信道空闲,而且经过一个帧间间隔时间 DIFS 后,信道仍然空闲,则节点立即开始发送信息。如果信道忙,则节点一直侦听信道直到信道的空闲时间超过 DIFS。当信道最终空闲下来时,节点进一步使用二进制退避算法(Binary Backoff Algorithm),进入退避状态来避免发生碰撞。图 6.5 描述 CSMA/CA 的基本访问机制。

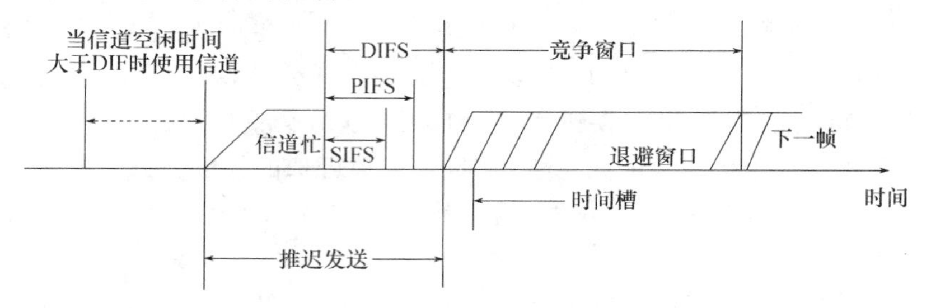

图 6.5　CSMA/CA 的基本访问机制

随机退避时间按下面公式计算:

$$退避时间 = Random() * aSlottime$$

其中,Random()是在竞争窗口[0,CW]内均匀分布的伪随机整数;CW 是整数随机数,其值处于标准规定的 aCWmin 和 aCWmax 之间;aSlottime 是一个时槽时间,包括发射启动时间、媒体传播时延、检测信道的响应时间等。

节点在进入退避状态时,启动一个退避计时器,当计时达到退避时间后结束退避状态。在退避状态下,只有当检测到信道空闲时才进行计时。如果信道忙,退避计时器中止计时,直到检测到信道空闲时间大于 DIFS 后才继续计时。当多个节点推迟且进入随机退避时,利用随机函数选择最小退避时间的节点作为竞争优胜者,如图 6.6 所示。

IEEE 802.11MAC 协议中通过立即主动确认机制和预留机制来提高性能,如图 6.7 所示。在主动确认机制中,当目标节点收到一个发给它的有效数据帧(DATA)时,必须向源节点发送一个应答帧(ACK),确认数据已被正确接收到。为了保证目标节点在发送 ACK 过程中不与其他节点发生冲突,目标节点使用 SIFS 帧间隔。主动确认机制只能用于有明确目标地址的帧,不能用于组播报文和广播报文传输。

为减少节点间使用共享无线信道的碰撞概率,预留机制要求源节点和目标节点在发送数据帧之前交换简短的控制帧,即发送请求帧 RTS 和清除帧 CTS。从 RTS(或 CTS)帧开始到 ACK 帧结束的这段时间,信道将一直被这次数据交换过程占用。RTS 帧和 CTS 帧中包含有关于这段时间长度的信息。每个站点维护一个定时器,记录网络分配向量 NAV,指示信道被占用的剩余时间。一旦收到 RTS 帧或 CTS 帧，所有节点都必须更新它们的 NAV 值。只有在 NAV 减至零，节点才可能发送信息。通过此种方式，RTS 帧或 CTS 帧为节点的数据传输预留了无线信道。

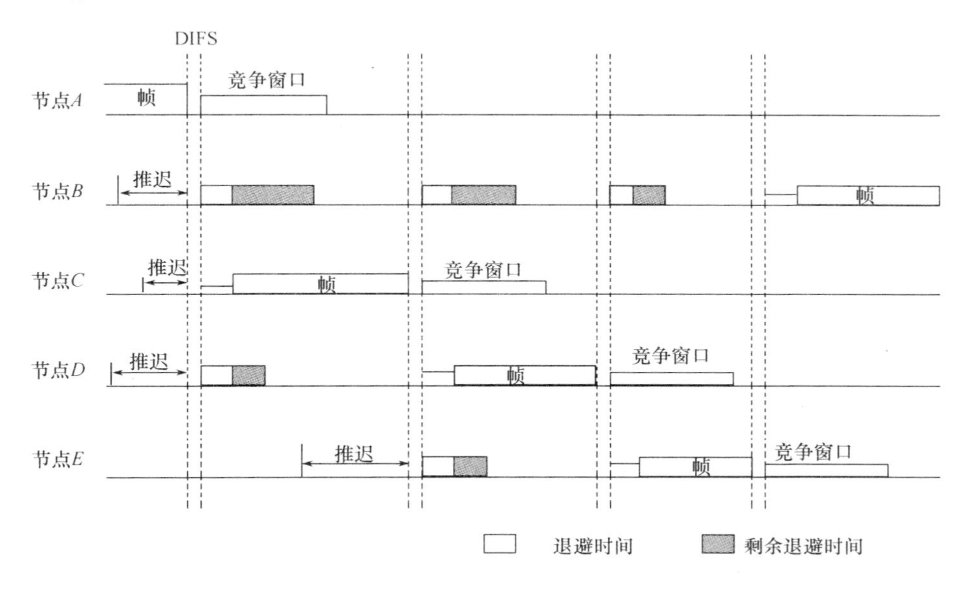

图 6.6　802.11MAC 协议的退避机制

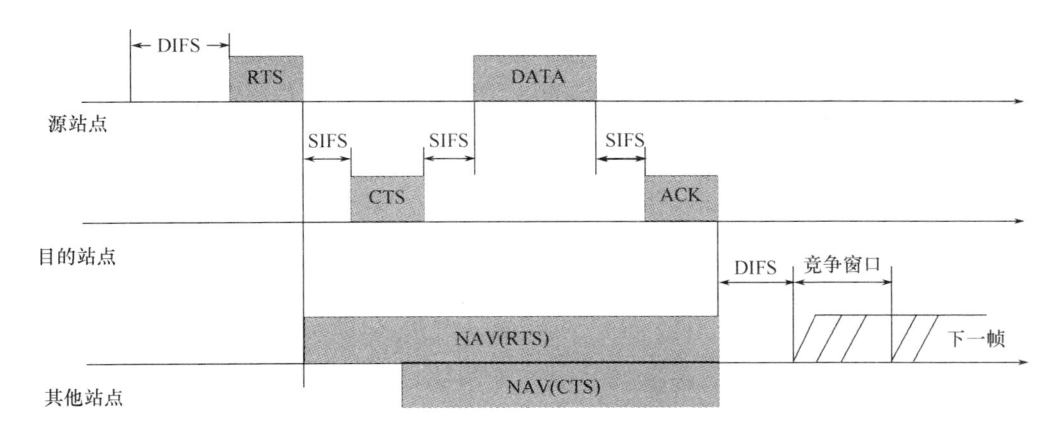

图 6.7　IEEE 802.11MAC 协议的应答与预留机制

(2) S-MAC 协议

S-MAC 协议是较早提出的适用于无线传感器网络的 MAC 协议之一。它是由美国南加利福尼亚大学的 Wei Ye 等人在总结传统无线传感器网络的 MAC 协议基础上，根据无线传感器网络数据传输量少，对通信延迟及节点间的公平性要求相对较低等特点提出的，其主要设计目标是降低能耗和提供大规模分布式网络所需要的可扩展性。S-MAC 协议设计参考了 IEEE 802.11 的 MAC 协议及 PAMAS 等 MAC 协议。

S-MAC 协议主要采用了以下机制：采用周期性侦听和休眠机制延长节点休眠时间，从而降低能耗；节点间通过协商形成虚拟簇，其作用是使一定范围内的节点的休眠周期趋于一致，从而缩短空闲侦听时间；结合使用物理载波侦听和虚拟载波侦听机制及带内信令，解决消息碰撞和串音问题;采用消息分割和改进的 RTS/CTS 信令,提高长消息的传输效率。

(3) T-MAC 协议

T-MAC(Timeout-MAC)协议在 S-MAC 的基础上引入了适应性占空比,来应付不同时间和位置上负载的变化。它动态地终止节点活动,通过设定细微的超时间隔来动态地选择占空比,因此减少了现实监听浪费的能量,但仍保持合理的吞吐量。T-MAC 通过仿真与典型无占空比的 CSMA 和占空比固定的 S-MAC 比较,发现不变负载时 T-MAC 和 S-MAC 节能相仿(最多节约 CSMA 的 98%)。仿真中存在"早睡"问题,虽然提出了未来请求发送和满缓冲区优先两种办法,但仍未在实践中得到验证。

S-MAC 协议通过采用周期性侦听/睡眠工作方式来减少空闲侦听,周期长度是固定不变的,节点侦听活动时间也是固定的。而周期长度受限于延迟要求和缓存大小,活动时间主要依赖于消息速率。这样就存在一个问题:延迟要求和缓存大小是固定的,而消息速率通常是变化的,如果要保证可靠及时的消息传输,节点的活动时间必须适应最高通信负载。当负载动态较小时,节点处于空闲侦听的时间相对增加。针对这个问题,T-MAC 协议在保持周期长度不变的基础上,根据通信流量动态地调整活动时间,用突发方式发送消息,减少空间侦听时间。T-MAC 协议相对 S-MAC 协议减少了处于活动状态的时间。

在 T-MAC 协议中,发送数据时仍采用 RTS/CTS/DATA/ACK 的通信过程,节点周期性唤醒进行侦听,如果在一个固定时间内没有发生下面任何一个激活事件,则活动结束:周期时间定时器溢出;在无线信道上收到数据;通过接收信号强度指示 RSSI 感知存在无线通信;通过侦听 RTS/CTS 分组,确认邻居的数据交换已经结束。

(4) SIFT 协议

SIFT 协议的核心思想是采用 CW(竞争窗口)值固定的窗口,节点不是从发送窗口选择发送时隙,而是在不同的时隙中选择发送数据的概率。因此,SIFT 协议的关键在于如何在不同的时隙为节点选择合适的发送概率分布,使得检测到同一个事件的多个节点能够在竞争窗口前面的各个时隙内不断无冲突地发送消息。

如果节点有消息需要发送,则首先假设当前有个 N 个节点与其竞争发送,如果在第一个时隙内节点本身不发送消息,也没有其他节点发送消息,节点就减少假设的竞争发送节点的数目,并相应地增加选择在第二个时隙发送数据的概率;如果节点没有选择第二个时隙,而且在第二时隙上还没有其他节点发送消息,节点再减少假设的竞争发送节点数目,进一步增加选择第三个时隙发送数据的概率,依此类推。

SIFT 协议是一个新颖且不同于传统的基于窗口的 MAC 层协议,但对接收节点的空闲状态考虑较少,需要节点间保持时间同步,因此适于在无线传感器网络的局部区域内使用。在分簇网络中,簇内节点在区域上距离比较近,多个节点往往容易同时检测到同一个事件,而且只需要部分节点将消息传输给簇头,所以 SIFT 协议比较适合在分簇网络中使用。

2. 基于时分复用的 MAC 协议

时分复用(Time division multiple access,TDMA)是实现信道分配的简单成熟的机制,蓝牙(Blue tooth)网络采用了基于 TDMA 的 MAC 协议。在传感器网络中采用 TDMA 机制,就是为每个节点分配独立的用于数据发送或接收的时槽,而节点在其他空闲时槽内转入睡眠状态。TDMA 机制非常适合传感器网络节省能量的需求:TDMA 机制没有竞争机制的碰撞重传问题;数据传输时不需要过多的控制信息;节点在空闲时槽能够及时进入睡眠状态。TDMA 机制需要节点之间比较严格的时间同步。时间同步是传感器网络的基本要求:多数传感器网络都使用了侦听/睡眠的能量唤醒机制,利用时间同步来实现节点状态的自动转化;节点之间为了完成任务需要协同工作,这同样不可避免地需要时间同步。TDMA 机制在网络扩展性方面存在不足:很难调整时间帧的长度和时槽的分配;对于传感器网络的节点移动、节点失效等动态拓扑结构适应性较差;对于节点发送数据量的变化也不敏感。研究者利用 TDMA 机制的优点,针对 TDMA 机制的不足,结合具体的传感器网络应用,提出了多个基于 TDMA 的传感器网络 MAC 协议。下面介绍其中的几个典型协议。

(1) 基于分簇网络的 MAC 协议

对于分簇结构的传感器网络,Arisha K. A 等提出了基于 TDMA 机制的 MAC 协议。如图 6.8 所示,所有传感器节点固定划分或自动形成多个簇,每个簇内有一个簇头节点。簇头负责为簇内所有传感器节点分配时槽,收集和处理簇内传感器节点发来的数据,并将数据发送给汇聚节点。

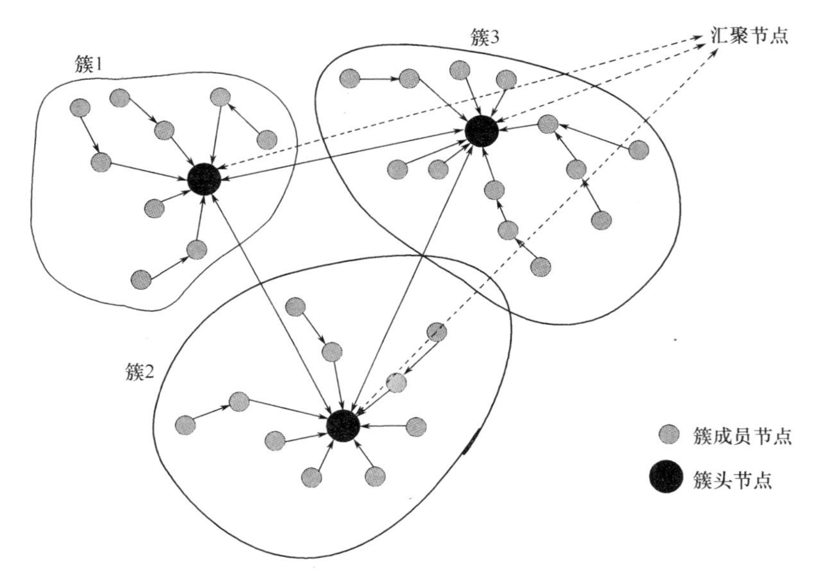

图 6.8　基于分簇的 TDMA MAC 协议

在基于分簇网络的 MAC 协议中,节点状态分为感应(Sensing)、转发(Relaying)、感应并转发(Sensing & Relaying)和非活动(Inactive)4 种状态。节点在感应状态时,采集数据并向其相邻节点发送;在转发状态时,接收其他节点发送的数据并发送给下一个节点;在感应并转发状态的节点,需要完成上述两项的功能;节点没有数据需要接收和发送时,自动进入非活动状态。

为了适应簇内节点的动态变化、及时发现新的节点、使用能量相对高的节点转发数据等目的,协议将时间帧分为周期性的 4 个阶段:

1) 数据传输阶段。簇内传感器节点在各自分配的时槽内,发送采集数据给簇头。

2) 刷新阶段。簇内传感器节点向簇头报告其当前状态。

3) 刷新引起的重组阶段。簇头节点根据簇内节点的当前状态,重新给簇内节点分配时槽。

4) 事件触发的重组阶段。节点能量小于特定值、网络拓扑发生变化等事件发生时,簇头就要重新分配时槽。通常在多个数据传输阶段后有这样的事件发生。

上述基于分簇网络的MAC协议在刷新和重组阶段重新分配时槽,适应簇内节点拓扑结构的变化及节点状态的变化。簇头节点要求具有比较强的处理和通信能力,能量消耗也比较大,如何合理地选取簇头节点是一个需要深入研究的关键问题。

(2) DEANA协议

分布式能量感知节点激活(Distributed Energy-Aware Node Activation,DEANA)协议为每个节点分配了固定的时隙用于数据的传输,与传统的TDMA协议不同,在每个节点的数据传输时隙前加入了短控制时隙,用于通知相邻节点是否需要接收数据,如果不需要就进入休眠状态。如图6.9所示,DEANA协议的时间帧由多个传输时隙组成,每个传输时隙又细分为两部分:控制时隙、数据传输时隙。

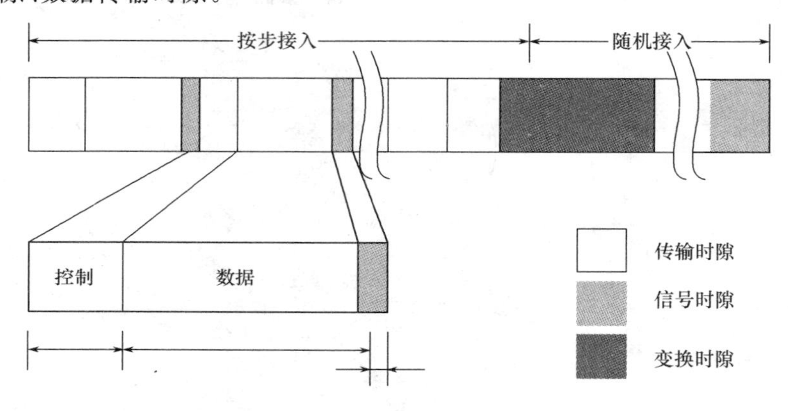

图6.9　DEANA协议时间帧

该协议通过节点激活多点接入(Node Activation Multiple Access,NAMA)协议控制节点的状态转换。如果一个节点的一跳相邻节点中有数据需要发送,则该节点在控制时隙被设置为接收状态;如果被选为接收者,则在数据传输时隙中继续保持接收状态,否则转为休眠状态。如果节点的一跳邻居节点没有数据需要发送,那么该节点在整个传输时隙都进入休眠状态;如果节点自身有数据要发送,则进入发送状态,在控制时隙中声明接收的对象,在数据传输时隙中发送数据。DEANA协议在节点得知不需要接收数据时,进入休眠状态,从而能够解决串听的问题,延长节点的休眠时间。但是,它对所有节点的时间同步要求严格,可扩展性差。

(3) TRAMA协议

流量自适应介质访问(Traffic Adaptive Medium Access,TRAMA)协议将时间划分为连续时槽,根据局部两跳内的邻居节点信息,采用分布式选举机制确定每个时槽的无冲突发送者。同时,通过避免把时槽分配给无流量的节点,并让非发送和接收节点处于睡眠状态达到节省能量的目的。TRAMA协议包括邻居协议(Neighbor Protocol,NP)、调度交换协议(Schedule Exchange Protocol,SEP)和自适应时槽选择算法(Adaptive Election Algorithm,AEA)。

在TRAMA协议中,为了满足无线传感器网络拓扑结构的动态变化,比如部分节点的失效或者向无线传感器网络中添加新节点等操作时,将时间划分为交替的随机接入周期和调度接入周期时隙。随机接入周期和调度接入周期的时隙个数根据具体应用情况而定。通过时隙机制，用基于各节点流量信息的分布式选举算法来决定哪个节点可以在某个特定的时隙传输，以此来达到一定的吞吐量和公平性。仿真显示，由于节点最多可以睡眠 87%，所以 TRAMA 节能效果明显。在与基于竞争类似的协议比较时，TRAMA 也达到了更高的吞吐量（比 S-MAC 和 CSMA 高 40%左右，比 802.11 高 20%左右），因此它有效地避免了隐藏终端引起的竞争。但 TRAMA 的延迟较长，更适用于对延迟要求不高的应用。

6.3.3 无线传感器网络的路由协议

与传统网络的路由协议相比，无线传感器网络的路由协议具有以下特点：

1）能量优先。传统路由协议在选择最优路径时，很少考虑节点的能量消耗问题。而无线传感器网络中节点的能量有限，延长整个网络的生存期成为传感器网络路由协议设计的重要目标，因此需要考虑节点的能量消耗及网络能量均衡使用的问题。

2）获取局部拓扑信息。无线传感器网络为了节省通信能量，通常采用多跳的通信模式，而节点有限的存储资源和计算资源，使得节点不能存储大量的路由信息，不能进行太复杂的路由计算。在节点只能获取局部拓扑信息和资源有限的情况下，如何实现简单高效的路由机制是无线传感器网络的一个基本问题。

3）以数据为中心。传统的路由协议通常以地址作为节点的标识和路由的依据，而无线传感器网络中大量节点随机部署，所关注的是监测区域的感知数据，而不是具体哪个节点获取的信息，不依赖于全网唯一的标识。传感器网络通常包含多个传感器节点到少数汇聚节点的数据流，按照对感知数据的需求、数据通信模式和流向等，以数据为中心形成消息的转发路径。

4）应用相关。传感器网络的应用环境千差万别，数据通信模式不同，没有一个路由机制适合所有的应用，这是传感器网络应用相关性的一个体现。设计者需要针对每一个具体应用的需求，设计与之适应的特定路由机制。

针对传感器网络路由机制的上述特点，在根据具体应用设计路由机制时，要满足下面的传感器网络路由机制的要求：

1）能量高效。传感器网络路由协议不仅要选择能量消耗小的消息传输路径，而且要从整个网络的角度考虑，选择使整个网络能量均衡消耗的路由。传感器节点的资源有限，传感器网络的路由机制要能够简单而且高效地实现信息传输。

2）可扩展性。在无线传感器网络中，检测区域范围或节点密度不同，造成网络规模大小不同；节点失败、新节点加入及节点移动等，都会使得网络拓扑结构动态发生变化，这就要求路由机制具有可扩展性，能够适应网络结构的变化。

3）鲁棒性强。能量用尽或环境因素造成传感器节点的失败，周围环境影响无线链路的通信质量及无线链路本身的缺点等，这些无线传感器网络的不可靠特性要求路由机制具有一定的容错能力。

4）快速收敛性。传感器网络的拓扑结构动态变化，节点能量和通信带宽等资源有限，因此要求路由机制能够快速收敛，以适应网络拓扑的动态变化，减少通信协议开销，提高消息传输的效率。

在无线传感器网络的体系结构中，网络层中的路由协议非常重要。网络层主要的目标是寻找用于无线传感器网络高能效路由的建立和可靠的数据传输方法，从而使网络寿命最长。由于无线传感器网络有几个不同于传统网络的特点，因此它的路由非常有挑战性。首先，由于节点众多,不可能建立一个全局的地址机制;其次,产生的数据流有显著的冗余性,因此可以利用数据聚合来提高能量和带宽的利用率;第三,节点能量和处理存储能力有限,需要精细的资源管理;最后,由于网络拓扑变化频繁,需要路由协议有很好的鲁棒性和可扩展性。从可以获得的文献资料来看,目前无线传感器网络基本处于起步阶段,从具体应用出发,根据不同应用对无线传感器网络的各种特性的敏感度不同,大致可将路由协议分为如下四种:

1. 能量感知路由协议

高效利用网络能量是无线传感器网络路由协议的最重要特征。能量感知路由协议从数据传输中的能量消耗出发,讨论最优能量消耗路径及最长网络生存期等问题,其最终目的是实现能量的高效利用。

能量路由的基本思想是根据节点的可用能量(Power available,PA)即节点的剩余能量或传输路径上的能量需求来选择数据的转发路径。

无线传感器网络中如果频繁使用同一路径传输数据,会造成该路径上的节点因能量消耗过快而提早失效,缩短网络生存时间。为此,研究人员提出了一种能量多路径路由机制。该机制在源节点和目的节点之间建立多条路径,根据路径上节点的能量消耗及节点的剩余能量状况,给每条路径赋予一定的选择概率,使得数据传输均衡地消耗整个网络的能量。

能量多路径路由协议包括路径建立、数据传播和路由维护三个过程。

2. 基于查询的路由协议

在诸如环境检测、战场评估等应用中,需要不断查询传感器节点采集的数据,汇聚节点(查询节点)发出任务查询命令,传感器节点向查询节点报告采集的数据。在这类应用中,通信流量主要是查询节点和传感器节点之间的命令和数据传输,同时传感器节点的采样信息在传输路径上通常要进行数据融合,通过减少通信流量来节省能量。

(1) 定向扩散路由

基于查询的路由通常是指目的节点通过网络传播来自某个节点数据查询消息(感应任务),收到该查询数据消息的节点又将匹配该查询消息的数据发回给原来的节点。一般这些查询是以自然语言或者高级语言来描述的。

定向扩散(Directed Diffusion,DD)是一种基于查询的路由机制。汇聚节点通过兴趣消息(Interest Message)发出查询任务,采用洪泛方式传播兴趣消息到整个区域或部分区域内的所有传感器节点。兴趣消息用来表示查询的任务,表达网络用户对监测区域内感兴趣的信息,例如监测区域内的温度、湿度和光照等环境信息。在兴趣消息的传播过程中,协议逐跳地在每个传感器节点上建立反向的从数据源到汇聚节点的数据传输梯度(gradient)。传感器节点将采集到的数据沿着梯度方向传送到汇聚节点。

(2) 谣传路由

有些传感器网络的应用中,数据传输量较少或者已知事件区域,如果采用定向扩散路由,需要经过查询消息的洪泛传播和路径增强机制才能确定一条优化的数据传输路径。因此,在这类应用中,定向扩散路由并不是高效的路由机制。Boulis 等人提出了谣传路由(Rumor Routing),适用于数据传输量较小的传感器网络。

谣传路由机制引入了查询消息的单播随机转发,克服了使用洪泛方式建立转发路径带来的开销过大问题。它的基本思想是:事件区域中的传感器节点产生代理(agent)消息,代理消息沿随机路径向外扩散传播,同时汇聚节点发送的查询消息也沿随机路径在网络中传播。当代理消息和查询消息的传输路径交叉在一起时,就会形成一条汇聚节点到事件区域的完整路径。

3. 地理位置路由协议

无线传感器网络的许多应用都需要传感器节点的位置信息。例如,在森林防火的应用里,消防人员不仅要知道发生了火灾事件,而且还要知道火灾的具体位置。地理位置路由假设节点知道自己的地理位置信息,以及目的节点或者目的区域的地理位置,利用这些地理位置信息作为路由选择的依据,节点按照一定策略转发数据到目的节点。这样,利用节点的位置信息,就能够将信息发布到指定区域,有效减小了数据传输的开销。

1) GEAR。Geographic and Energy Aware Routing 是一种典型的地理位置路由协议。它根据实践区域的地理位置信息,建立汇聚节点到事件区域的优化路径,由于只用考虑向某个特定区域发送兴趣消息,从而能够避免洪泛传播,减小路由建立的开销。

2) GEM。GEM 是一种适用于数据中心存储方式的地理路由。其基本思想是建立一个虚拟极坐标系统来表示实际的网络拓扑结构,由于汇聚节点将角度范围分配给每个子节点,例如[0,90]。每个子节点得到的角度范围正比于以该节点为根的子树大小。每个子节点按照同样的方式将自己的角度范围分配给它的子节点。这个过程一直持续进行,直到每个叶节点都分配到一个角度范围。这样,节点可以根据统一规则(如顺时针方向)为子节点设定角度范围,使得同一级节点的角度范围顺序递增或递减,于是到汇聚节点跳数相同的节点就形成了一个环形结构,整个网络则形成一个以汇聚节点为根的带环树。

4. 分簇路由协议

在分簇路由协议中,网络被划分为多个簇。每个簇由一个簇头和多个簇成员节点组成,低一级网络的簇头是高一级网络中的簇内成员,由最高层的簇头与基站 BS 通信。

在分簇的拓扑管理机制下,网络中的节点可以划分为簇头节点和成员节点。在每个簇内,根据一定的规则选取某个节点作为簇头,用于管理或控制整个簇内成员节点,协调成员节点之间的工作,负责收集成员节点采集的数据并进行融合,然后发送给更高层次的簇。

典型的分簇路由协议有 LEACH (Low Energy Adaptive Clustering Hierarchy),在该协议上发展了很多分簇路由协议,如 TEEN (Threshold Sensitive Energy Efficient Sensor Network Protocol)、PEGASIS (Power Efficient Gathering in Sensor Information System)和 HEED(Hybrid Energy Efficient Distributed Clustering)等。

分簇式路由协议有层次之分,簇头节点和成员节点在数据传送过程中执行的任务和所起的作用不同,分簇式路由较之平面路由有如下 4 点优势:

1) 消耗能量少,且能量消耗的分布均匀,能有效地延长网络寿命、平衡网络负载。

2) 通过减少参与路由计算的节点数目,减少路由表尺寸,降低交换路由信息所需的通信开销和维护路由表所需的内存开销。

3) 基于某种簇形成的策略,选举产生一个较为稳定的子网络,从而减少拓扑结构变化对路由协议带来的影响。

4)簇头节点对簇内节点进行管理,能方便地向基站传达节点的信息。另外,基站通过簇头节点可以有效地向网络中其他节点发送命令。

6.4 无线传感网络的支撑技术

6.4.1 定位技术

无线传感器网络的节点定位技术是无线传感器网络应用的基本技术也是关键技术之一。在应用无线传感器网络进行环境监测从而获取相关信息的过程中,往往需要知道所获得数据的来源。例如在森林防火的应用场景中,我们可以从传感器网络获取到温度异常的信息,但更重要的是要获知究竟是哪个地方的温度异常,这样才能准确知道发生火情的具体位置,从而迅速有效地展开灭火救援等相关工作;又比如在军事战场探测的应用中,部署在战场上的无线传感器网络只获取“发生了什么敌情"这一信息是不够的,只有在获取到“在什么地方发生了什么敌情”这样包含位置信息的消息时才能让我军做好相应的部署。因此,定位技术是无线传感器网络的一项重要技术也是一项必备的技术。

在传感器网络节点定位技术中,根据节点是否已知自身的位置,把传感器节点分为信标节点(beacon node)和未知节点(unknown node)。信标节点在网络节点中所占的比例很小,可以通过携带GPS定位设备等手段获得自身的精确位置。信标节点是未知节点定位的参考点。除了信标节点外,其他传感器节点就是未知节点,它们通过信标节点的位置信息来确定自身位置。在如图6.10所示的传感网络中,M代表信标节点,S代表未知节点。S节点通过与邻近M节点或已经得到位置信息的S节点之间的通信,根据一定的定位算法计算出自身的位置。

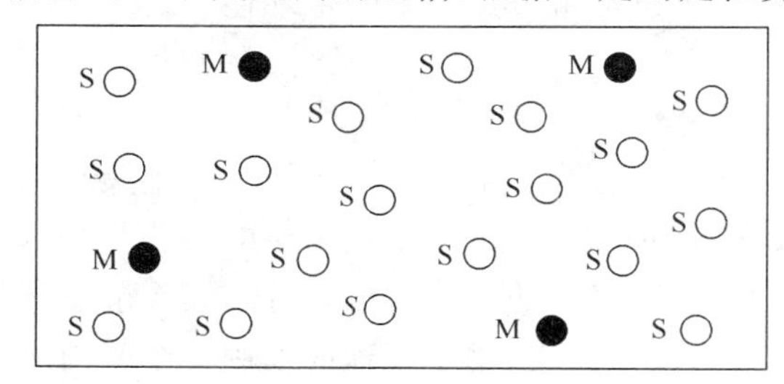

图6.10 传感器网络中信标节点和未知节点

6.4.2 时间同步

无线传感器网络的应用通常需要一个适应性比较好的时间同步服务,以保证数据的一致性和协调性。时间同步是同部分不是数据感知和控制所必需的,而且,在无线传感器网络中很多常用的服务,包括协调、通信、安全、电源管理和分布式登录等,都依赖于现有的全局时间。

时间同步关系到传感器网络能否正确实施,主要由于:

1)当考虑到通过感知数据确定事情的发生先后时,保证一个能够全局同步的时钟是至关重要的。没有这样的全局机制会导致传感器节点中出现来源于本地时钟的不正确时间戳。而当基站汇集数据时,来自不同节点的不正确时间戳可能导致基站对实际时间事件进行错误的重排或颠倒次序。

2）时间同步对有效维持较低的活动周期也很重要。传感器网络的大部分时间应该处于睡眠状态以保存能量，但在时间很短的活跃状态期间，其邻居节点必须进行一起同步才能保证数据包能迅速通过多跳达到基站。如果睡眠时间没有同步或随机，那么邻居节点可能处于睡眠周期而没有及时响应数据包的转发，数据传送时间就被延长。

3）时间同步对于常用的解释访问控制协议（如 TDMA）的实施也是必不可少的，但是无线传感器网络的时间同步也面临很多挑战。

时间同步技术的主要性能参数有：

- 最大误差：一组传感器节点之间最大时间差或相对外部标准时间的最大差值；
- 同步期限：节点保持时间同步的时间长度；
- 同步范围：节点保持时间同步的区域范围；
- 可用性：范围覆盖的完整性；
- 效率：达到同步精度所需经历的时间及消耗的能量；
- 代价和体积：需要考虑节点的价格和体积。

6.4.3 安全技术

由于传感节点大多被部署在无人照看或者敌方区域，传感器网络安全问题尤为突出。事实上缺乏有效的安全机制已经成为传感器网络应用的主要障碍。尽管在传感器网络安全技术研究方面已经取得了较大的成绩，许多传感器网络安全技术已经被提议，但是由于在传感器网络协议设计阶段，没有考虑安全问题，因此没有形成完善的安全体系，传感器网络存在着巨大的安全隐患。

传感器网络安全技术研究和传统网络有着较大区别，但是它们的出发点都是相同的，均需要解决信息的机密性、完整性、消息认证、组播/广播认证、信息新鲜度、入侵监测及访问控制等问题。无线传感器网络的自身特点（受限的计算、通信、存储能力，缺乏节点部署的先验知识，部署区域的物理安全无法保证及网络拓扑结构动态变化等）使得非对称密码体制难以直接应用，实现传感器网络安全存在着巨大的挑战。

不同应用场景的传感器网络，安全级别和安全需求不同，如军事和民用对网络的安全要求不同。传感器网络的安全目标及实现此目标的意义和主要技术见表 6.1。

表 6.1　传感器网络安全目标

安全目标	意　义	主要技术
可用性	确保网络能够完成基本的任务，即使受到攻击	冗余、入侵检测、容错、容侵、网络自愈和重构
机密性	保证机密信息不会暴露给未授权的实体	信息加、解密
完整性	保证信息不会被篡改	MAC、散列、签名
不可否认性	信息员发起者不能够否认自己发送的信息	签名、身份认证、访问控制
数据新鲜度	保证用户在制定时间内得到所需要的信息	网络管理、入侵检测、访问控制

6.4.4 数据融合

所谓数据融合，是将来自多个传感器和信息源的数据信息加以联合、相关和组合，剔除冗余信息，获得互补信息，以便能够较精确地估计出节点的位置和在网络中的地位，以及对现场情况及其传送数据的重要性进行适时的完整的评价。

对于无线传感器网络系统来说,信息具有多样性和复杂性,因此对数据融合方法的基本要求是具有鲁棒性和并行处理能力。由于来自各种不同传感器的数据信息可能具有不同的特征,于是相应地出现了多种不同的数据融合方法。

数据融合的方法有:基于生成树的数据融合;消除时空相关性的数据融合;路由驱动型数据融合;基于预测的时域数据融合;基于分布式压缩的数据融合。

由于国内外的 WSN 研究日趋热烈,在数据融合方面取得了很多研究成果。但是,在 WSN 中进行数据融合,除了其本身固有的资源和能量制约,仍面临如下的一些挑战:

1) 对连续数据流的处理,在周期性监测应用中,需要传感器节点周期性地传送数据,相邻轮次的数据采集具有一定的相关性,需要利用历史信息等减少传输的数据量。

2) 无线多跳网络,传感器节点需要协作进行数据传输。

3) 资源开销,在许多 WSN 的应用场合中,数据融合的能量开销是不能忽略不计的,如在音视频传感器网络应用或加密传输的 WSN 应用中,数据融合开销和数据传输开销非常接近,而且这类应用还将越来越普遍。

4) 安全问题,无人值守和恶劣的应用环境特点要求所采用的数据融合技术是安全的,因为攻击者能够通过对传感器节点进行攻击,获得对捕获节点的完全控制权,使得捕获节点能发送伪造的数据以改变整个融合结果。

6.5 无线传感器网络的应用

无线传感器网络的研究主要集中在通信(协议、路由、检错等)节能和网络控制三个方面,目前都已经有了比较成熟的解决方法,为无线传感器网络投入实际应用提供了理论基础,传感器网络低成本、低功耗的特点,使其可以大范围地散布设置在一定区域,即使是人类无法到达的区域,都能正常工作,应用面比较广泛。目前的无线传感器网络常应用于军事、环境监测、医疗健康、智能交通、空间探测、工业生产等领域。

1. 军事应用

从某种意义上讲,无线传感器网络的产生正是源于网络在军事应用上的需求,因此在军事上的应用非常贴近无线传感器网络本身的概念。无线传感器网络在战场上的应用主要是信息收集、跟踪敌人、战场监视、目标分类。

无线传感器网络由低成本、低功耗的密集型节点构成,拥有自组织性和相当的容错能力,即使部分节点遭到恶意破坏,也不会导致整个系统的崩溃。正是这一点保证了无线传感器网络能够在恶劣的战场环境下工作,从而最大限度地减少我方伤亡,同时提供准确可靠的信息传输。

除了在战争时期,和平年代也能通过无线传感器网络进行国土安全保护、边境监视等。例如,很多国家在过去都曾利用埋设地雷来保卫国土,防止入侵,但这种防卫措施也给本国带来了巨大的安全威胁;可取而代之的是成千上万的传感器节点,通过对声音和震动信号的分类分析,探测敌方的入侵。

2. 环境监测

无线传感器网络应用于环境监测，能够完成传统系统无法完成的任务。环境监测应用领域包括：植物生长环境、动物的活动环境、生化监测、精准农业监测、森林火灾监测、洪水监测等。在印度西部多山区域监测泥石流部署的无线传感器网络系统，目的是在灾难发生前预测泥石流的发生，采用大规模、低成本的节点构成网络，每隔预定的时间发送一次山体状况的最新数据。Intel公司利用Crossbow公司的Mote系列节点在美国俄勒冈州的一个葡萄园中部署了监测其环境微小变化的无线传感器网络。此外，传感器网络为获取野外的研究数据也提供了方便，例如，哈佛大学与北卡罗来纳大学的合作项目，通过无线传感器网络收集震动和次声波信息并加以分析，进行火山爆发的监测；澳大利亚的新南威尔士大学利用无线传感器网络跟踪一种名为Cane-toad的癞蛤蟆，了解它们在澳大利亚的分布情况；UCBerkeley大学在红杉树上布置无线传感器网络，连续监测44天红杉树的生长情况，收集温度、湿度、光合作用信息。

3. 医疗健康

随着无线传感器网络的不断发展，它在医疗健康方面也得到了一定的应用，医生可以利用传感器网络，随时对病人的各项健康指标及活动情况进行监测，为远程医疗技术的发展提供了很大的便利。Intel研究中心利用无线传感器网络开发的老人看护系统，实时检测他们的健康问题，传感器节点被安置在老年人身上，能够感知到各项行动，并相应地作出正确提醒，记录下老年人的全部活动，为老人的健康安全提供保障。

4. 智能交通

1995年，美国交通部提出了到2025年全面投入使用的“国家智能交通系统项目规划”。该计划利用大规模无线传感器网络，配合GPS定位系统等资源，除了使所有车辆都能保持在高效低耗的最佳运行状态并自动保持车距外，还能推荐最佳行驶路线，对潜在的故障可以发出警告。中国科学院沈阳自动化所提出了基于无线传感器网络的高速公路交通监控系统，节点采用图像传感器，在能见度低、路面结冰等情况下，实现对高速路段的有效监控。

5. 其他应用

无线传感器网络在空间探测、工业生产、物流控制以及其他一些商业领域有着广泛的应用。美国宇航局（NASA）研制Sensor Webs，为将来火星探测做准备；英国石油公司（BP）利用无线传感器网络及RFID技术，对炼油设备进行监测管理；许多大公司利用无线传感器网络对仓库货物进行控制。传感器网络低成本、低功耗，并且可以自组织地进行工作，为其在各个领域的应用奠定了基础，必将会孕育出越来越多新的应用领域。

6. 制约因素

发展无线传感器网络的制约因素主要来自以下几方面：

1）成本：传感器网络节点的成本是制约其大规模广泛应用的重要因素，需根据具体应用的要求均衡成本、数据精度及能量供应时间。

2）能耗：大部分的应用领域需要网络采用一次性独立供电系统，因此要求网络工作能耗低，延长网络的生命周期，这是扩大应用的重要因素。

3)微型化：在某些领域中，要求节点的体积微型化，对目标本身不产生任何影响，或者不被发现以完成特殊的任务。

4）定位性能：目标定位的精确度和硬件资源、网络规模、周围环境、描点个数等因素有关，目标定位技术是目前研究的热点之一。

5）移动性：在某些特定应用中，节点或网关需要移动，导致在网络快速自组上存在困难，该因素也是影响其应用的主要问题之一。

6）硬件安全：在某些特殊环境应用中，例如海洋、化学污染区、水流中、动物身上等，对节点的硬件要求很高，需防止受外界的破坏、腐蚀等。

影响无线传感器网络实际应用的因素很多，而且也与应用场景有关，需要在未来的研究中克服这些因素，使网络应用到更多的领域。

思考题

6-1　什么是无线传感器网络?

6-2　无线传感器网络的结构、特征是什么，有哪些优缺点，适用范围有哪些?

6-3　无线传感网典型协议堆栈 OSI 包括哪几个层，分别负责什么功能?

6-4　无线传感器网络有哪些支撑技术，简述起主要内容?

6-5　无线传感器路由协议有哪些特点及路由机制的要求?

6-6　路由协议可以分为几类，简述其功能实现。

6-7　传感器网络的 MAC 协议分为哪几类，每一类包含哪几种协议?

6-8　定位算法分为哪两类，分别包括哪几种方法?

6-9　简述无线传感器网络安全的概念。

6-10　综合叙述无线传感器网络广泛的应用。

第7章 短距离无线通信技术

短距离无线通信泛指在较小的区域内（数百米）提供无线通信的技术，它以无线个域（Wireless Personal Area，WPA）应用为核心特征。随着RFID技术、ZigBee技术、蓝牙技术、Wi-Fi技术及超宽带（UWB）技术等低、高速无线应用技术的发展，短距离无线通信正深入到通信应用的各个领域，表现出广阔的应用前景。

7.1 短距离无线通信技术概述

短距离无线通信技术一般指作用距离在毫米级到千米级的，局部范围内的无线通信应用。短距离无线通信涵盖了无线个域网（Wireless Personal Area Networks，WPAS）和无线局域网（Wireless Local Area Networks，WLAN）的通信范围。其中WPAN的通信距离可达10 m左右，而WLAN的通信距离可达100 m左右。除此之外，通信距离在毫米至厘米量级的近距离无线通信（Near Field Communication，NFC）技术和可覆盖几百米范围的无线传感器网络（Wireless Sensor Networks，WSN）技术的出现，进一步扩展了短距离无线通信的涵盖领域和应用范围。

从通信速率看，短距离无线通信应用中有几个千比特的低速率的RFID技术，也有支持高速率的可达几个吉比特的60 GHz毫米波个域通信（Millimeter-wave WPAN）技术；从通信模式看，有点到点（Point-to-Point）、点到多点（Point-to-multipoint）链接的蓝牙（Bluetooth）技术，也有具备网状网拓扑（Mesh Networking Routing）结构的ZigBee技术；有以人体为核心的体域网（Wireless Body Area Networks，WBAN），也有以机动车辆为主的车域网（Vehicle Are-a Networks，VAN），而红外线通信（Infrared Data Association，IrDA）和可见光通信（Visible Light Communications，VLC）更进一步拓展了短距离无线应用的通信方式。各种短距离无线通信技术的应用范围既相互交叉重叠，也彼此补充。

短距离无线通信中，各项技术及性能指标有所不同，但也有一些共同特点：

1）低功耗（Low Power）。由于短距离无线应用的便携性和移动特性，低功耗是基本要求。另一方面，多种短距离无线应用可能处于同一环境之下，如WLAN和微波RFID，在满足服务质量的要求下，要求有更低的输出功率，避免造成相互干扰。

2）低成本（Low Cost）。短距离无线应用与消费电子产品联系密切，低成本是短距离无线应用能否推广普及的重要决定因素。此外，如RFID和WSN应用，需要大量使用或大规模敷设，成本成为技术实施的关键。

3）多在室内环境（Indoor Environments）下应用。与其他无线通信不同，由于作用距离限制，大部分短距离应用的主要工作环境是在室内，特别是WPAN应用。

4）使用ISM频段。考虑到产品和协议的通用性及民用特性，短距离无线技术基本上使用免许可证ISM（industrial，Scientific and Medical）频段。

5）电池供电（Battery Drived）的收发装置。短距离无线应用设备一般都有小型化、移动性要求。在采用电池供电后,需要进一步加强低功耗设计和电源管理技术的研究。

7.2 RFID技术

射频识别技术(Radio Frequency Idendfication,RFID)是从20世纪80年代走向成熟的一项自动识别技术。它利用射频信号通过空间耦合(交变磁场或电磁场)实现无接触信息传递,并通过传递的信息来达到识别目的。RFID技术无须精确定位就可以大批量地对数据进行实时采集、实时传递、实时核对、实时更新,避免人为操作中的错扫、漏扫、重扫等差错。

和传统的条形码相比,RFID可以突破条形码需要人工扫描、一次读一个的限制,实现非接触性和大批量数据采集,具有不怕灰尘、油污的特性;也可以在恶劣环境下作业,实现长距离的读取,同时读取多个卷;还具有实时追踪、重复读写及高速读取的优势,此特性让其具有极其广泛的应用范围。RFID低频系统主要用于短距离、低成本的应用,如多数的门禁控制、校园卡、煤气表、水表等;高频系统则用于需传送大量数据的应用系统:超高频系统应用于需要较长的读写距离和高读写速度的场合。其天线波束方向较窄且价格较高,在火车监控、高速公路收费等系统中应用。

近年来,随着通信、微电子、计算机和网络技术的发展,RFID的应用范围和深度都得到了迅速的发展,并被列为21世纪最有前途的重要产业和应用技术之一。

关于RFID详细介绍参见第2章。

7.3 ZigBee技术

ZigBee是最近提出的一种近距离、低复杂度、低功耗、低数据速率、低成本的双向无线通信技术,主要适用于自动控制和远程控制领域,是为了满足小型廉价设备的无线联网和控制而制定的。

ZigBee是IEEE 802.15.4技术的商业名称,其前身是“HomeRFlite”技术。该技术的核心协议由2000年12月成立的IEEE 802.15.4工作组制定,高层应用、互联互通测试和市场推广由2002年8月组建的ZigBee联盟负责。ZigBee联盟由英国Invensys公司、日本三菱电气公司、美国摩托罗拉公司及荷兰飞利浦半导体公司等组成,已经吸引了上百家芯片公司、无线设备开发商和制造商的加入。同时IEEE 802.15.4标准也引起了其他标准化组织的注意,例如IEEE 1451工作组正在考虑在IEEE 802.15.4标准的基础上实现传感器网络(Sensor Network)。

7.3.1 概　述

不同于GSM、GPRS等广域无线通信技术和IEEE 802.11a、IEEE 802.11b等无线局域网技术,ZigBee的有效通信距离住几米到几十米之间,属于个人区域网络(PAN:Personal Area Network)的范畴。IEEE 802委员会制定了三种无线PAN技术:适合多媒体应用的高速标准IEEE 802.15.3;基于蓝牙技术,适合话音和中等速率数据通信的IEEE 802.15.1;适合无线控制和自动化应用的较低速率的IEEE 802.15.4,也就就是ZigBee技术。得益于较低的通信速率必及成熟的无线芯片技术,ZigBee设备的复杂度、功耗和成本等均较低,适于嵌入到各种电子设备中，服务于无线控制和低速率数据传输等业务。

典型无线传感器网络 ZigBee 协议栈结构是基于标准的开放式系统互联（OSI）七层模型，但是仅定义了那些相关实现预期市场空间功能的层。IEEE 802.15.4—2003 标准定义了两个较低层：物理层（PHY）和媒体访问控制子层（MAC）。ZigBee 联盟在此基础上建立了网络层（NWK）和应用层构架。应用层构架由应用支持子层（APS）、ZigBee 设备对象（ZDO）和制造商定义的应用对象组成。

典型无线传感器网络 ZigBee 网络层（NWK）支持星形、树形和网状网络拓扑，如图 7.1 所示。在星形拓扑中，网络由一个叫做 ZigBee 协调器的设备控制。ZigBee 协调器负责发起和维护网络中的设备，及所有其他设备，称为终端设备，直接与 ZigBee 协调器通信。在网状和树形拓扑中，ZigBee 协调器负责启动网络，选择某些关键的网络参数，网络可以通过使用 ZigBee 路由器进行扩展。

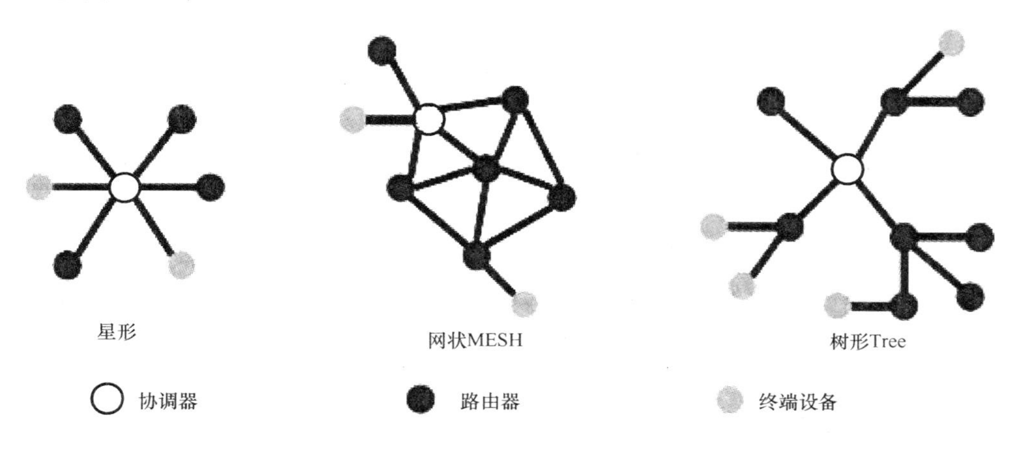

图 7.1　网络拓扑

在树形网络中，路由器使用一个分级路由策略在网络中传送数据和控制信息。树形网络可以使用 IEEE 802.15.4—2003 标准中描述的以信标为导向的通信。网状网络允许完全的点对点通信。网状网络中的 ZigBee 路由器不会定期发出 IEEE 802.15.4—2003 信标。IEEE 802.15.4—2003 仅描述了内部 PAN 网络，即通信开始和终止都是在同一个网络。

ZigBee 传感器网络的节点、路由器、网关都是以一个单片机＋ZigBee 兼容无线收发器构成的硬件为基础或者一个 ZigBee 兼容的无线单片机（例如 CC2530），再加上一套内部运行软件来实现，这套软件由 C 语言代码写成，大约有数十万行；这个协议栈软件和硬件基础如图 7.2所示。

相对于常见的无线通信标准，ZigBee 协议栈紧凑而简单，其具体实现的要求很低。8 位处理器如 80C51，再配上 4kB ROM 和 64kB RAM 等就可以满足其最低需要，从而大大降低了芯片的成本。完整的 ZigBee 协议栈模型如图 7.2所示。

ZigBee 协议栈由高层应用规范、应用汇聚层、网络层、数据链路层和物理层组成，网络层以上的协议由 ZigBee 联盟负责，IEEE 制定物理层和链路层标准应用汇聚层把不同的应用映射到 ZigBee 网络上，主要包括安全属性设置、多个业务数据流的汇聚等功能。网络层将采用基于 Ad hoc 技术的路由协议，除了包含通用的网络层功能外，还应该同底层的 IEEE 802.15.4 标准同样省电；另外还应实现网络的自组织和自维护，以最大限度地方便消费者的

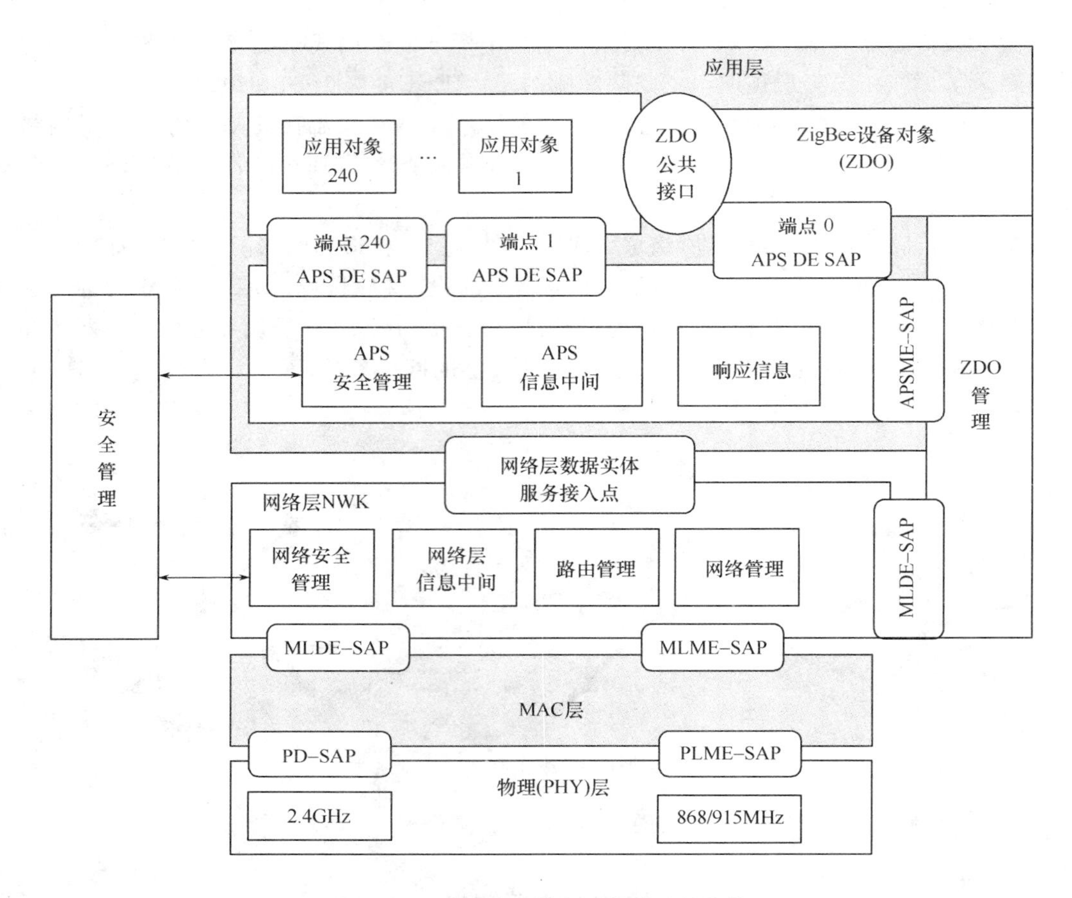

图 7.2　ZigBee 协议栈和硬件基础结构体系

使用,降低网络的维护成本。

7.3.2　ZigBee 物理层

IEEE 802.15.4 定义了两个物理层标准,分别是 2.4 GHz 物理层和 868/915 MHz 物理层,两个物理层都基于直接序列扩频(DSSSi Direct Sequence Spread spectrum)技术,使用相同的物理层数据包格式,区别在于工作频率、调制技术、扩频码片长度和传输速率。

24 GHz 波段为全球统一、无需申请的 ISM 频段,有助于 ZigBee 设备的推广和生产成本的降低。24 GHz 的物理层通过采用 16 相调制技术,能够提供 250 kb/s 的传输速率,从而提高了数据吞吐量,减小了通信时延,缩短了数据收发的时间,因此更加省电。

868 MHz 是欧洲附加的 ISM 频段,915 MHz 是美国附加的 ISM 频段,工作在这两个频段上的 ZigBee 设备避开了来自 2.4 GHz 频段中其他无线通信设备和家用电器的无线电干扰,868 MHz 上的传输速率为 20 kb/s,916 MHz 上的传输速率则是 40 kb/s。由于这两个频段上无线信号的传播损耗和所受到的无线电干扰均较小,因此可以降低列接收机灵敏度的要求,获得较大的有效通信距离,从而使用较少的设备即可覆盖整个区域。

ZigBee 使用的无线信道由表 7.1 确定。从中可以看出,ZigBee 使用的三个频段定义了 27

个物理信道，其中 868 MHz 频段定义了 1 个信道；915 MHz 频段附近定义了 10 个信道，信道间隔为 2 MHz；2.4 GHz 频段定义了 16 个信道，信道间隔为 5 MHz，较大的信道间隔有助于简化收发滤波器的设计。

表 7.1　ZigBee 无线信道的组成

信道编号	中心频率/MHz	信道间隔/MHz	频率上限/MHz	频率下限/MHz
k=0	868.3		868.6	868.0
k=1、2…10	906+2(*k*−1)	2	928.0	902.0
k=1、2…26	2405+5(*k*−11)	5	2483.5	2400.0

图 7.3 给出了物理层数据包的格式，ZigBee 物理层数据包由同步包头、物理层包头和净荷三部分组成。同步包头由前导码和数据包定界符组成，用于获取符号同步、扩频码同步和帧同步，也有助于粗略的频率调整。物理层包头指示净荷部分的长度，净荷部分含有 MAC 层数据包，净荷部分最大长度是 127 字节。

4 字节	1 字节	1 字节		变量
前同步码	帧定界符	帧长度 (7bit)	预留位 (1bit)	PSDU
同步包头		物理层包头		物理层净荷

图 7.3　物理层数据包格式

7.3.3　ZigBee 数据链路层

IEEE 802 系列标准把数据链路层分成逻辑链路控制（Logical Link Control，LLC）和 MAC 两个子层。LLC 子层在 IEEE 802.6 标准中定义，为 802 标准系列所共用；而 MAC 子层协议则依赖于各自的物理层 IEEE 802.15.4 协议，也能支持多种 LLC 标准，通过业务相关汇聚子层（Service-Specific ConvergeIlce Sublayer，SSCS）协议承载 IEEE 802.2 协议中第一种类型的 LLC 标准，同时也允许其他 LLC 标准直接使用 IEEE 802.15.4 MAC 子层的服务。

LLC 子层的主要功能是进行数据包的分段与重组以及确保数据包按顺序传输。IEEE 802.15.4 MAC 子层的功能包括设备间无线链路的建立、维护和断开，确认模式的帧传送与接收，信道接入与控制，帧校验与快速自动请求重发（ARQ），预留时隙管理及广播信息管理等。MAC 子层与 LLC 子层的接口中用于管理目的的原语仅有 26 条，相对于蓝牙技术的 131 条原语和 32 个事件而言，IEEE 802.15.4 MAC 子层的复杂度很低，不需要高速处理器，因此降低了功耗和成本。

图 7.4 给出了 MAC 子层数据包格式。MAC 子层数据包由 MAC 子层帧头（MAC Header，MHR）、MAC 子层载荷和 MAC 子层帧尾（MAC Footer，MFR）组成。

MAC 子层帧头由 2 字节的帧控制域、1 字节的帧序号域和最多 20 字节的地址域组成。帧控制域指明了 MAC 帧的类型、地址域的格式及是否需要接收方确认等控制信息；帧序号域包含了发送方对帧的顺序编号，用于匹配确认帧，以实现 MAC 子层的可靠传输；地址域采用的寻址方式可以是 64 bit 的 IEEE MAC 地址或者 8 bit 的 ZigBee 网络地址。

2 字节	1 字节	0/2 字节	0/2/8 字节	0/2 字节	0/2/8 字节	可变	2 字节
帧控制	序列号	目的 PAN 标识符	目的地址	源 PAN 标识符	源地址	帧载荷	FCS
MHR(MAC 层帧头)						MAC 载荷	MFR

图 7.4 MAC 子层数据包格式

MAC 子层载荷承载 LLC 子层的数据包,其长度是可变的,但整个 MAC 帧的长度应该小于 127 字节,其内容取决于帧类型。IEEE 802.15.4MAC 子层定义了四种帧类型,即广播帧、数据帧、确认帧和 MAC 命令帧。只有广播帧和数据帧包含了高层控制命令或者数据,确认帧和 MAC 命令帧则用于 ZigBee 设备间 MAC 子层功能实体间控制信息的收发。

MAC 子层帧尾含有采用 16 bit CRC 算法计算出来的帧校验序列(Frame Check Sequence,FCS),用于接收方判断该数据包是否正确,从而决定是否采用 ARQ 进行差错恢复。

广播帧和确认帧不需要接收方的确认,数据帧和 MAC 命令帧的帧头包含帧控制域,指示收到的帧是否再需要确认,如果需要确认,并且已经通过了 CRC 校验,接收方将立即发送确认帧。若发送方在一定时间内收不到确认帧,将自动重传该帧,这就是 MAC 子层可靠传输的基本过程。

IEEE 802.15.4 MAC 子层定义了两种基本的信道接入方法,分别用于两种 ZigBee 网络拓扑结构中。这两种网络拓扑结构分别是基于中心控制的星形网络和基于对等操作的 Ad hoc 网络。在星形网络中,中心设备承担网络的形成和维护、时隙的划分、信道接入控制和专用带宽分配等功能,其余设备根据中心设备的广播信息来决定如何接入和使用无线信道,这是一种时隙化的载波侦听和冲突避免(Carrier Sense Multiple Access with Collision Avoidance,CS-MA-CA)信道接入算法。在 Ad hoc 方式的网络中没有中心设备的控制,也没有广播信道和广播信息,而是使用标准的 CS-MA-CA 信道接入算法接入网络。

7.3.4 ZigBee 网络层

典型无线传感器网络 ZigBee 堆栈是在 IEEE 802.15.4 标准基础上建立的,而 IEEE 802.15.4 仅定义了协议的 MAC 和 PHY 层。ZigBee 设备应该包括 IEEE 802.15.4 的 PHY 和 MAC 层及 ZigBee 堆栈层:网络层(NWK)、应用层和安全服务管理。每个 ZigBee 设备都与一个特定模板有关,可能是公共模板或私有模板。这些模板定义了设备的应用环境、设备类型及用于设备间通信的串(也称簇,cluster)。公共模板可以确保不同供应商的设备在相同应用领域中的互操作性。

1. 网络层概述

网络层(NWK)必须提供相应功能,以保证 IEEE 802.15.4/ZigBee 的 MAC 子层的正确操作,并为应用层提供一个合适的服务接口,与应用层通信,网络层的概念包括两个服务实体,提供必要的功能,如图 7.5 所示。这些服务实体是数据服务和管理服务。NWK 层数据实体(NLDE)通过其相关的 SAP,NLDE-SAP,提供了数据传输服务,而 NLME-SAP 提供了管理服务。NIME 使用 NLDE 来获得它的一些管理任务,且它还维护一个管理对象的数据库,叫做网络信息库(NIB)。

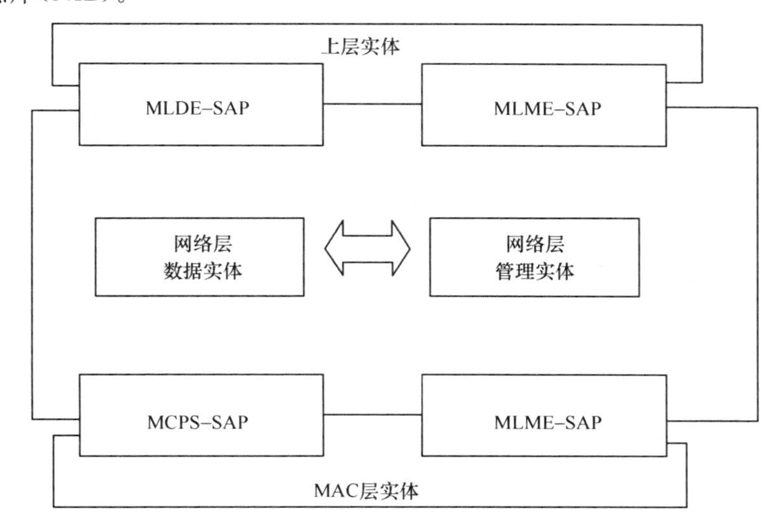

图 7.5　网络层参考模型

网络层数据实体(NLDE)应提供一个数据服务,以允许一个应用程序在两个或多个设备之间传输应用协议数据单元(APDU)。设备本身必须位于同一个网络。NLDE 将提供以下服务:

1) 生成网络级别的 PDU(NPDU)。NLDE 应该可以通过增加一个合适的协议头,从一个应用支持子层的 PDU,生成一个 NPDU。

2) 拓扑指定的路由。NLDE 应该可以传输一个 NPDU 给合适的设备,它是通信的最终目的地或是通信链中朝向最终目的地的下一步。

3) 安全。确保通信的真实性和机密性。

网络层管理实体(NLME)应提供管理服务,以允许应用程序与协议栈相互作用。NLME 应提供以下服务:

1) 配置一个新设备。为所需的操作充分配置协议栈的功能,配置选项包括开始一个作为一个 ZigBee 协调器的操作,或加入一个已存在的网络。

2) 开始一个网络。建立一个新的网络功能。

3) 加入、重新加入和离开一个网络。加入、重新加入或离开一个网络的功能,以及为一个 ZigBee 协调器或 ZigBee 路由器请求一个设备离开网络的功能。

4) 寻址。ZigBee 协调器和路由器给新加入网络的设备分配地址的能力。

5) 邻居发现。发现、记录和报告关于单跳邻居设备信息的能力。

6) 路由发现。发现并记录通过网络的路径的功能,即信息可以有效地传送。

7) 接收控制。一个设备控制何时接收者是激活的,以及激活多长时间,从而使 MAC 子层同步或直接接收。

8) 路由。路由器从一个接口上收到数据包,根据数据包的目的地址进行定向并转发到另一个接口的过程。例如单播,广播,多播或者多对,在网络中高效交换数据。

网络层数据实体通过网络层数据实体服务接入点(NLDE－SAP)提供数据传输服务，网络管理层实体通过网络层管理实体服务接入点(NLME－SAP)提供网络管理服务。网络层管理实体利用网络层数据实体完成一些网络的管理工作，并且网络层管理实体完成对网络信息库(NIB)的维护和管理。

网络层通过 MCPS－SAP 和 MLME－SAP 接口为 MAC 层提供接口。通过 NLDE－SAP 与 NLME－SAP 接口为应用层提供接口服务。

2. 网络层帧结构

网络协议数据单元(NPDU)即网络层的帧结构，如图7.6所示。

2字节	2字节	2字节	1字节	1字节	0/8字节	0/8字节	0/1字节	变长	变长
帧控制	目的地址	源地址	广播半径域	广播序列号	IEEE目的地址	IEEE源地址	多点传送控制	源路由帧	帧的有效载荷
网络层帧报头									网络层的有效载荷

图7.6　网络层数据包(帧)格式

网络协议数据单元(NPDU) 结构(帧结构)基本组成部分：网络层帧报头，包含帧控制、地址和序列信息；网络层帧的可变长有效载荷，包含帧类型所指定的信息。

图7.6表示的是网络层的通用帧结构，不是所有的帧都包含地址和序列域，但网络层的帧的报头域，还是按照固定的顺序出现。然而，仅仅只有多播标志值是1时才存在多播(多点传送)控制域。

ZigBee 网络协议中，定义了两种类型的网络层帧，它们分别是数据帧和网络层命令帧。

(1) 数据帧

数据帧与网络层的通用帧结构相同。帧的有效载荷为网络层上层要求网络层传送的数据。在帧控制域中，帧类型子域应为表示数据帧的值。根据数据帧的用途，对其他所有的子域进行设置。数据帧包括网络层报头和数据有效载荷域。数据帧的网络层报头域有控制域和根据需要适当组合而得到的路由域组成。数据帧的数据有效载荷域包含字节的序列，该序列为网络层上层要求网络层传送的数据。

(2) 网络层命令帧

网络层命令帧结构如图7.7所示，网络层帧结构与通用网络层帧结构基本相同。

网络层命令帧中的网络层帧报头域由帧控制域和根据需要适当组合得到的路由域组成。在帧控制域中，帧类型子域应表示网络层命令帧的值。根据网络层命令帧的用途，对其他所有的子域进行设置。

2字节	参见图5.3	1	可变
帧控制	路由域	网络层命令标识符	网络层命令载荷
网络层帧报头		网络层载荷	

图7.7　网络层命令帧结构

7.3.5 ZigBee应用层

ZigBee技术嵌入到消费性电子设备、家庭和建筑物自动化设备、工业控制装置、电脑外设、医用传感器、玩具和游戏机等设备中，支持小范围内基于无线通信的控制和自动化，主要应用包括家庭安全监控设备、空调遥控器、照明灯和窗帘遥控器、电视和收音机遥控器，老年人和残疾人专用的无线电话按键、无线鼠标、键盘和游戏手柄，以及工业和大楼的自动化等。

通常符合下列条件之一的应用，就可以考虑采用ZigBee技术：

- 设备间距较小；
- 设备成本很低，传输的数据量很小：
- 设备体积很小，不容许放置较大的充电电池或者电源模块；
- 只能使用一次性电池，没有充足的电力支持；
- 无法做到频繁更换电池或反复充电；
- 需要覆盖的范围较大，网络内需要容纳的设备较多，网络主要用于监测或控制。

ZigBee技术的应用领域可以划分为消费性电子设备、工业控制、汽车、农业自动化、医学辅助控制等。下面将就每个领域给出一些应用的例子：

1. 消费性电子设备

消费性电子设备和家居自动化是ZigBee技术最有潜力的市场。消费性电子设备包括手机、PDA、笔记本电脑、数码相机等，家用设备包括电视机、录像机、PC外设、儿童玩具、游戏机、门禁系统、窗户和窗帘、照明、空调和其他家用电器等。利用ZigBee技术很容易实现相机或者摄像机的自拍、窗户远距离开关、室内照明系统的遥控、窗帘的自动调整等功能。特别是在手机或者PDA中加入ZigBee芯片后，就可以被用来控制电视开关、调节空调温度、开启微波炉等。基于ZigBee技术的个人身份卡能够代替家居和办公室的门禁卡，可以记录所有进出大门的个人信息，加上个人电子指纹技术，将有助于实现更加安全的门禁系统。嵌入ZigBee设备的信用卡可以很方便地实现无线提款和移动购物，商品的详细信息也将通过ZigBee设备广播给顾客。

在家居和个人电子设备领域，ZigBee技术有着广阔而诱人的应用前景，必将能够在很大程度上改善我们的生活体验。

2. 工业控制

生产车间可以利用传感器和ZigBee设备组成传感器网络，自动采集、分析和处理设备运行的数据，适合危险场合、人力所不能及或者不方便的场所，如危险化学成分的检测、锅炉炉温监测、高速旋转机器的转速监控、火灾的检测和预报等，以帮助工厂技术和管理人员及时发现问题，同时借助物理定位功能，还可以迅速确定问题发生的位置。ZigBee技术用于现代化工厂中央控制系统的通信系统，可以免去生产车间内的大量布线，降低安装和维护的成本，便于网络的扩容和重新配置。

3. 汽　车

汽车车轮或者发动机内安装的传感器可以借助ZigBee网络把监测数据及时地传送给司

机,从而能够及早发现问题,降低事故发生率。汽车中使用的ZigBee设备需要克服恶劣的无线电传播环境对信号接收的影响及金属结构对电磁波的屏蔽效应,内置电池的寿命应该大于或者等于轮胎或者发动机本身的寿命。

4. 农业自动化

农业自动化领域的特点是需要覆盖的区域很大,因此需要由大量的ZigBee设备构成监控网络,通过各种传感器采集诸如土壤湿度、氮元素浓度、PH值,降水量、温度、空气湿度和气压等信息,以帮助农民及时发现问题,并且准确地确定发生问题的位置,这样农业将有可能逐渐地从以人力为中心、依赖于孤立机械的生产模式转向以信息和软件为中心的生产模式,从而大量使用各种自动化、智能化、适程控制的生产设备。

5. 医学辅助控制

医院里借助于各种传感器和ZigBee网络,能够准确而实时地监测病人的血压、体温和心率等关键信息,特别适用于对重病和病危患者的看护和治疗。带有微型纽扣电池的自动化、无线控制的小型医疗器械将能够深入病人体内完成手术,从而在一定程度上减轻病人开刀的痛苦。

7.3.6 ZigBee技术的特点

1) 低速率:ZigBee工作在20k～250kb/s的较低速率。分别提供250kb/s (2.4GHz)、40kb/s(915MHz)和20kb/s(868MHz)的原始数据吞吐率,满足低速率传输数据的应用需求。

2) 低时延:ZigBee的响应速度较快,一般从睡眠转入工作状态只需15ms,节点连接进入网络只需30ms。相比较,蓝牙需要3～10s,Wi-Fi则需要3s。

3)低功耗、实现简单:设备可以在电池的驱动下运行数月甚至数年。低功耗意味着较高的可靠性和可维护性,更适合日常应用。

4) 低成本:对用户来说,低成本意味着较低的设备费用、安装费用和维护费用。ZigBee设备可以在标准电池供电的条件下(低成本)工作,而不需要任何重换电池或充电操作(低成本、易安装)。

5) 网络容量高:ZigBee通过使用IEEE 802.15.4标准的PHY和MAC层,支持几乎任意数目的设备,这对于大规模传感器阵列和控制尤其重要。

6) 可靠:采取了碰撞避免策略,同时为需要固定带宽的通信业务预留了专用时隙,避免了发送数据的竞争和冲突。MAC层采用了完全确认的数据传输模式,每个发送的数据包都必须等待接收方的确认信息。

7) 安全:ZigBee提供了基于循环冗余校验(CRC)的数据包完整性检查功能,支持鉴权和认证,采用了AES-128的加密算法,各个应用可以灵活确定其安全属性。

表7.2所列为ZigBee技术的主要特征。

表7.2 ZigBee技术的主要特征

特 性	取 值
数据速率	868MHz:20kb/s;915MHz:40kb/s;2.4GHz:250kb/s

续表 7.2

特　性	取　值
通信范围	10～20m
通信时延	≥15ms
信道数	868/915MHz:11;2.4GHz:16
频段	868/915MHz;2.4GHz
寻址方式	64bit IEEE 地址,8bit 网络地址
信道接入	非时隙 CSMA - CA;有时隙 CSMA - CA
温度	−40～85℃

7.4　蓝牙技术

蓝牙(Bluetooth)是一个开放性的、短距离无线通信技术标准,也是目前国际上通用的一种公开的无线通信技术规范。它可以在较小的范围内,通过无线连接的方式安全、低成本、低功耗地网络互联,使得近距离内各种通信设备能够实现无缝资源共享,也可以实现在各种数字设备之间的语音和数据通信。由于蓝牙技术可以方便地嵌入到单一的 CMOS 芯片中。通过无线建立通信,特别适用于小型的移动通信设备。

蓝牙技术以低成本的近距离无线连接为基础,采用高速跳频(Frequency Hopping)和时分多址(Time Division Multi-aecess,TDMA)等先进技术,为固定与移动设备通信环境建立一个特别连接。蓝牙技术使得一些便于携带的移动通信设备和计算机设备不必借助电缆就能联网,并且能够实现无线连接因特网。其实际应用范周还可以拓展到各种家电产品、消费电子产品和汽车等。打印机、PDA、桌上型计算机、传真机、键盘、游戏操纵杆以及所有其他的数字设备都可以成为蓝牙系统的一部分。

目前蓝牙的标准是 IEEE 802.15,工作在 2.4 GHz 频带,通道带宽为 1MB/s,异步非对称连接最高数据速率为 723.2kb/s。蓝牙速率亦拟进一步增强,新的蓝牙标准 2.0 版支持高达 10MB/s 以上速率(4M、8M 及 12M～20MB/s),这是适应未来愈来愈多宽带多媒体业务需求的必然演进趋势。

7.4.1　基本原理

蓝牙的基本原理是蓝牙设备依靠专用的蓝牙芯片使设备在短距离范周内发送无线电信号来寻找另一个蓝牙设备,一旦找到,相互之间便开始通信、交换信息。蓝牙的无线通信技术采用每秒 1600 次的快跳频和短分分组技术,减少干扰和信号衰弱,保证传输的可靠性;以时分方式进行全双工通信,传输速率设计为 1 MHz;采用前向纠错(FEC)编码技术,减少远距离传输时的随机噪声影响。其工作频段为非授权的工业、医学、科学频段,以保证能在全球范围内使用这种无线通用接口和通信技术,语音采用抗衰弱能力很强的连续可变斜率调制(CVSD)编码方式以提高话音质量,采用频率调制方式,降低设备的复杂性。

蓝牙核心系统包括射频收发器、基带及协议堆栈。该系统可以提供设备连接服务,并支持在这些设备之间变换各种类别的数据。蓝牙系统支持点对点及点对多点的通信方式,系统的网络结构为拓扑结构,有两种形式:微微网(Piconet)和分布式网络(Scatternet)。微微网(Piconet)是通过蓝牙技术连接起来的一种微型网络,如图7.8所示。一个微微网可以只是两台相连的设备,比如一台便携式电脑和一部移动电话,也可以是8台连在一起的设备。在一个微微网中,所有设备的级别是相同的,具有相同的权限。在微微网初建时,定义其中一个蓝牙设备为主设备,其余设备则为从属设备。分布式网络是由多个独立的非同步的微微网组成的,它靠调频顺序识别每个微微网。同一微微网所有用户都与这个调频顺序同步。一个分布网络中,在带有10个全负载的独立的微微网的情况下,全双工数据速率超过6MB/s。

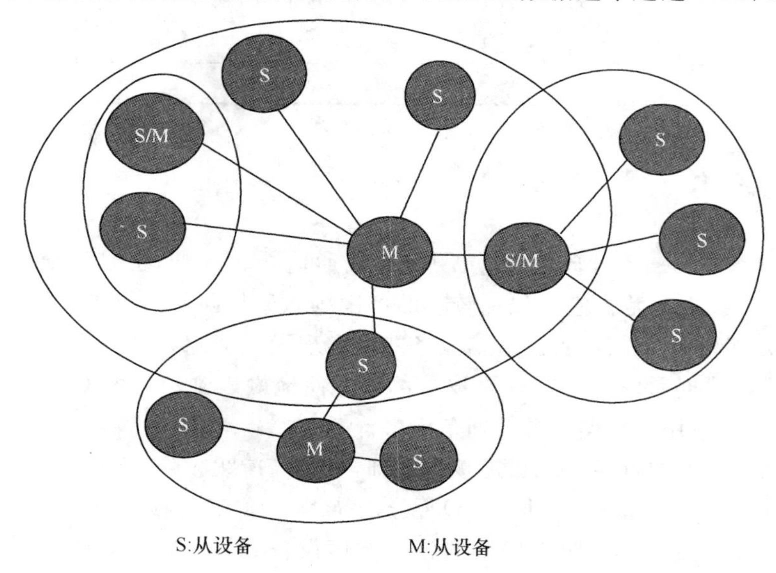

图7.8　由四个微微网组成的散

7.4.2　蓝牙网络基本结构

蓝牙系统由天线单元、链路控制单元、链路管理单元、软件功能四个单元组成,各单元间的连接关系如图7.9所示。

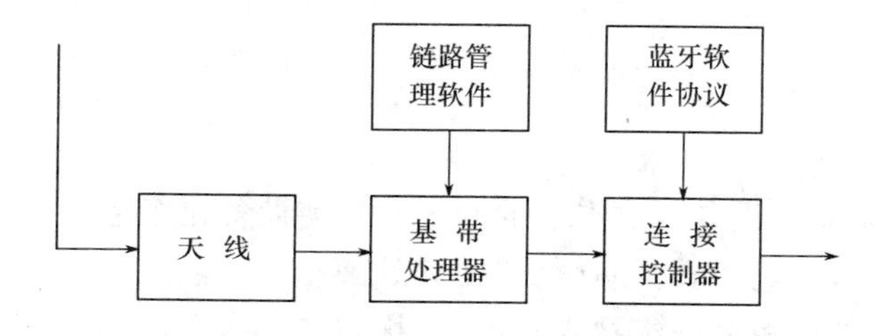

图7.9　蓝牙系统各单元的连接关系

1. 天线单元

实现蓝牙技术的集成电路芯片要求其天线部分的体积要小、重量要轻,因此,蓝牙天线属于微带天线。蓝牙技术的空中接口是建立在天线电平为0 dBm的基础上的。空中接口遵循FCC有关电平为0 dBm的ISM频段的标准。

蓝牙系统的无线发射功率符合 FCC 关于 ISM 波段的要求，由于采用扩频技术，发射功率可增加到 100 MW。系统的最大跳频为 1 600 跳/秒，在 2.402 GHz 和 2.480 GHz 之间。采用 79 个 1MHz 带宽的频点。系统的设计通信距离为 0.1～10 m。如果增加发射功率。距离可以达到 100 m。

2. 链路控制单元

蓝牙产品的链路控制硬件单元包括 3 个集成器件：链路控制器、基带处理器及射频传输/接收器。此外还使用了 3～5 个单独调协元件，基带链路控制器负责处理基带协议和其他一些低层常规协议，蓝牙基带协议是电路交换与分组交换的结合。采用时分双工实现全双工传输。

3. 链路管理单元

链路管理（LM）软件模块携带了链路的数据设置、鉴权、链路硬件配置和其他一些协议，LM 能够发现其他远端 LM，并通过 LMP（链路管理协议）与之通信。

4. 软件功能单元

蓝牙设备应具有互操作性。对于某些设备，从无线电兼容模块和空中接口，直到应用协议和对象交换格式，都要实现互操作性；另外一些设备（如头戴式设备）的要求则宽松得多。蓝牙技术系统中的软件功能是一个独立的操作系统，不与任何操作系统捆绑，可确保任何带有蓝牙标记的设备都能进行互操作，它符合已制定好的蓝牙规范。

7.4.3 蓝牙的协议栈

提出蓝牙技术协议标准的目的，是允许遵循标准的各种应用能够进行相互间的操作。为了实现互操作，在与之通信的仪器设备上的对应应用程序必须以同一协议运行。图 7.10 所示的协议列表是一个支持业务卡片交换应用的协议栈（自上至下）实例，即 vCard - OBEX - RF-COMM - L2CAP -基带。该协议栈包括：一个内部对象表示规则、vCard、无线传输协议及其他部分。不同应用可运行于不同协议栈。但是，每个协议栈都要使用同一公共蓝牙数据链路的物理层。图 7.10 就是互操作应用支持的蓝牙应用模型之上的完整的蓝牙协议栈。

整个蓝牙协议栈包括蓝牙指定协议（LMP 和 L2CAP）和非蓝牙指定协议（如对象交换协议 OBEX 和用户数据报协议 UDP）。设计协议和协议栈的主要原则是尽可能利用现有的各种高层协议，以保证现有协议与蓝牙技术的融合及各种应用之间的互通性，充分利用兼容蓝牙技术标准的软硬件系统。

蓝牙技术标准体系结构中的协议可分为四层：

1）核心协议。BBP（基带协议）、LMP（链路管理协议）、L2CAP（逻辑链路控制和适配协议）、SDP（服务搜索协议）等。

2）电缆替代协议。RFCOMM（基于 ETSI TS 07.10 的串行电缆模拟协议）。

3）电话传送控制协议。TCS 二进制、AT 命令集。

4）可选协议。PPP（点对点协议）、UDP/TCP/IP、OBEX（对象交换协议）、WAP（无线应用协议）、vCard、vCal、IrMC、WAE（无线应用环境）。

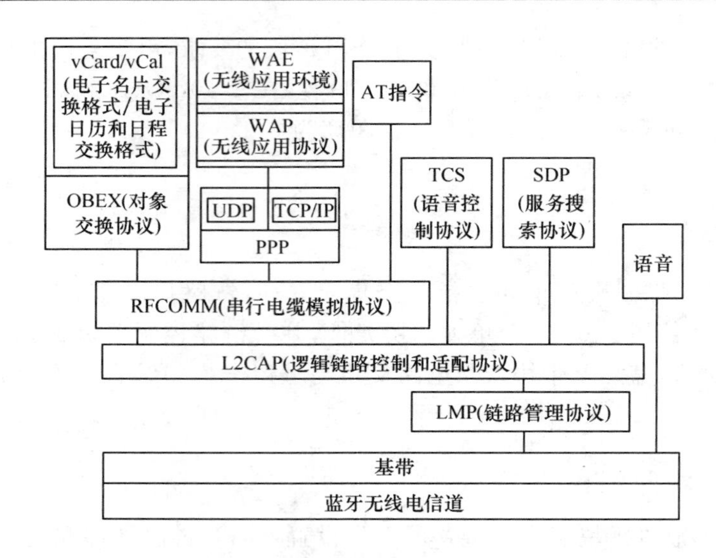

图7.10　蓝牙协议栈

除上述协议层外，蓝牙标准还定义了主机控制器接口(HCI)，它为基带控制器、链路管理器、硬件状态和控制寄存器提供命令接口。HCI位于L2CAP的下层，也可以位于L2CAP的上层。

7.4.4　蓝牙的特点

蓝牙技术是一种短距离无线通信的技术规范。它最初的目标是取代现有的掌上电脑、移动电话等各种数字设备上的有线电缆连接。蓝牙技术的特点如下：

(1) 全球范围适用

蓝牙设备工作的工作频段选在全球通用的2.4GHz的ISM(即工业、科学、医学)频段。这样用户不必经过申请就可在2400～2500Hz范围内选用适当的蓝牙无线电收发器频段。其组件主要是芯片与无线电收发器两部分，芯片底部附有USB传转板，用来连接电脑电话或其他电子产品。当芯片收到电子信号后，就将其转化成无线电信号，送到无线电收发器发送出去。它能够穿过固体和非金属物质传送，其一般连接范围是从1～10m，但通过增加传送能量的方法，其范围可扩大到100m。

(2) TDMA结构

蓝牙技术的传输速率设计为1MB/s，以时分方式进行全双工通信，其基带协议是电路交换和分组交换的组合，一个跳频频率发送一个同步分组，每个分组占用一个时隙，也可以扩展到5个时隙。蓝牙技术支持一个异步数据通道，或3个并发的同步话音通道，或1个同时传送异步数据和同步话音的通道，每个话音通道支持64kb/s的同步话音，异步通道支持最大速率721kb/s、反向应答速率为57.6kb/s的非对称连接，或者是432.6kb/s的对称连接。

(3) 使用跳频技术

蓝牙技术采用跳频(Frequency Happing，FH)扩展频谱的技术来解决干扰的问题。跳频技术是把频带分成若干个跳频信道，在一次连接中，无线电收发器按一定的码序列不断地从一个信道跳到另一个信道，只有收发双方是按这个规律进行通信的，其他的干扰不可能按同样的规律进行干扰；跳频的瞬时带宽是很窄的，但通过扩展频谱技术使这个窄带宽成百倍地扩展成宽带宽，使干扰可能的影响变得很小。因此这种无线电收发器是窄带和低功率的且成本低廉，但具有很高的抗干扰性。

(4) 组网灵活性强

设备和设备之间是平等的。无严格意义上的主设备，这使得测试设备与被测设备之间、被测设备与被测设备之间及测试设备与测试设备之间数据交换更加便利灵活。甚至被测设备也能发出测试请求，从而为测试系统的智能化提供了更可靠的保障依据，特别对于多传感数据融合测试系统具有更广泛的实用意义。

(5) 成本低

为了能够替代一般电缆，蓝牙必须具备和一般电缆差不多的价格，才能被广大普通消费者所接受，也才能使这项技术普及开来，随着市场的不断扩大。各个供应商纷纷推出自己的蓝牙芯片和模块，蓝牙产品价格正飞速下降。

7.4.5　蓝牙技术的应用

跳频、TDD 和 TDMA 等技术的使用，使实现蓝牙技术的射频电路较为简单，通信协议的大部分内容可由专用集成电路和软件实现，保证了采用蓝牙技术的仪器设备的高性能和低成本。就目前的发展来看，蓝牙技术已经或将较快地与如下设备或系统融为一体。

(1) 在手机上的应用

嵌入蓝牙芯片的移动电话已经出现，它可实现一机三用：在办公室可作为内部无线电话；回家后可当作无绳电话；在室外或乘车途中可作为移动电话与掌上电脑或个人数字助理(PDA)结合起来，并通过嵌入蓝牙技术的局域网接入点访问因特网。同时，借助嵌入蓝牙芯片的头戴式话筒和耳机及语音拨号技术，不用动手就可以接听或拨打移动电话。

(2) 在掌上电脑中的应用

掌上 PC 已越来越普及，嵌入蓝牙芯片的掌上 PC 可提供各种便利。通过嵌有蓝牙芯片的掌上 PC，不仅可编写电子邮件，而且还可立即通过周围的蓝牙仪器设备发送出去。

(3) 在其他数字设备上的应用

数字照相机、数字摄像机等设备装上蓝牙芯片，既可免去使用电线的不便，又可不受存储器容量有限的束缚，将所摄图片或影像通过嵌有蓝牙芯片的手机或其他设备传送到指定的计算机中。

蓝牙芯片的微型化和低成本将为它在家庭和办公室自动化、家庭娱乐、电子商务、工业控制、智能化建筑物等领域开辟广阔的应用前景。

(4) 蓝牙技术在测控领域的应用

随着测控技术的不断发展，对数据传输、处理和管理提出了越来越高的自动化和智能化要求。蓝牙技术可以在短距离内用无线接口来代替有线电缆连接，因而可以取代现场仪器之间的复杂连线，这对于需要采集大量数据的测控场合非常有用。例如，数据采集设备可以集成单独的蓝牙技术芯片，或者采用具有蓝牙芯片的单片机提供蓝牙数据接口。在采集数据时，这种设备就可以迅速地将所采集到的数据传送到附近的数据处理装置(例如 PC、笔记本电脑、PDA)中，不仅避免了在现场敷设大量复杂连线和对这些接线是否正确的检查与核对，而且不会发生因接线可能存在的错误而造成测控的失误。与传统的以电缆和红外方式传输测控数据相比，在测控领域应用蓝牙技术的优点主要有：①抗干扰能力强。采集测控现场数据经常遇到大量的电磁干扰，而蓝牙系统因采用了跳频扩频技术，故可以有效地提高数据传输的安全性和抗干扰能力。②无须敷设缆线,降低了环境改造成本,方便了数据采集人员的工作。③没有方向上的限制,可以从各个角度进行测控数据的传输。④可以实现多个测控仪器设备间的联网,便于进行集中测量与控制。

蓝牙技术还可用于自动抄表领域。计量水、电、气、热量等的仪器仪表可通过嵌入的蓝牙芯片,将数据自动集中到附近的某个数据采集节点,再由该节点通过电力线以载波方式或电话线等传输到数据采集器以及供用水、电、气、热量等管理部门的数据处理中心。这种方式可有效地解决部分计量测试节点难以准确采集测控数据的问题。

7.5 Wi-Fi 技术

所谓的"My Wi-Fi"技术,就是把笔记本电脑中的无线网卡虚拟成两个无线空间,充当两种角色:当与其他 AP(无线信号发射点)相连时,这是传统应用模式,相当于一个普通的终端设备;当与其他无线网络终端设备(如电脑、手机、打印机等)连接时,可作为一个基础 AP,此时只要作为 AP 的笔记本电脑能通过无线、有线、3G 等方式连接入网,那么与之连接的其他无线网络终端设备就可以同时上网了。从使用上来看,英特尔的"My Wi-Fi"技术和最近几年兴起的"闪联"标准类似。

7.5.1 概　念

Wi-Fi 全称 Wireless Fidelity,又称 802.11B 标准,是 IEEE 定义的一个无线网络通信的工业标准(IEEE 802.11)。802.11B 定义了使用直接序列扩频(Direct Sequence Spectrum, DSSS)调制技术在 2.4GHz 频带实现 11MB/s 速率的无线传输,在信号较弱或有干扰的情况下,宽带可调整为 5.5MB/s、2MB/s 和 1MB/s。

Wi-Fi 是由 AP(Aczess Point,无线访问节点)和无线网卡组成的无线网络,AP 是当做传统的有线局域网络与无线局域网络之间的桥梁,其工作原理相当于一个内置无线发射器的 HUB 或者是路由;无线网卡则是负责接收由 AP 所发射信号的 CLIENT 端设备。因此,任何一台装有无线网卡的 PC 均可透过 AP 分享有线局域网络甚至广域网络的资源。

Wi-Fi 第一个版本发表于 1997 年,其中定义了介质访问接入控制层(MAC 层)和物理层。物理层定义了工作在 2.4Hz 的 ISM 频段上的两种无线调频方式和一种红外传输的方式,总数据传输速率设计为 2MB/s。两个设备之间的通信可以自由直接(ad hoc)的方式进行,也可以在基站 BS(Base Station)或访问点 AP(Aceess Point)的协调下进行。

1999 年增加了两个补充版本:802.11a 定义了在 5GHz ISM 频段上的数据传输速率可达 54MB/s 的物理层;802.11b 定义了在 2.4GHz 的 ISM 频段上但数据传输速率高达 11MB/s 的物理层。2.4GHz 的 ISM 频段为世界上绝大多数国家通用,因此 802.11b 得到了最为广泛的应用。苹果公司把自己开发的 802.11 标准起名为 AirPort。1999 年工业界成立了 Wi-Fi 联盟,致力解决符合 802.11 标准的产品的生产和设备兼容性问题。

802.1 1 标准及补充标准的制定情况如下:802.11,原始标准(2MB/s 工作在 2.4GHz);802.11a,物理层补充(54MB/s 工作在 5GHz);802.1 1b,物理层补充(11MB/s 工作在 2.4GHz);802.11c,媒体接入控制层(MAC)桥接(MAC Layer Bridging);802.11d,根据各国无线电规定所做的调整;802.11e,对服务等级 QoS(Quality of Service)的支持;802.11f 基站

的互连性(Interoperability);802.11g,物理层补充(54MB/s 工作在 2.4GHz);802.11h,无线覆盖半径的调整,室内(indoor)和室外(outdoor)信道(5GHz 频段);802.11i,安全和鉴权(Authentifie—ation)方面的补充;802.11n,导入多重输入输出(MIMO)技术,基本上是 802.11a 的延伸版。

除了上面的 IEEE 标准,另外有一个被称为 IEEE 802.11B+的技术,通过 PBCC 技术(Packet Binary Convolutional Code)在 IEEE 802.11B(2.4GHz 频段)基础上提供 22MB/s 的数据传输速率。事实上这并不是 IEEE 的公开标准,而是一项产权私有的技术(产权属于美国德州仪器,Texas Instruments)。也有一些被称为 802.11g+的技术,在 IEEE 802.11g 的基础上提供 108MB/s 的传输速率,与 802.11B+一样,同样是非标准技术,由无线网络芯片生产商 Atheros 所提倡的则为 SuperG。

Wi-Fi 技术突出的优势在于较广的局域网覆盖范围:Wi-Fi 的覆盖半径可达 100m 左右,相比于蓝牙技术覆盖范围较广,可以覆盖整栋办公大楼;传输速度快:Wi-Fi 技术传输速度非常快,可以达到 11MB/s(802.11b)或者 54MB/s(802.11a),适合高速数据传输的业务;无须布线:Wi-Fi 最主要的优势在于不需要布线,可以不受布线条件的限制,因此非常适合移动办公用户的需要。在机场、车站、咖啡店、图书馆等人员较密集的地方设置“热点”,并通过高速线路将因特网接入上述场所。用户只要将支持无线 LAN 的笔记本电脑或 PDA 拿到该区域内,即可高速接入因特网;健康安全:IEEE 802.11 规定的发射功率不可超过 100 mW,实际发射功率约 60～70 mW,而手机的发射功率约 200 mW～1 W 间,手持式对讲机高达 5 W。与后者相比,Wi-Fi 产品的辐射更小。

7.5.2　Wi-Fi 网络结构和原理

IEEE 802.11 标准定义了介质访问接入控制层(MAC 层)和物理层。物理层定义了工作在 2.4GHz 的 ISM 频段上。总数据传输速率设计为 2MB/s(802.11B)到 54MB/s(802.11g)。图 7.11 所示为 802.11 的标准和分层。

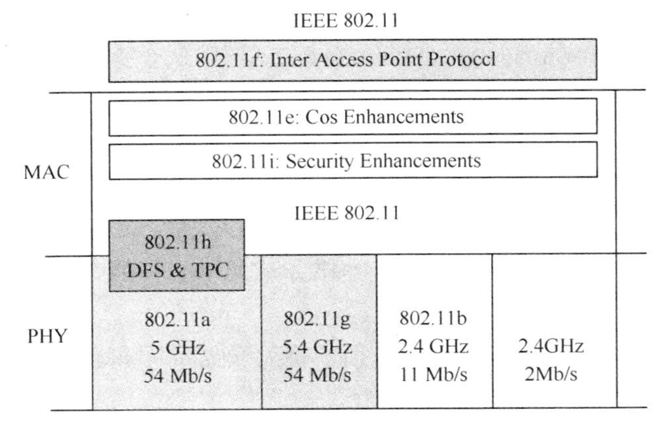

图 7.11　802.11 标准和分层

在 802.11 的物理层,IEEE 802.11 规范是在 1997 年 8 月提出的,规定工作在 ISM 2.4～2.4835 GHz 频段的无线电波。其中后者采用了两种扩频技术 DSSS 和 FHSS。

一种是工作在 2.4 GHz 的跳频模式,使用 70 个工作频道,FSK 调制,0.5MB/s 通信速率。工作原理如图 7.12 所示。

IEEE 802.11b 发布于 1999 年 9 月。与 IEEE 802.11 不同,它只采用 2.4GHz 的 ISM 频段的无线电波,且采用加强版的 DSSS,它可以根据环境的变化在 11MB/s,5MB/s,2MB/s 和 1MB/s 之间动态切换,目前 802.11b 协议是当前最为广泛的 WLAN 标准。

IEEE 802.11b 工作在 2.4GHz 的 DSSS 模式,CCK/DQPSK 调制,工作原理如图 7.13 所示。

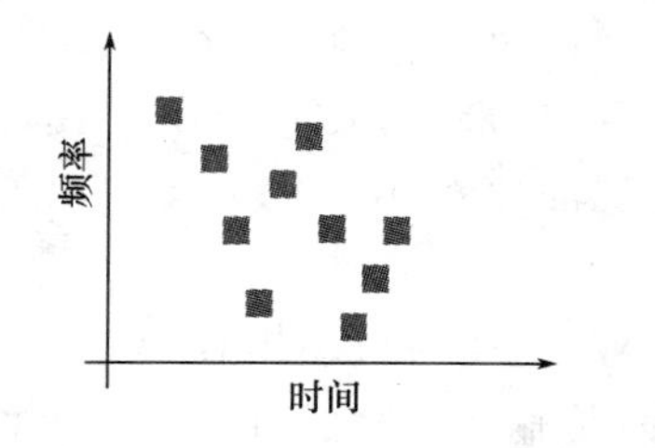

图 7.12 使用跳频工作原理

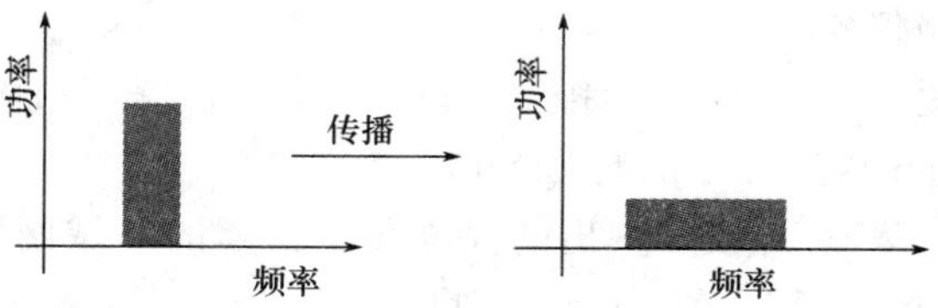

图 7.13 使用 DSSS 模式工作原理

还有一种是工作在 5GHz 的 OFDM 模式,CCK/DQPSK 调制,54MB/s 通信速率(802.11a)。工作原理如图 7.14 所示。

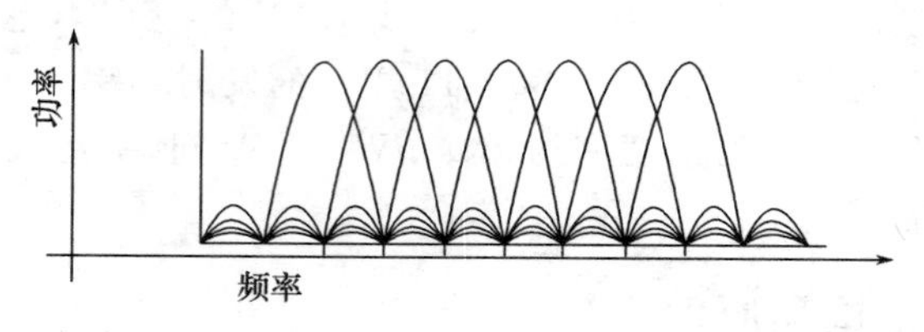

图 7.14 使用 OFDM 模式原理

一个 Wi-Fi 连接点、网络成员和结构站点(Station)是网络最基本的组成部分。

1) 基本服务单元(Basic Service Set,BSS)。网络最基本的服务单元。最简单的服务单元可以只由两个站点组成。站点可以动态地联结(associate)到基本服务单元中。

2) 分配系统(Distribution System,DS)。分配系统用于连接不同的基本服务单元。分配系统使用的媒介(Medium)逻辑上和基本服务单元使用的媒介是截然分开的,尽管它们物理上可能会是同一个媒介,例如同一个无线频段。

3) 接入点(Access Point,AP)。接入点既有普通站点身份,又有接入到分配系统功能。

4) 扩展服务单元(Extended Service Set,ESS)。由分配系统和基本服务单元组合而成。这种组合是逻辑上,并非物理上的,不同的基本服务单元物有可能在地理位置相去甚远。分配系统也可以使用各种各样的技术。

5) 关口(Portal)。也是一个逻辑成分。用于将无线局域网和有线局域网或其他网络联系起来。

有三种媒介:站点使用的无线的媒介,分配系统使用的媒介以及和无线局域网集成一起的其他局域网使用的媒介。物理上它们可能互相重叠。IEEE 802.11 只负责在站点使用的无线的媒介上的寻址(Addressing)。分配系统和其他局域网的寻址不属无线局域网的范围。

两个设备之间的通信可以自由直接(ad hoc)的方式进行,也可以在基站(Base Station,BS)或者访问点(Access Point,AP)的协调下进行,也称为 INFRASTUCTUR 模式。

WIFI 网络的结构如图 7.15 所示。

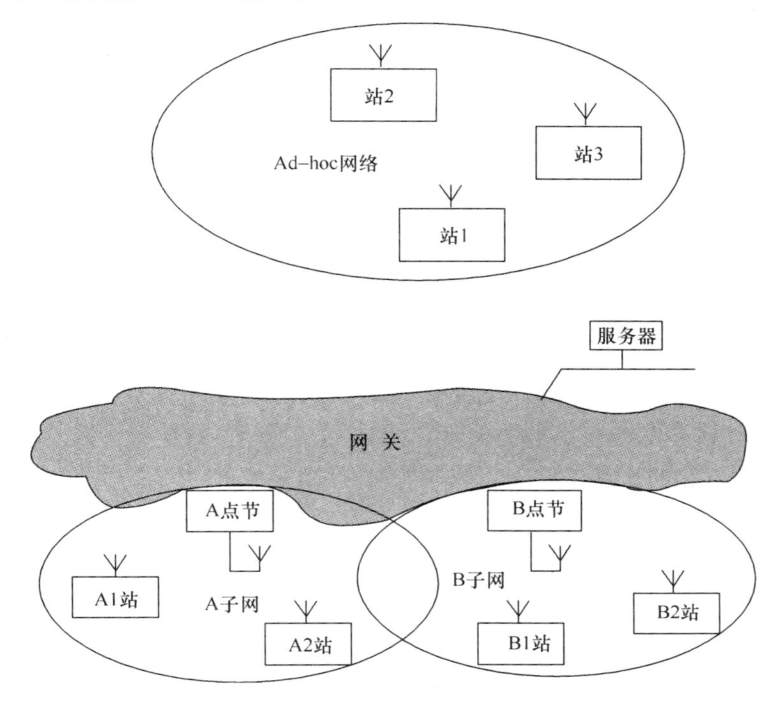

图 7.15　802.11 两种主要网络通信结构

802.11 网络底层和以太网 802.3 结构相同，相关数据包装，也使用 IP 通信标准和服务，完成互联网连接，具体 IP 数据结构和 IP 通信软件结构如图 7.16 所示。

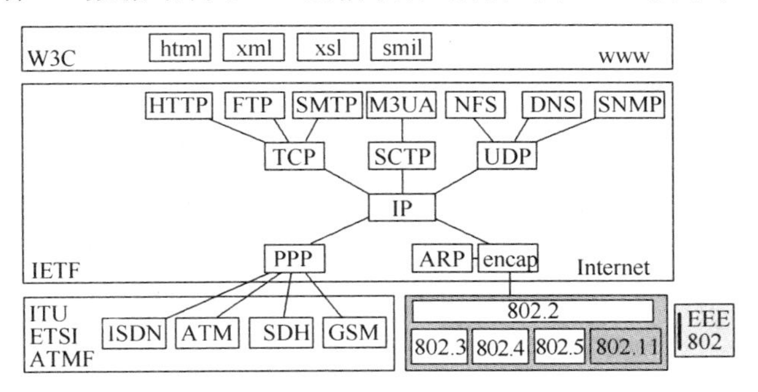

图 7.16　802.11 的 IP 网络结构

7.5.3　Wi - Fi 技术的特点

1. 优　点

(1) 覆盖范围广

Wi - Fi 的半径则可达 100m，适合办公室及单位楼层内部使用。而蓝牙技术只能覆盖 15m。

(2) 速度快，可靠性高

802.11b 无线网络规范是 IEEE 802.11 网络规范的变种，最高带宽为 11MB/s，在信号较弱或有干扰的情况下,带宽可调整为5.5MB/s、2MB/s和1MB/s,带宽的自动调整,有效地保障了网络的稳定性和可靠性。

(3) 无需布线

Wi-Fi最主要的优势在于不需要布线,可以不受布线条件的限制,因此非常适合移动办公用户的需要,具有广阔市场前景。目前它已经从传统的医疗保健、库存控制和管理服务等特殊行业向更多行业拓展开去,甚至开始进入家庭及教育机构等领域。

(4) 健康安全

IEEE 802.11规定的发射功率不可超过100 mW,实际发射功率约60 m~70 mW,手机的发射功率约200 mW~1 W,手持式对讲机高达5 W,而且无线网络使用方式并非像手机直接接触人体,是绝对安全的。

2. 缺　点

Wi-Fi技术也有它的缺点。首先它的覆盖面有限,一般的Wi-Fi网络覆盖面只有100m左右。其次它的移动性不佳,只有在静止或者步行的情况下使用才能保证其通信质量。为了改善Wi-Fi网络覆盖面积有限和低移动性的缺点最近又提出了802.11n协议草案(还未得到IEEE的正式批准)。802.11n相比前面的标准技术优势明显,在传输速率方面,802.11n可以将WLAN的传输速率由目前802.11b/g提供的54MB/s提高到300MB/s甚至600MB/s。在覆盖范围方面,802.11n采用智能天线技术,可以动态调整波束,保证让WLAN用户接收到稳定的信号,并可以减少其他信号的干扰,因此它的覆盖范围可扩大到好几平方公里。这使得原来需要多台802.11b/g设备的地方,只需要一台802.11n产品就可以了。不仅方便了使用,还减少了原来多台802.11b/g产品互联通时可能出现的盲点,使得终端移动性得到了一定的提高。

7.5.4　Wi-Fi技术的应用

由于Wi-Fi的频段在世界范围内是无需任何电信运营执照的免费频段,因此WLAN无线设备提供了一个世界范围内可以使用的,费用极其低廉且数据带宽极高的无线空中接口。用户可以在Wi-Fi覆盖区域内快速浏览网页,随时随地接听拨打电话。而其他一些基于WLAN的宽带数据应用,如流媒体、网络游戏等功能更是值得用户期待。有了Wi-Fi功能打长途电话(包括国际长途)、浏览网页、收发电子邮件、音乐下载、数码照片传递等,再无需担心速度慢和花费高的问题。

Wi-Fi在掌上设备上应用越来越广泛,而智能手机就是其中一分子。与早前应用于手机上的蓝牙技术不同,Wi-Fi具有更大的覆盖范围和更高的传输速率,因此Wi-Fi手机成为了目前移动通信业界的时尚潮流。

现在Wi-Fi的覆盖范围在国内越来越广泛了,高级宾馆,豪华住宅区,飞机场及咖啡厅之类的区域都有Wi-Fi接口。

随着3G时代的来临,越来越多的电信运营商也将目光投向了Wi-Fi技术,Wi-Fi覆盖小带宽高,3 G覆盖大带宽低,两种技术有着相互对立的优缺点,取长补短相得益彰。Wi-Fi技术低成本、无线、高速的特征非常符合3G时代的应用要求。在手机的3G业务方面,目前支持WIFI的智能手机可以轻松地通过AP实现对互联网的浏览。随着VOIP软件的发展,以

Skype 为代表的 VOIP 软件已经可以支持多种操作系统。在装有 Wi-Fi 模块的智能手机上装上相应的 VOIP 软件后就可以通过 Wi-Fi 网络来实现语音通话。所以 3G 与 Wi-Fi 是不矛盾的,而 Wi-Fi 可以作为 3G 高效有利的补充。

7.6 超宽带(UWB)技术

UWB 技术是一种新型的无线通信技术。它通过对具有很陡上升和下降时间的冲击脉冲进行直接调制,使信号具有吉赫兹量级的带宽。超宽带技术解决了困扰传统无线技术多年的有关传播方面的重大难题,它具有对信道衰落不敏感、发射信号功率谱密度低、低截获能力、系统复杂度低、能提供数厘米的定位精度等优点。

7.6.1 概 念

1. 定 义

UWB 又被称为脉冲无线电(Impulse Radio),具体定义为相对带宽(信号带宽与中心频率的比)大于 25%的信号或者是带宽超过 1.5GHz 的信号。实际上 UWB 信号是一种持续时间极短、带宽很宽的短时脉冲。它的主要形式是超短基带脉冲,宽度一般在 0.1~20ns。脉冲间隔为 2~5000ns,精度可控,频谱为 50MHz~10GHz。频带大于 100%中心频率,典型点空比为 0.1%。传统的 UWB 系统使用一种被称为“单周期(monocycle)脉形”的脉冲。

2. 基本原理

UWB 实质上是以占空比很低的冲击脉冲作为信息载体的无载波扩谱技术,它是通过对具有很陡上升和下降时间的冲击脉冲进行直接调制。典型的 UWB 直接发射冲击脉冲串,不再具有传统的中频和射频的概念,此时发射的信号既可看成基带信号(依常规无线电而言),也可看成射频信号(从发射信号的频谱分量考虑)。

冲击脉冲通常采用单周期高斯脉冲,一个信息比特可映射为数百个这样的脉冲。单周期脉冲的宽度在纳秒级,具有很宽的频谱。UWB 开发了一个具有吉赫兹容量和最高空间容量的新无线信道。基于 CDMA 的 UWB 脉冲无线收发信机在发送端时钟发生器产生一定重复周期的脉冲序列,用户要传输的信息和表示该用户地址的伪随机码分别或合成后对上述周期脉冲序列进行一定方式的调制,调制后的脉冲序列驱动脉冲产生电路,形成一定脉冲形状和规律的脉冲序列,然后放大到所需功率,再耦合到 UWB 天线发射出去。在接收端,UWB 天线接收的信号经低噪声放大器放大后,送到相关器的一个输入端,相关器的另一个输入端加入一个本地产生的与发端同步的经用户伪随机码调制的脉冲序列,接收端信号与本地同步的伪随机码调制的脉冲序列一起经过相关器中的相乘、积分和取样保持运算,产生一个对用户地址信息经过分离的信号,其中仅含用户传输信息以及其他干扰,然后对该信号进行解调运算。

7.6.2 UWB 无线通信系统的关键技术

UWB 超宽带的带宽,按美国联邦通信委员会(FCC)的定义,即是比中心频率高 25%或者是大于 1.5 GHz 的带宽。举个例子来说。对于一个中心频率在 4 GHz 的信号将跨越从

3.5 GHz(或更低)至4.5 GHz(或更高)的范围才能称得上是一个UWB信号(见图7.17)。UWB无线系统的关键技术主要包括:产生脉冲信号串(发送源)的方法、脉冲串的调制方法、适用于UWB有效的天线设计方法及接收机的设计方法等。

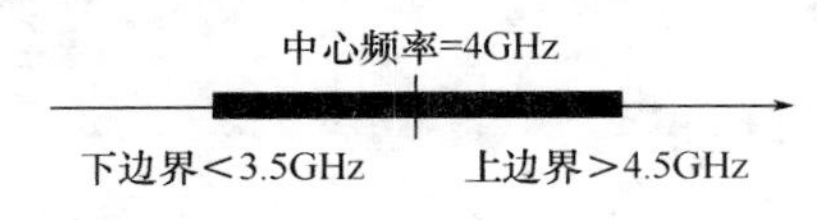

图7.17　UWB信号带宽示意图

1. UWB脉冲信号的产生

产生脉冲宽度为纳秒级的信号源是UWB技术的前提条件,单个无载波窄脉冲信号有两个突出的特点,即激励信号的波形为具有陡峭前沿的单个短脉冲和激励信号从直流(DC)到微波波段,包括很宽的频谱。

目前产生脉冲源的方法有两类:一是利用光导开关导通瞬间的陡峭上升沿获得脉冲信号的光电方法。这是最有发展前景的一种方法。二是对半导体PN结反向加电,使其达到雪崩状态,并在导通的瞬间取陡峭的上升沿作为脉冲信号的电子方法。这种方案目前应用最广泛,但由于采用电脉冲信号作为触发,其前沿较宽,触发精度受到限制,特别是在要求精确控制脉冲发生时间的场合,达不到控制的精度。

冲击脉冲通常采用高斯单周期脉冲,宽度在纳秒级,具有很宽的频谱。实际通信中使用的是一长串的脉冲,由于时域中的信号有重复周期性,将会造成频谱离散化,对传统无线电设备和信号产生干扰,需要通过适当的信号调整来降低这种干扰的影响。

2. 信息的调制

脉冲的幅度、位置和极性变化都可以用于传递信息。适用于UWB的主要单脉冲调制技术包括:脉冲幅度调制(PAM)、脉冲位置调制(PPM)、通断键控(OOK)、二相调制(BPM)和跳时,直扩二进制相移键控调制TH/DS-BPSK等。其中脉冲位置调制(PPM)和脉冲幅度调制(PAM)是超宽带无线电的两种主要调制方式。

PPM又称时间调制(TM),是用每个脉冲出现的位置超前或落后于某一标准或特定的时刻来表示某个特定信息的,因此对调制信号需要在接收端用匹配滤波的技术来正确接收,即对调制信息用交叉相关器在达到零相差的时候进行检测,否则,达不到正确接收的目的。

PAM是用信息符号控制脉冲幅度的一种调制方式,它既可以改变脉冲幅度的极性,也可以仅改变脉冲幅度的绝对值大小。通常所讲的PAM只改变脉冲幅度的绝对值。

BPM和OOK是PAM的两种简化形式。BPM通过改变脉冲的正负极性来调制二元信息,所有脉冲幅度的绝对值相同。OOK通过脉冲的有无来传递信息。

在PAM、BPM和OOK调制中,发射脉冲的时间间隔是固定不变的。

在UWB系统中,采用跳时脉冲位置调制(TMPAM)对长脉冲序列进行调制时,每个用户的下一条信息将在时间上随机分布,可在频域内得到更为平坦的RF信号功率分布,这使得UWB信号在频域中类似于背景噪声。

UWB系统中有一种典型的由伪随机序列控制的跳时信号。发射机在由伪随机序列确定的时间帧上发送一个单周期脉冲,通常单周期脉冲信号的100倍为随机出现的脉冲持续时间,其位置由PN码来确定。伪随机序列控制的跳时扩频与一般的扩频波形(直接序列扩频或跳频扩频)不同,UWB波形的扩频带宽是直接产生的,即单个比特未经扩频序列由PN码调制,本质上是时域的概念。

3. 多址方式

在UWB系统中,多址接入方式与调制方式有密切联系。当系统采用PPM调制方式时,多址接入方式多采用跳时多址;若系统采用BPSK方式,多址接入方式通常有两种,即直序方式和跳时方式。基于上述两种基本的多址方式,许多其他多址方式陆续提出,主要包括以下几种。

1) 伪混沌跳时多址方式(PCTH)。PCTH根据调制的数据产生非周期的混沌编码,用它替代TH-PPM中的伪随机序列和调制的数据,控制短脉冲的发送时刻,使信号的频谱发生变化。PCTH调制不仅能减少对现有的无线通信系统的影响,而且更不易被检测到。

2) DS-BPSK/TH混合多址方式。此方式在跳时(TH)的基础上,通过直接序列扩频码进一步减少多址干扰,其多址性能优于TH-PPM,与DS-BPSK相当。在实现同步和抗远近效应方面具有一定的优势。

3) DS-BPSK/FixedTH混合多址方式。此方式的特点是打破了TH-PPM多址方式中采用随机跳时码的常规思路,利用具有特殊结构的固定跳时码,减少不同用户脉冲信号的碰撞概率。即使有碰撞发生时,利用直接序列扩频的伪随机码的特性,也可以进一步削弱多址干扰。

此外,由于UWB脉冲信号具有极低的占空比,其频谱能够达到吉赫兹数量级,因而UWB在时域中具有其他调制方式所不具有的特性。当多个用户的UWB信号被设计成不同的正交波形时,根据多个UWB用户时域发送波形的正交性以区分用户,实现多址,这被称之为波分多址技术。

4. 天线的设计

UWB系统采用极短的脉冲信号来传送信息,信息被调制在这些脉冲的幅度、位置、极性或相位等参数上,对应所占用的带宽甚至高达几吉赫兹。能够有效辐射时域短脉冲的天线是UWB研究的一个重要方面。

UWB天线应该是输入阻抗具有UWB特性和相位中心具有超宽频带不变特性的,就是要求天线的输入阻抗和相位中心在脉冲能量分布的主要频带上保持一致,以保证信号的有效发射和接收。

时域短脉冲辐射技术早期采用双锥天线、V-锥天线、扇形偶极子天线,这几种天线存在馈电难、辐射效率低、收发耦合强、无法测量时域目标的特性,只能用作单收发。现在出现了利用光刻技术制成的毫米、亚毫米波段的集成天线,还有利用微波集成电路制成的UWB平面槽天线,其特点是能产生对称波束、可平衡UWB馈电、具有UWB特性。

5. 收发信机的设计

在得到相同性能的前提下,UWB收发信机的结构比传统的无线收发信机要简单。传统的无线收发信机大多采用超外差式结构,UWB收发信机采用零差结构,实现起来也十分简单,无需本振、功放、压控振荡器(VCO)、锁相环(PLL)、混频器等环节。

在接收端,天线收集的信号经放大后通过匹配滤波或相关接收机处理,再经高增益门限电路恢复原来信息。距离增加时,可以由发端用几个脉冲发送同一信息比特的方式增加接收机的信噪比,同时可以通过软件的控制,动态地调整数据速率、功耗与距离的关系,使 UWB 具有极大的灵活性,这种灵活性正是功率受限未来移动计算所必需的。

现代数字无线技术常采用数字信号处理芯片(DSP)的软件无线电来产生不同的调制方式,这些系统可逐步降低信息速率以在更大的范围内连接用户。UWB 的一大优点是,即使最简单的收发信机也可采用这一数字技术。

7.6.3 UWB 技术的特点

1) 抗干扰性能强。UWB 采用跳时扩频信号,系统具有较大的处理增益,在发射时将微弱的无线电脉冲信号分散在宽阔的频带中,输出功率甚至低于普通设备产生的噪声。

2) 传输速率高。UWB 的数据速率可以达到每秒几十兆比特到几百兆比特,有望高于蓝牙 100 倍。

3) 带宽极宽。UWB 使用的带宽在 1GHz 以上,高达几个吉赫兹。超宽带系统容量大。并且可以和目前的窄带通信系统同时工作而互不干扰。

4) 消耗电能少。通常情况下,无线通信系统在通信时需要连续发射载波,因此要消耗一定电能。而 UWB 不使用载波,只是发出瞬间脉冲电波,也就是直接按 0 和 1 发送出去,并且在需要时才发送脉冲电波,所以消耗电能少。

5) 保密性好。UWB 保密性表现在两方面:一方面是采用跳时扩频,接收机只有已知发送端扩频码时才能解出发射数据;另一方面是系统的发射功率谱密度极低,用传统的接收机无法接收。

6) 发送功率非常小。UWB 系统发射功率非常小,通信设备可以用小于 1mW 的发射功率就能实现通信。低发射功率大大延长了系统电源工作时间。

7) 成本低,便携型。由于 UWB 技术使用基带传输,无需进行射频调制和解调,所以不需要混频器、过滤器、RF/TF 转换器及本地振荡器等复杂元件,系统结构简化,成本大大降低,同时更容易集成到 CMOS 电路中。

7.6.4 UWB 技术的应用

UWB 技术具有系统结构简单、发射信号功率低、抗多径衰落能力强、安全性高、穿透特性强等优点,尤其适用于在室内等密集多径场所建立一个高效的无线个域网(WPAN)。目前全球各大通信运营商和电子产品生产厂商已经推出各自的基于 UWB 的 WPAN 设备,其应用与发展主要表现在以下两个方面:

1. 在高速 WPAN 中的应用

高速 WPAN 的主要目标是解决个人空间内各种办公设备及消费类电子产品之间的无线连接,以实现信息的高速交换、处理、存储等,其应用场合包括办公室、家庭等。个人空间内的设备类型按其功能大体可分为:消费电子产品、个人电脑及其外围设备。这些设备之间互连都采用 USB 2.0 或 IEEE 1394 标准,但同时也被这些有线传输的线缆所束缚。超宽带技术具有让消费电子产品、个人电脑和外部设备无线化的潜力，并在将来统一这些个人电脑与消费电子产品甚至实现整个移动通信工业产品之间的互联。下面给出几个应用实例：

1）消费电子产品应用：随着技术的不断进步，消费电子产品逐步向数字化、智能化、网络化的方向发展。利用UWB技术具有110MB/s的数据传输速率以及10 m的传输距离，为消费电子产品提供高速无线连接，无需使用电缆等传输线建立家庭多媒体网络系统。例如：实现在住宅的几乎所有空间内从机顶盒向电视显示器无线传输高分辨率视频流的功能。使消费者无需为每台电视都添置新的机顶盒，即可让家中的多台电视都接收到高清节目的数据来源。

2）电脑外围设备应用：借助超宽带技术，计算机用户无需通过错综复杂的线路来连接电脑主机、显示器、键盘、鼠标、扬声器、打印机、扫描仪、电视等设备。甚至没有必要将这些设备都放置在同一个桌面或房间内，每种设备可以被自由地移动位置。这类应用一般只需要支持2～4 m的传输距离，但速率要求可以从几万比特每秒至几百兆比特每秒。

2. 在低速WPAN中的应用

低速WPAN与电信网络相结合的应用主要体现在信息服务、移动支付、远程监控以及某些P2P应用中，这些应用归纳到无线传感器网络的范畴。无线传感器网络是由部署在监测区域内几十到上百个廉价微型传感器节点组成的、采用无线通信方式、动态组网的多跳的移动性对等网络，通过动态路由和移动管理技术传输具有服务质量要求的多媒体信息流。其网络拓扑具有随机变化的特点，节点信息往往需要通过中间节点进行多次转发才能到达目的节点。若将各节点的地理位置信息作为路由计算的辅助信息，将很大程度上简化路由算法，降低能量消耗。因此，在无线传感器网络中采用超宽带技术作为无线连接手段，可以提供高精度测距和定位业务（精度1 m以内），以及实现更长的作用距离和超低耗电量，可用于车载防撞雷达、远程传感器网络、家庭智能控制系统等领域。

思考题

7-1　什么是短距离无线通信？

7-2　Zigbee协议有哪些优点，Zigbee网络的拓扑结构有哪些？

7-3　Zigbee物理层和网络层数据包由哪几部分组成？

7-4　简述蓝牙技术的基本原理，包括蓝牙网络的基本结构单元。蓝牙技术的特点是什么？根据其特点可以将蓝牙技术应用在哪些领域？

7-5　什么叫做Wi-Fi？其特点是什么？一个Wi-Fi联接点包括哪些组成部分？各部分功能是什么？Wi-Fi的应用领域有哪些？

7-6　IEEE 802系列标准把数据链路层分成哪几个部分？这两层的主要功能是什么？

7-7　超宽带技术的特点有哪些？说明具体的应用领域。

第8章　远程通信技术

8.1　通信与远程通信概述

通信，指人与人或人与自然之间通过某种行为或媒介进行的信息交流与传递，从广义上指需要信息的双方或多方在不违背各自意愿的情况下，无论采用何种方法，使用何种媒质，将信息从一方准确安全传送到另一方。

据信号方式的不同，通信可分为模拟通信和数字通信。什么是模拟通信呢？比如在电话通信中，用户线上传送的电信号是随着用户声音大小的变化而变化的。这个变化的电信号无论在时间上或是在幅度上都是连续的，这种信号称为模拟信号。在用户线上传输模拟信号的通信方式称为“模拟通信”。数字信号与模拟信号不同，它是一种离散的、脉冲有无的组合形式，是负载数字信息的信号。电报信号就属于数字信号。现在最常见的数字信号是幅度取值只有两种(用0和1代表)的波形，称为“二进制信号”。“数字通信”是指用数字信号作为载体来传输信息，或者用数字信号对载波进行数字调制后再传输的通信方式。

数字通信与模拟通信相比具有明显的优点：首先是抗干扰能力强。模拟信号在传输过程中和叠加的噪声很难分离，噪声会随着信号被传输、放大，严重影响通信质量。数字通信中的信息是包含在脉冲的有无之中的，只要噪声绝对值不超过某一门限值，接收端便可判别脉冲的有无，以保证通信的可靠性。其次是远距离传输仍能保证质量。因为数字通信采用的是再生中继方式，能够消除噪声，再生的数字信号和原来的数字信号一样，可继续传输下去，这样通信质量便不受距离的影响，可高质量地进行远距离通信。此外，它还具有适应各种通信业务要求(如电话、电报、图像、数据等)，便于实现统一的综合业务数字网，便于采用大规模集成电路，便于实现加密处理，便于实现通信网的计算机管理等优点。

实现数字通信，必须使发送端发出的模拟信号变为数字信号，这个过程称为“模数变换”。模拟信号数字化最基本的方法：第一步是“抽样”，就是对连续的模拟信号进行离散化处理，通常是以相等的时间间隔来抽取模拟信号的样值。第二步是“量化”，将模拟信号样值变换到最接近的数字值。因抽样后的样值在时间上虽是离散的，但在幅度上仍是连续的，量化过程就是把幅度上连续的抽样也变为离散的。第三步是“编码”，就是把量化后的样值信号用一组二进制数字代码来表示，最终完成模拟信号的数字化。数字信号送入数字网进行传输。接收端则是一个还原过程，把收到的数字信号变为模拟信号，即“数\模变换”，从而再现声音或图像。如果发送端发出的信号本来就是数字信号，则用不着进行模数变换过程，数字信号可直接进入数字网进行传输。由于人们对各种通信业务的需求迅速增加，数字通信正向着小型化、智能化、高速大容量的方向迅速发展，最终必将取代模拟通信。

远程通信(Telecommunication)这一单词源于希腊语“远程”(Greek tele)(遥远的)和通信(communicate)(共享)。在现代术语中，远程通信是指在连接的系统间通过使用模拟或数字信号调制技术进行的声音、数据、传真、图像、音频、视频和其他信息的电子传输。

在美国，远程通信是由联邦政府来有系统地管理的。这种管理以1866年的邮路法案(Post Road Act)为标志，它使美国邮政总局(U. S. Postmaster General)可以控制电报工业。现在，联邦通信委员会(FCC)控制着美国国内和国际的远程通信。FCC 是在1934年的通信法案(Communication Act)中形成的。

公共远程通信网络(通常称为公共交换电话网络或 PSTN)包括传输部件和交换部件：传输部件(链路)指用于传送数据的实际介质、编码、多路复用及传送技术；交换部件(结点)包括使用电路交换或分组交换技术的用于音频和数据路径选择的发送器和接收器。顾客预置设备(customer premises equipment)包括电话机、开关、电缆及在顾客地点的其他硬件。这种设备通过局部环路(local loop)连接到本地电信局(LEC)中央办公室(CO)。局部环路通常是双线或四线铜质电缆，并且构成了这家电信局的最大访问之一。LEC 在一个局部访问和传输区域(LATA)内进行操作。LATA 是 RBOC 进行操作的七个区域中的一个。例如，洛杉矶盆地是太平洋 Bell 运营区域内的 11 LATAs 中的一个。一个 LATA 通常包括许多提供本地化服务的互联的中央办公室交换设施。注意，一些非 RBOC 的独立电信局也可以在一个 LATA 内进行工作，并可以提供与 AT&T 竞争的服务。任何超出一个 LATA 区域的通信都被认为是长途通信，并且由长途电信局(IXC)处理。长途电信局包括 AT&T、MCI 和 US Sprint 等公司。法律要求 LEC 必须为 IXC 提供一个访问点(point - of - present，一种接口)。IXC 拥有的通信设备包括光纤缆线、基于地面的微波塔和基于卫星的微波系统。

8.2　远程信号的传输

电流并不能沿导线传输任意长的距离，因为电流在经过一段距离后会逐渐减弱。这种问题称为信号损耗(signal loss)，这种丢失是导线的电阻引起的，一部分电能转化成热能。信号损耗对通信系统是严重的问题，例如，RS - 232 连接方式在一间房间内工作得很好，但如果用 RS - 232 连接远方城市将导致电流减弱以致接收器无法检测到电流。这意味着像 RS - 232 那样电压的简单变化不足以用于长距离通信。

一个连续振荡信号能比其他信号传播到更远的地方。这一结果形成了绝大多数长距离通信系统的基础。与传输仅随数据位变化而变化的电流不同，长距离通信发送连续的振荡信号，通常为正弦波，称为载波(Carrier)。图 8.1 给出了其波形。载波持续振荡，即使没有数据传输时也如此。

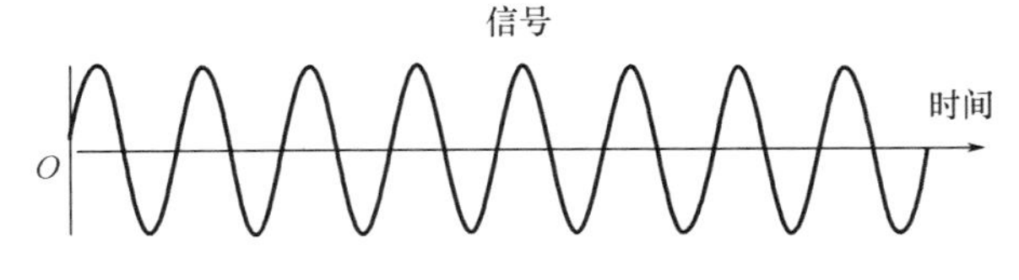

图 8.1　典型载波的波形

为发送数据，发送器略微修改其载波，这种修改称为调制(modulation)。将调制过的载波用于长距离通信并非计算机网络首创，它最初用于电话、无线电和电视。例如一个无线电台使用的便是一个以某一给定频率振荡的连续载波。在传输信号前，无线电台使用声音信号调制载波，当发射机覆盖范围内的收音机调谐至载波频率时，收音机的电子线路检测到载波及其调制并根据其调制重建原来的声音信号。收音机被设计成仅抽取并播放调制部分,在调制被抽取后载波就被丢弃了。

不管信号沿导线、光纤、微波或射频传播,绝大多数的长距离计算机网络都使用和无线电台相同的工作原理。发送器产生一个连续振荡的载波信号,该信号根据待发送的数据加以调制后,和无线电收音机类似的远程通信的接收器必须被配置成能够识别发送方所用的载波。该接收器检测抵达的载波,检测调制,重建原始数据并丢弃载波。

网络技术使用多种调制技术,包括调幅(amplitude modulation)与调频(frequency modulation),也就是 AM 与 FM 电台所使用的技术(事实上,AM Radio 是 Amplitude Modulation Radio 的缩写,FM Radio 是 Frequency Modulation Radio 的缩写)。调幅根据所发送的信息相应改变载波的强度,调频则根据所发送的信息相应改变载波的频率。图 8.2 展示了如何用调幅技术编码一位数据。其中图 8.2(b)为用图 8.2(a)中的数字信号进行调幅所得到的波。本例中,载波减低至原强度的 2/3 表示 1,而减低至原强度的 1/3 表示 0。

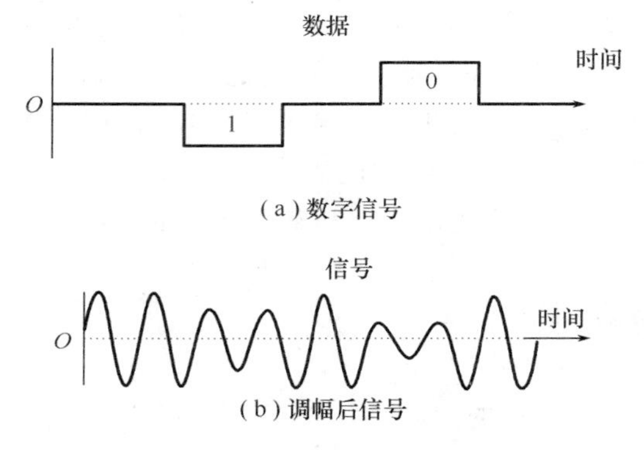

图 8.2　用调幅技术编码

调频与调幅技术每传送一个信号位都需要至少一个载波周期。奈奎斯特定理指出如果编码方式允许在单个载波周期内编码多位数据,则单位时间内允许发送的数据位将增加。所以计算机网络经常使用其他的调制技术以便在一个周期内发送多位数据。具体来说,相位移动调制(phase shift modulation)技术通过突然改变载波的相位来编码数据。每一个变化称为一个相位移动(phase shift)。在一个相位移动之后,载波继续振荡,但它从载波周期的一个新位置开始。图 8.3 给出了相位移动调制的一个典型波形。箭头指出了相位突然改变的各点的位置。

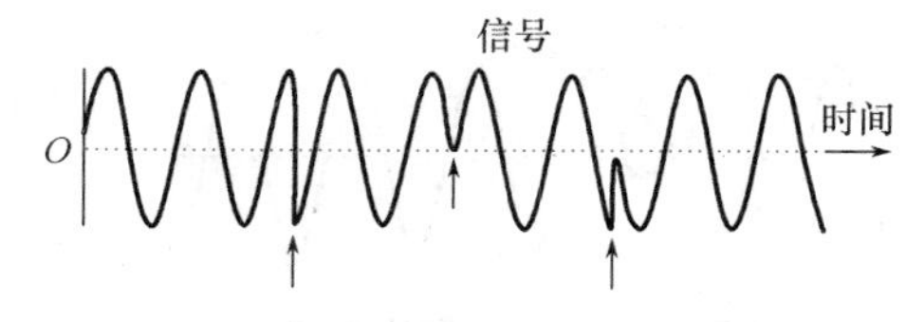

图 8.3　相位移动调制技术示意图

因为硬件能够测量振荡波中相位移动的程度,因此相位移动可以在一个载波周期中编入多位数据。为达到这一目的,发送器用若干位表示载波相位移动的程度。为更好地理解相位移动,注意图 8.3 的普通正弦波沿水平方向被截去若干段,剩余部分彼此靠拢并用垂直线连接箭头指示断点。被截部分的大小就决定了移动的程度。

我们曾指出一个传输系统的波特率就是硬件每秒中改变输出状态的次数。像相位移动调制这类技术的主要优点在于它能在一个给定的状态变化中编入不止一位数据。图 8.3 显示了不同程度的相位移动。

一个完整的载波周期由半个正周期后跟半个负周期组成。在图 8.3 中,前两个相位移动跳过一个完整周期的一半,而第三个相位移动跳过了一个完整周期的四分之三(从数学上说,一个正弦波完成一个周期是 2π 弧度,因此图 8.3 中前两个相位每个位移了 π 弧度,第三个移动了 $3\pi/2$ 弧度)。相位移动通常被设计成具有 2 的幂次个不同的相位移动程度,发送端就能用相应个数的二进制位来选择相位移动的程度。例如,在一个能有八种(即 23 个)不同程度的相位移动的系统中,发送器可用三位数据来选择八种相位移动中的一种。而接收器判断相位移动了多少,并根据移动程度重建引起这一移动的二进制位。也就是说,若发送器用 T 位建立一个相位移动,则接收器能通过观察相位移动的程度抽取全部 T 位数据。因为每次移动编码了 T 位数据,那么使用相位移动调制技术所能达到的最大数据速率就是 $2B\log_2 2^T$,或说是 2BT,其中 B 是每秒信号改变的次数。根据定义 B 就是硬件的波特率(baud rate),这样,使用相位移动调制技术后,系统在一秒内能传输的最大位数就可以是波特率的若干倍。

8.3　常见多路复用技术

使用调制载波发送数据的计算机网络和利用调制载波广播视频信息的电视台相类似,每个电视台都分配有一定的频道,事实上,频道就是电视台所用载波的振荡频率。为接收一个频道,电视机必须调谐至发送器同样的频率。更重要的是,一个城市可以有多个电视台,彼此在不同的频率上同时广播。一个接收器在任一时间选择接收其中一个。

有线电视这一例子说明了以上原理应用于多个信号在一根导线上同时传输时的情形。虽然一个有线电视用户仅有一根物理导线连接有线电视公司,但用户仍可同时收到许多频道的信息。一个频道中的信号并不与其他频道中的信号相互干扰,收看频道 6 时可以不受频道 5 或 7 的信息干扰。

计算机网络应用分离频道的原理以使多个通信共享单根物理连线。每一发送器用一个给定频率的载波传输数据,每一接收器被设置成只接收给定频率的载波,且不受其他频率的干扰。所有载波可在同一时间通过同一导线而互不干扰。

频分多路复用(frequency division multiplexing,FDM)是用多个载波频率在一个介质中同时传输多个独立信号的计算机网络术语。FDM 技术可用于在导线、RF 或光纤上传输信号。图 8.4 说明了这一概念并显示了 FDM 所需的硬件。每一个源和目标都用一个共享通道发送数据而互不干扰。实际上,线路两端都需要一个多路复用器和一个逆多路复用器,以便实现双向通信,并且多路复用器可能需要额外的能产生多种载波频率的发生电路。

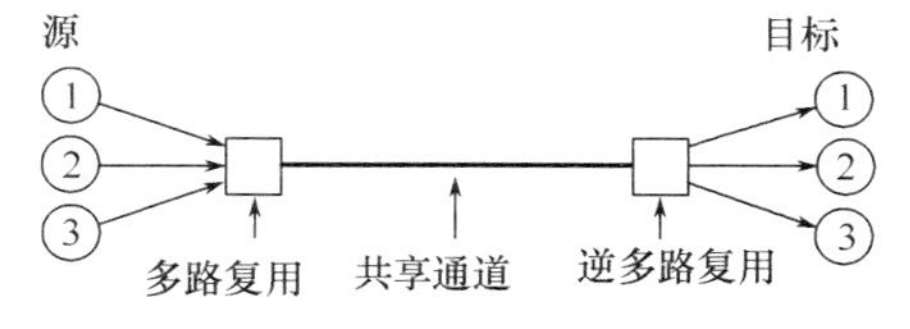

图 8.4　复用概念示意图

理论上,工作在不同频率上的载波将一直保持相互独立,但实际上,两个频率接近或频率成整倍数的载波相互会形成干涉。为避免这一问题,设计FDM网络系统的工程师们在各载波之间设定一个最起码的频率间隔(电视台和无线电台同样需要考虑载波频率之间的最小间隔)。在各载波频率之间要求存在较大的间隔意味着所用的FDM硬件必须能容纳很宽的频率范围。因此,FDM仅用于高带宽传输通信中。

8.3.1 基带和宽带技术

频分多路复用技术允许在同一介质上同时进行相互独立的通信。例如,无线网络中使用的发送器和接收器可以设定为特定的频道,使同一房间内两组独立的计算机能同时通信。一组计算机使用频道1进行通信,同时另一组使用频道2进行通信。

使用频分多路复用的主要目的在于对高吞吐率的需求。为了达到更高的吞吐率,底层的硬件使用电磁频谱中更大的一部分(即更高的带宽)。宽带技术(broadband technology)这一术语用来描述这些技术。另一方面,只使用电磁频谱中很小的一部分,一次只在介质上发送一个信号的技术称为基带技术(baseband technology)。

工作在无线电频率的频分多路复用技术同样可以应用于光传输系统。从技术上来说,光的FDM被称为波分多路复用(wave division multiplexing)。因为可见光的频率在人们看来就是不同的颜色,有时也使用非正式的说法:色分多路复用(color division multiplexing),并将载波戏称为“红”、“橙”、“蓝”等。

8.3.2 波分多路复用与分布频谱

波分多路复用将多种光波通过同一根光纤发送。在接收端,一块玻璃棱镜被用来分开不同频率的光波。和一般的FDM类似,因为特定频率的光不会干扰另一频率的光,所以不同频率的载波可以合并在同一介质中传输。

FDM的一个特别应用范例是用多个载波以提高可靠性。这一技术称为分布频谱(spread spectrum),并被用于多种目的。采用分布频谱技术的主要目的是提高在某些频率上偶尔会发生干扰的传输系统的可靠性。例如,考虑一个用无线电波通信的网络,如果发送器或接收器和某个电磁干扰源靠得很近,或在发送器和接收器之间有某个大物体正在移动,系统最佳的载波频率在不同时刻是不同的。在某个给定时刻,某个载波频率可能工作正常而其他的却不能,稍后一段时间,另一频率可能工作正常而先前的却不能。分布频谱技术通过使发送器用一组独立的载波频率同时发送同一信号的技术解决了这一问题。此时,接收器必须配置成能检查所有载波频率并使用当前正常工作的载波频率。

某些拨号调制解调器也使用分布频谱传输的一种形式来提高可靠性。和用单个载波频率发送数据不同,这种调制解调器选择一组载波频率并同时使用它们,发送器在每个载波上同时发送数据,若某一干扰妨碍了某些载波频率抵达接收器,数据仍能通过剩下的载波到达。

8.3.3 时分多路复用

和FDM不同的另一种复用形式是时分多路复用(Time Division Multiplexing,TDM)。在这种方式中各个发送源轮流使用共享的通信介质。例如,某些TDM硬件使用循环方案共享介质,多路复用器从源1发送一小批数据然后从源2发送一小批数据,如此循环。这一方法给每个数据源以同等的机会使用共享的介质。实际上,绝大多数计算机网络使用某种形式的 TDM。

8.4　现代远程通信系统

8.4.1　码分多址(CDMA)蜂窝移动通信系统

CDMA 是一种以扩频技术为基础的调制和多址接入技术,因其保密性能好,抗干扰能力强而广泛应用于军事通信领域,并且早在 20 世纪 40 年代就有过商用的尝试。经过了四十几年的努力,克服了一个又一个的关键技术问题,直到 1993 年 7 月由美国 Qualcomm 公司开发的 CDMA 蜂窝体制被采纳为北美数字蜂窝标准,定名为 IS-95,CDMA 蜂窝移动通信系统才正式进入商业通信市场。

1995 年中国香港地区建立了世界上第一个 CDMA 移动通信系统,而后韩国、美国等先后建立了 CDMA 移动通信系统,到 2000 年底,全球的 CDMA 用户已超过 4000 万。

CDMA 蜂窝移动通信系统与 FDMA 模拟蜂窝移动通信系统或 TDMA 数字蜂窝移动通信系统相比有更大的系统容量、更高的话音质量及抗干扰能力强、保密性能好等诸多优点,因而 CDMA 也成为第三代蜂窝移动通信系统的方式。本书以 IS-95 标准为例,对 CDMA 系统作简要介绍。

CDMA 系统是以扩频调制技术和码分多址接入技术为基础的数字蜂窝移动通信系统。在 CDMA 系统中,不同用户传输的信息是靠各自不同的编码序列来区分的。CDMA 的示意图如图 8.5 所示,可以看出信号在时间域和频率域是重叠的,用户信号是靠各自不同的编码序列 C_i 来区分的。

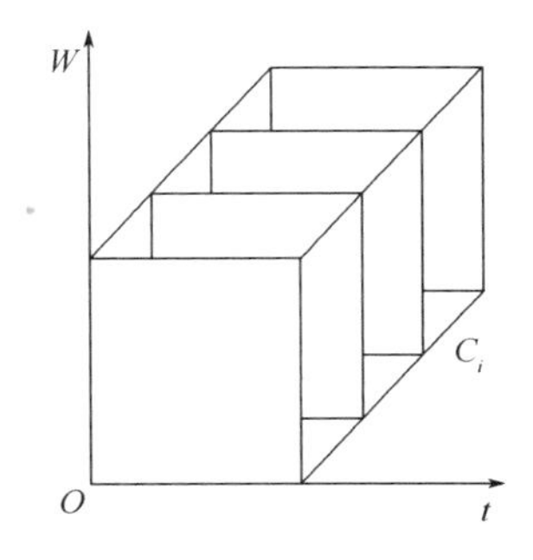

图 8.5　CDMA 的示意图

IS-95 标准的全称是"双模宽带扩谱蜂窝系统的移动台-基站兼容标准",这说明 IS-95 标准是一个公共空中接口(CAI)。它没有完全规定一个系统如何实现,而只是提出了信令协议和数据结构的特点和限制,不同的制造商可采用不同的技术和工艺制造出符合 IS-95 标准规定的系统和设备。

CDMA 系统网络结构与一般数字蜂窝移动通信系统的网络结构相同,包括基站子系统、移动台子系统、网络子系统和操作支持子系统等。CDMA 系统与 TDMA 系统的主要差别在于无线信道的构成、相关的无线接口和无线设备、特殊的控制功能等。

IS-95 系统的主要性能指标如下:

1) 工作频率，IS－95下行链路的频率为824～849 MHz，上行链路的频率为869～894 MHz，一对下行链路频率和上行链路频率的频率间隔为45 MHz，带宽1.25 MHz。

2) 码片速率，1.2288MB/s。

3) 比特率，速率集1为9.6 kb/s，速率集2为14.4 kb/s，IS－95B为115.2 kb/s。

4) 帧长度，20 ms。

5) 语音编码器，QCELP 8 kb/s，EVRC 8 kb/s，ACELP 13 kb/s。

6) 功率控制，上行链路采用开环＋快速闭环，下行链路采用慢速闭环。

7) 扩展码，Walsh＋长M的序列。

CDMA系统具有以下主要特点：

1) 系统容量大，根据理论计算和实际测试表明，CDMA系统容量是模拟系统的10～20倍，是TDMA系统的4倍。

2) CDMA系统具有软容量特性。在FDMA和TDMA系统中，当所有频道或时隙被占满以后，再无法增加一个用户。此时若有新的用户呼叫，只能遇忙等待产生阻塞现象。而CDMA系统的全部用户共享一个无线信道，用户信号是靠编码序列区分的，当系统负荷满载时，再增加少量用户只会引起话音质量的轻微下降，而不会产生阻塞现象。CDMA系统的这一特性，使系统容量和用户数之间存在一种“软”关系。在业务高峰期间，可以通过稍微降低系统的误码性能，达到增多系统用户数目。系统软容量的另一种形式是小区呼吸功能。所谓小区呼吸功能是指各个小区的覆盖区域大小是动态的。当相邻的两个小区负荷一轻一重时，负荷重的小区通过减小导频发射功率，使本小区边缘的用户由于导频功率强度不够而切换到相邻小区，使重负荷小区的负荷得到分担，从而增加了系统的容量。

3) CDMA系统具有软切换功能。所谓软切换是指当移动台需要切换时，先与新小区的基站连通，再与原来小区的基站切断联系。在切换过程中，原小区的基站和新小区的基站同时为过区的移动台服务。软切换功能可以使过区切换的可靠性提高。

4) CDMA系统具有话音激活功能。由于人类通话过程中话音是不连续的，占空比小于35%。CDMA系统采用可变速率声码器，在不讲话时传输速率降低，减小对小区其他用户的影响，从而增加系统的容量。

5) CDMA系统是以扩频技术为基础的，因此具有抗干扰、抗多径衰落、保密性强等优点。

扩频技术是CDMA系统的基础，要真正成为一种商业应用的通信系统，还有很多技术问题需要解决。下面就对CDMA系统所包含的主要技术进行讨论。

1. 可变速率声码器

声码器是对模拟语音信号进行数字化编译码的部件，其目的是在保证语音传输质量的同时数据传输速率尽可能低。在移动通信中，一般采用线性预测编码(LPC)方式。

线性预测编码原理是，首先通过A/D转换器将模拟语音信号变成数字语音信号，经过线性预测分析从语音信号中求出一组预测器系数，一般为12组预测滤波器系数，使得一帧语音波形均方预测误差最小。另外，再经过基音检测、清浊音判决提取语音信号中的基音周期Tp、清浊音判决信息U/V和代表语音强度的增益控制参数G。连同12组预测滤波器系数，共15个参数包含了语音信号中的主要信息。通过对每帧语音信号的分析，得到这15个参数，经过量化编码后发送出去。在线性预测编码中，线性预测分析是关键。在接收端，通过参数译码得到一帧语音信号的特征参数,包括基音周期 Tp、清浊音判决信息 U/V、增益控制参数 G 和预测滤波器系数。将这一组参数作用于语音合成滤波器,再经过 D/A 转换器就得到合成语音信号。

语音合成滤波器通常采用全极点网络或格型网络 IIR 滤波器实现。

在 IS-95 中有三种语音编码方式,它们是:8 kb/s 的 QCELP、8 kb/s 的 EV RC 和 13 kb/s 的 ACELP。QCELP 是码激励线性预测的可变速率混合编码方式,其特点是:

1) 属于线性预测编码。

2) 使用码表矢量量化差值信号代替简单线性预测中产生的浊音准周期脉冲的位置和幅度。

3) 采用话音激活检测(VAD)技术,在话音间隙期,根据不同信噪比情况,分别选择 9.6 kb/s、4.8 kb/s、2.4 kb/s 和 1.2 kb/s 四个档次的传输速率,从而使平均传输速率比最高传输速率下降两倍以上。

4) 参量编码的主要参量每帧不断更新。

QCELP 的编码原理是,首先对输入的语音信号按 8kHz 进行抽样,将抽样数据按 20ms 长度分帧,每帧包含 160 个样点。经过线性预测分析得到 12 个预测滤波器参数 a1,a2,…,a12,音调参数 L,b 和码表参数 T,生成三个参数子帧。三种参数不断更新按一定帧结构发送出去。

首先,根据不同的传输速率选择不同的矢量,若速率是最高速率的 1/8,则选择一个伪随机矢量;若是其他速率,则通过索引从码表中生成相应的矢量。生成的矢量加上增益后激励音调合成滤波器和线性预测编码滤波器,最后经过自适应滤波和增益控制输出合成语音信号。

在线性预测编码中,语音编码的速率越高,语音信号的质量就越好,但速率越高 CDMA 系统的容量就越小。为了增加系统容量,语音编码采用的是 4 速率码激励线性预测编码。在数据速率集 1,8 kb/s 编码速率的语音编码器对应的信道速率为 1.2 kb/s、2.4 kb/s、4.8 kb/s 和 9.6 kb/s。在数据速率集 2,13kb/s 编码速率的语音编码器对应的信道速率为 14.4 kb/s。

2. 功率控制

在移动通信中存在“远近效应”问题。所谓“远近效应”是指,若移动台以相同的功率发射信号,远离基站的移动台信号到达基站时的强度要比离基站近的移动台信号弱很多,从而被强信号所淹没。

在下行链路,当移动台处于相邻小区的交界处时,接收到所属基站的有用信号电平很低,同时还会受到相邻小区基站的干扰,产生所谓的“角效应”。另外,由于移动信道的多径衰落,接收机所收到的信号也会产生严重的衰落。为了减小用户间的干扰、提高系统容量,因此在 CDMA 系统中采用功率控制技术,及时调整发射功率,维持接收信号电平在所需水平。

功率控制的准则通常有功率平衡准则、信干比平衡准则和混合型准则等。功率平衡是指在接收端收到的有用信号功率相等。对于下行链路,是使各移动台接收到的基站信号功率相等;对于上行链路,是使各移动台发射信号到达基站的信号功率相等。

信干比平衡是指接收机收到的信号干扰比相等。对于下行链路,是使各移动台接收到的基站信号干扰比相等;对于上行链路,是使基站接收到的各移动台信号干扰比相等。在 IS-95 中采用信干比平衡准则与误帧率平衡准则相结合的混合型准则,即采用信干比平衡准则,目标函数由误帧率决定。

功率控制的方法有开环功率控制和闭环功率控制。在IS-95中,下行链路功率控制不是重点,因此采用相对较简单的慢速率闭环功率控制。上行链路是功率控制的重点,因此采用的控制方法较复杂。上行链路功率控制由粗控、精控和外环控制三部分组成。由移动台完成的开环功率控制实现粗控;由移动台和基站共同完成闭环功率控制实现精确控制;采用外环控制确定闭环精确功率控制的实现控制阈值门限。

(1) 下行链路功率控制

下行链路功率控制采用慢速率闭环功率控制方式,当移动台处于小区边界或阴影区时,下行链路接收条件较差,移动台的误帧率较高。在这种情况下,移动台可以请求基站增大给它的发射功率。基站将各移动台的误帧率与一个给定的阈值进行比较,决定是增加还是减小各下行链路的发射功率。功率控制调节步长一般为0.5dB,调节范围为±4～±6 dB。

(2) 上行链路功率控制

移动台根据其接收的总功率,对自己发射功率作出粗略估计,完成开环功率控制。调节步长为0.5 dB,调节范围为－32～＋32 dB,移动台根据前向业务信道中功率控制比特来决定增加或减小发射功率。控制比特为“0”表示增加功率;控制比特为“1”表示减小功率。闭环功率控制范围为－24～＋24 dB。

3. Rake接收

在移动通信系统中,存在着严重的多径传播,会造成接收信号质量下降,采用分集接收技术可以有效地改善信道传输条件,提高接收信号质量。其中,Rake接收属于一种隐分集接收技术,它能有效利用多径信号能量提高有用信号的质量。CDMA系统是采用直接序列扩频方式,该信号适合于多径信道传输,当多径时延超过一个码片时采用多径分离技术就可以分别对它们进行解调。

4. 软切换

当移动台离开原所属小区进入新小区时就要进行小区切换。切换过程可以分为三个阶段:测量阶段、决策阶段和执行阶段。

在测量阶段,下行链路由移动台对接收信号质量、所属小区和相邻小区信号强度等进行测量;上行链路信号质量由基站测量,测量结果传送给相邻网络、基站控制器和移动台。在决策阶段,将测量结果与规定的阈值门限进行比较,决定是否进行切换。在执行阶段,移动台由原所属小区切换到新小区或进行频率间切换。

CDMA系统中切换有三种类型:硬切换、软切换和更软切换。移动台穿越不同工作频率的小区时进行硬切换,移动台先要切断与原所属小区基站的联系,然后再与新小区基站建立联系。移动台穿越相同工作频率的小区时进行软切换,移动台先与新小区基站建立联系然后再切断与原所属小区基站的联系。移动台在同一小区内穿越相同工作频率的扇区时进行更软切换,由于更软切换不需要固定网络的信令,因此其切换过程比软切换的建立更快。

软切换是CDMA系统独有的切换功能,可有效提高切换的可靠性,而且当移动台处于小区的边缘时,软切换能提供前向业务信道和反向业务信道的分集,从而保证通信的质量。

8.4.2　3G 无线远程通信

随着世界范围通信领域的迅猛发展，移动通信已逐渐成为通信领域的主流。到目前为止，商用移动通信系统已经发展了两代。第一代移动通信系统是采用 FDMA 方式的模拟移动蜂窝系统，如 AMPS、TACS 等。由于其系统容量小，不能满足移动通信业务的迅速发展，目前已逐步被淘汰。第二代移动通信系统采用 TDMA 或窄带 CDMA 方式的数字移动蜂窝系统，如 GSM、IS－95 等，它是目前世界各国所广泛采用的移动通信系统。第二代移动通信系统在系统容量、通信质量、功能等方面比第一代移动通信系统有了很大提高。

随着移动通信终端的普及，移动用户数量成倍地增长，第二代移动通信系统的缺陷也逐渐显现，如全球漫游问题、系统容量问题、频谱资源问题、支持宽带业务问题等。为此，从 20 世纪 90 年代开始，各国和世界组织又开展了对第三代移动通信系统的研究，它包括地面系统和卫星系统，移动终端既可以连接到地面的网络，也可以连接到卫星的网络。第三代移动通信系统工作在 2000 MHz 频段，预期在 2002 年左右投入商用，为此 1996 年国际电信联盟正式将其命名为 IMT－2000。

第三代移动通信系统的框架结构是将卫星网络与地面移动通信网络相结合，形成一个全球无缝覆盖的立体通信网络，以满足城市和偏远地区不同密度用户的通信要求，支持话音、数据和多媒体业务，实现人类个人通信的愿望。

作为下一代移动通信系统，第三代移动通信系统的主要特点有：

1）第二代移动通信系统一般为区域或国家标准，而第三代移动通信系统将是一个在全球范围内覆盖和使用的系统。它将使用共同的频段，全球统一标准或兼容标准，实现全球无缝漫游。

2）具有支持多媒体业务的能力，特别是支持 Internet 业务。现有的移动通信系统主要以提供话音业务为主，随着发展一般也仅能提供 100～200 kb/s 的数据业务，GSM 演进到最高阶段的速率能力为 384 kb/s。而第三代移动通信的业务能力将比第二代有明显的改进。

它应能支持从话音、分组数据到多媒体业务；应能根据需要提供带宽。ITU 规定的第三代移动通信无线传输技术的最低要求中，必须满足：

- 快速移动环境，最高速率达 144 kb/s；
- 室外到室内或步行环境，最高速率达 384 kb/s；
- 室内环境，最高速率达 2MB/s。

3）便于过渡、演进。由于第三代移动通信引入时，第二代网络已具有相当规模，所以第三代的网络一定要能在第二代网络的基础上逐渐灵活演进而成，并应与固定网兼容。

4）支持非对称传输模式。由于新的数据业务，比如 WWW 浏览等具有非对称特性，上行传输速率往往只需要几千比特每秒，而下行传输速率可能需要几百千比特每秒，甚至上兆比特每秒才能满足需要。

5）更高的频谱效率。通过相干检测、Rake 接收、软切换、智能天线、快速精确的功率控制等新技术的应用，有效地提高系统的频谱效率和高服务质量。

无线传输技术（RTT）是第三代移动通信系统的重要组成部分，其主要包括调制解调技术、信道编解码技术、复用技术、多址技术、信道结构、帧结构、RF 信道参数等。无线传输技术的标准化工作主要由 ITU－R 完成，网络部分由 ITU－T 负责。ITU 还专门成立了一个中间协调组(ICG),促使 ITU-R 和 ITU-T 定期进行交流,并协调在制定 IMT-2000 技术标准中出现的各种问题。根据国际电联对第三代移动通信系统的要求,各大电信公司联盟均已提出了自己的无线传输技术提案。至 1998 年 9 月,包括移动卫星业务在内的 RTT 提案多达 16 个,它们基本来自 IMT-2000 的 16 个 RTT 评估组成员。其中有 10 个是 IMT-2000 地面系统提案(见表 8.1),6 个是卫星系统提案。到 2000 年初已完成了 IMT-2000 的无线技术详细规范。

表 8.1　正式向 ITU 提交的候选 RTT 方案

序　号	提交者	候选 RTT 方案
1	日本 ARIB	W-CDMA
2	欧洲 ESA	SW-CDMA&SW-CTDMA
3	ICO	ICO RTT
4	中国 CATT	TD-SCDMA
5	韩国 TTA	Global CDMA Ⅰ&Ⅱ,Satellite RTT
6	欧洲 ETSI-DECT	EP-DECT
7	欧洲 ETSI-UTRA	UTRA
8	美国 TLA	UWC-136,CDMA2000,WIMSW-CDMA
9	美国 TIP1-ATIS	WCDMA/NA
10	INMARSAT	Horizons

从市场基础、后向兼容及总体特征看,这 10 个候选方案中欧洲 ETSI 的 UTRA 和美国的 CDMA2000 最具竞争力,它们都是采用宽带 CDMA 技术。CDMA2000 主要由 IS-95 和 IS-41 标准发展而来,与 AMPS、DAMPS、IS-95 都有较好的兼容性,同时又采用了一些新技术,以满足 IMT-2000 的要求。

在欧洲 ETSI 的 UTRA 提案中,对称频段采用 W-CDMA 技术,主要用于广域范围内的移动通信;非对称频段采用 TD-CDMA 技术,主要用于低移动性室内通信。我国原邮电部电信科学技术院(CATT)也向 ITU 提交了具有我国自主知识产权的候选 RTT 方案:TD-SCDMA。TD-SCDMA 具有较高的频谱利用率、较低的成本和较大的灵活性,很具竞争性。这充分体现了我国在移动通信领域的研究已达到国际领先水平。

第三代移动通信系统的引入将经历一个渐进的过程,并将充分考虑向后兼容的原则。第三代系统与第二代系统将在较长时间内处于共存状态。

8.4.3　卫星通信系统

卫星通信系统是将通信卫星作为空中中继站,它能够将地球上某一地面站发射来的无线电信号转发到另一个地面站,从而实现两个或多个地域之间的通信。根据通信卫星与地面之间的位置关系,可以分为静止通信卫星(或同步通信卫星)和移动通信卫星。卫星通信系统由通信卫星、地球站、上行线路及下行线路组成。上行线路和下行线路是地球站至通信卫星及通信卫星至地球站的无线电传播路径,通信设备集中于地球站和通信卫星中。

1. 卫星通信系统的分类

卫星通信系统的分类方法很多,按距离地面的高度可分为静止轨道卫星、中地球轨道卫星和低地球轨道卫星。

静止轨道 GEO(Geostationary Earth Orbit)卫星，距地面 35 780 km，卫星运行周期 24h，相对于地面位置是静止的。

中地球轨道 MEO(Moderatealtitude Earth Orbit)卫星，距地面 500～20 000 km，卫星运行周期 4～12 h，相对于地面位置是移动的。

低地球轨道 LEO(Low Earth Orbit)卫星，距地面 500～5000 km，卫星运行周期小于 4 h，相对于地面位置是移动的。

2. 卫星通信的主要特点

卫星通信作为现代通信的重要手段之一，与其他通信方式相比有其独到的特点：① 通信距离远、覆盖地域广、不受地理条件限制。对于静止通信卫星，轨道在赤道平面上，离地面高度为 35780 km 左右，采用三个相差 120°的静止通信卫星就可以覆盖地球的绝大部分地域(两极盲区除外)，如图 8.6 所示。若采用中、低轨道移动卫星，则需要多颗卫星覆盖地球。所需卫星的个数与卫星轨道高度有关，轨道越低所需卫星数越多。② 以广播方式工作，只要在卫星天线波束的覆盖区域内，都可以接收卫星信号或向卫星发送信号。③ 可以采用空分多址(SDMA)方式。SDMA 是利用卫星上多个不同空间指向天线波束，把卫星覆盖区分成不同的小区域，实现区域间的多址通信。SDMA 方式通常需要与 TDMA 方式相结合，称为 SS/TDMA 方式。在 TDMA 基础上发展起来的星上切换一时分多址(SS - TDMA)方式具有通信容量大、多址接续灵活性好、网络效率高等优点。④ 工作频段高，卫星通信的工作频率使用微波频段(300 MHz～300 GHz)。主要原因是卫星处于外层空间，地面上发射的电磁波必须穿透电离层才能到达卫星，微波频段正好具有这一特性。⑤ 通信容量大，传输业务类型多。由于采用微波频段，可供使用的频带很宽，因此能够提供大容量的通信。如 INTELSAT 第八代卫星和更新一代卫星系统中引入宽带 ISDN 同步传输所需的编码调制新技术，可支持在一个 72 MHz 标准卫星转发器中传输 B - ISDN/SDH STM-1 的 155MB/s 的高速率综合业务，一个单一 INTELSAT 转发器可传输 10 路数字高清晰度电视节目或 50 路常规广播质量的数字电视业务。

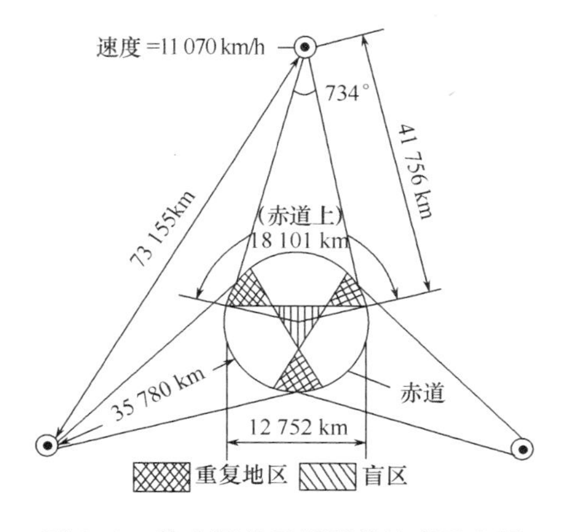

图 8.6 静止通信卫星覆盖地球示意图

国际通信卫星组织 INTELSAT(International Telecommunications Satellite Organization)是世界上最大的商业卫星组织,目前有 141 个成员国,拥有 25 颗世界上最先进的连接全球进行商业运作的 GEO 卫星通信系统,可为约 200 个国家和地区提供相应国际/区域/国内卫星通信综合业务,具有参与全球竞争的丰富运营经验与财力。该组织积极引入各类卫星通信新业务、新技术,有效地利用卫星轨道、频谱及空间段,以其最佳服务和可靠性誉满全球。INTELSAT 卫星通信系统提供的业务种类有:

(1) 电话业务

电话是卫星通信系统最早提供的业务,容量增长很快。1965 年第一颗晨鸟(Early Bird)卫星仅能提供 240 条电话通道,INTELSAT 第八代卫星和更新一代卫星能提供几十万条电话通道。

(2) 视频广播业务

几乎所有的国际电视节目的传输都是由 INTELSAT 所承担的。在全球视频广播业务方面,INTELSAT 拥有世界上最强的实力。亚特兰大奥运会期间,INTELSAT 投入了 13 颗卫星全力以赴进行 360°连接全球节目快速实时广播,使全球 35 亿电视观众大饱眼福,INTELSAT 卫星系统的优良传输性能对此作出了卓越的贡献。

1993 年,INTELSAT 首先在丹麦格陵兰地区大面积成功地使用了传输带宽仅为 5 MHz 的数字压缩电视广播系统。INTELSAT 的数字电视业务带宽需求范围可以从 100 kHz 扩展至 72 MHz,从静止图像、会议电视、卫星新闻采集(SNG)直至 HDTV。

(3) 商业业务

IBS(INTELSAT Business Service)是为满足商业通信的特殊需要而设计的,它是一个数字业务系统。该系统业务包括可视会议电话,高速、低速传真,高速、低速数据,分组交换,电子邮件、电子商务等。很多应用要求高质量的图像和视频。

(4) 多媒体业务

话音、数字形式的视频、音频、数据、文本或图像等各种形式的信息的组合,通常称作多媒体,通过卫星能够以效益高而成本低的方式传送。

INTELSAT 新一代卫星系统中引入了宽带 ISDN 同步传输所需的编码调制新技术,以便使卫星电路能支持全球信息高速公路(亦称其为国际信息基础设施)的运行。这一编码调制新技术突破了原有四状态传输的 QPSK 调制模式,上升为 8PSK 调制,并利用多维(6 维)网格编码调制与 RS(里德一索洛蒙)外码技术级联,构成功率、频谱利用非常紧凑的有效传输手段。

其可支持在一个 72MHz 标准卫星转发器中传输 B-ISDN/SDH STM-1 的 155MB/s 的高速率综合业务,并且运行误码率可达 10^{-10},即可与光纤传输质量相比拟,亦可利用 ATM 传输以满足未来高速多媒体数据业务的需求。借助这一传输技术,一个单一 INTELSAT 转发器可传输 10 路数字高清晰度电视节目或 50 路常规广播质量的数字电视业务。

这类编码调制技术手段将在 INTELSAT 未来 HDR(高速率数字载波)、IDR(中速率数字载波)、SIBS(超级 INTELSAT 商用专线业务)、SDH/ATM 等高质量新业务传输中全面推广应用。而且,在 INTELSAT 的积极倡导与推进下,ITU[-T/R]已建议形成了卫星 SDH 的一整套同步数字传输系列,见表 8.2。

表 8.2 卫星 SDH 传输系统

组成名称	净负荷比特速率 /(kb·s^{-1})	等效净容量	卫星段开销 /(kb·s^{-1})	段比特速率	同步组件名称
1×TU-12	2304	1×2MB/s	128	2432	SSTM-11
	4608		128	4736	SSTM-12
2×TU-12	6912	2×2MB/s	128	7040	SSTM-21
	13824		128	13952	SSTM-22
1×TUG-2	20736	3×2MB/s	128	20864	SSTM-23
	27684		128	27812	SSTM-24
2×TUG-2	34560	6×2MB/s	128	34688	SSTM-25
	41472		128	41600	SSTM-26
3×TUG-2	50112	9×2MB/s	1728	51840	SSTM-0
	150336		5184	155520	STM-1
4×TUG-2	601344	12×2MB/s	20736	622080	STM-4
5×TUG-2		15×2MB/s			
6×TUG-2		18×2MB/s			
VC-3		21×2MB/s			
STM-1					
STM-4		63×2MB/s			
		252×2MB/s			

为适应未来竞争的需要,INTELSAT 根据其实际市场需求,将在 21 世纪初发射世界上最大的 GEO 卫星 FOS-Ⅱ。它具有 92 个 36MHz 转发器单元(C 频段 74 个、Ku 频段 18 个),可提供各类 SDH/ATM 综合业务,以逐步替代进入倾轨状态的第 6 代卫星系列。

从频段扩展方面来看,INTELSAT 拟采取逐步演进方式,即自然地根据市场需求由 C/Ku、Ku/Ka 向纯 Ka 频段方向迈进。此外,面对复杂的全球电信竞争环境,INTELSAT 一方面进行其自身改革,加强其快速市场响应能力,建立区域支持中心,另一方面拟对视频业务等接近用户的新业务,建立其新的子公司进行运营,加强其竞争灵活性,以期巩固其在卫星通信领域中的主导地位。

国际移动卫星组织(International Mobile Satellite Organization,INMARSAT),前身是国际海事卫星组织(International Maritime Satellite Organization,INMARSAT)成立于 1979 年 7 月,总部设在英国伦敦,中国是创始成员国之一。航海通信具有流动性大、范围广的特点。在卫星通信出现以前只能依靠中、短波作为主要通信手段。自 20 世纪 60 年代中期卫星通信正式使用之后,使航海通信的问题得到根本解决。

早在 20 世纪 60 年代末,美国的一些公司就曾先后利用 ATS-1、ATS-3 卫星对飞机和商船进行了试验,并取得成功。1971 年,国际电信联盟决定将 L 波段中的 1535 M～1542.5 MHz和 1636.3 M～1644 MHz 共 16 MHz 分配给航海卫星通信业务。1976 年,美国通信卫星公司(COMSAT) 建立了第一个海事卫星通信网——MARISAT,并为海洋船只提供实时和准实时高质量通信业务。在同一时期,国际航海协商组织(IMCO)也着手筹建国际海事卫星通信网的工作,到 1979 年 7 月,正式成立了国际海事卫星组织,并建立了相应的国际海事卫星通信网。1994 年 12 月改名为国际移动卫星组织,英文缩写不变。

INMARSAT 目前拥有 79 个成员国,约在 143 个国家拥有 4 万多台各类卫星通信设备,最初目的是通过卫星为航行在世界各地的船舶提供全球通信服务。近几年,INMARSAT 已将通信服务范围扩大到陆地移动车辆和空中航行的飞机。成为唯一的全球海上、空中和陆地商用及遇险安全卫星移动通信服务的提供者。INMARSAT 系统主要由空间段、网络控制中心、网络协调站、陆地地球站和移动地球站组成。其中空间段由位于赤道上空 35 780km 静止轨道的 4 颗工作卫星和一些备用卫星组成。工作卫星覆盖的特定区域为:大西洋东区(AOR - E)、大西洋西区(AOR - W)、太平洋区(POR)和印度洋区(IOR)。

国际海事卫星已经发展了三代,目前服务的卫星属于第三代 INMARSAT - 3。网络控制中心位于英国伦敦 INMARSAT 总部的大楼内,它的任务是监视、协调和控制 INMARSAT 网络中所有卫星的工作运行情况。每个洋区分别有一个岸站兼作网络协调站(NCS),该站作为接线员对本洋区的移动地球站(MES)与陆地地球站(LES)之间的电话和电传信道进行分配、控制和监视。陆地地球站简称地球站,其基本作用是经由卫星与船站进行通信,并为船站提供国内或国际网络的接口。INMARSAT 系统的每个地球站都有一个唯一的与之关联的识别码。移动地球站是指 INMARSAT 系统中所有的终端系统,用户可通过所选的卫星和地球站与对方进行双向通信。

1. INMARSAT 海事卫星通信系统

INMARSAT 海事卫星通信系统是利用 INMARSAT 卫星向海上船只提供通信服务的系统。由 INMARSAT 卫星、岸站、船站、网络协调站和网络控制中心组成,系统组成如图 8.7 所示。卫星与船站之间采用 L 频段,卫星与岸站之间采用双重频段(C 和 L 频段),数字信道采用 L 频段,调频信道采用 C 频段。

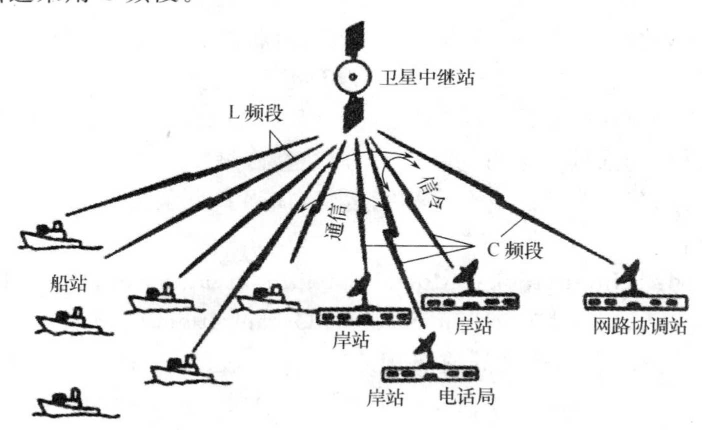

图 8.7　INMARSAT 系统组成

系统内信道的分配和连接均受岸站和网络协调站的控制。

(1) 卫　星

INMARSAT 采用四颗同步轨道卫星重叠覆盖的方法覆盖地球。四个卫星覆盖区分别是大西洋东区、大西洋西区、太平洋区和印度洋区。

目前使用的是 INMARSAT 第三代卫星,拥有 48dBW 的全向辐射功率,比第二代卫星高出8倍。每一颗第三代卫星有一个全球波束转发器和五个点波束转发器。由于点波束和双极化技术的引入,使得第三代卫星可以动态地进行功率和频带分配,从而让频率的重复利用成为可能,大大提高了卫星信道资源的利用率。为了保证移动卫星终端可以得到更高的卫星EIRP,相应降低了终端尺寸及发射电平,INMARSAT-4系统通过卫星的点波束系统进行通信,几乎可以覆盖全球所有的陆地区域(除南北纬75°以上的极区)。

(2) 网络控制中心

网络控制中心(NOC)设在伦敦国际移动卫星组织总部,负责监测、协调和控制网络内所有卫星的操作运行。

依靠计算机检查卫星工作是否正常,包括卫星相对于地球和太阳的方向性,控制卫星姿态和燃料的消耗情况,各种表面和设备的温度,卫星内哪些设备在工作及哪些设备处于备用状态等。同时网络控制中心对各地球站的运行情况进行监督,协助网络协调站对系统有关的运行事务进行协调。

(3) 网络协调站

网络协调站(NCS)是整个系统的一个重要组成部分。在每个洋区至少有一个地球站兼作网络协调站,并由它来完成该洋区内卫星通信网络必要的信道控制和分配工作。大西洋区的NCS设在美国的Southbury,太平洋区的NCS设在日本的Ibaraki,印度洋区的NCS设在日本的Namaguchi。

(4) M4地球站

M4地球站(Land Earth Station,LES)由各国INMARSAT签字建设,并由它们经营。它既是卫星系统与地面陆地电信网络的接口,又是控制和接入中心。截止到1999年底,世界上已有一个地球站宣布提供M4商业服务,同时有七、八个地球站正在建设或调试中。

2. INMARSAT航空卫星通信系统

INMARSAT航空卫星通信系统主要提供飞机与地球站之间的地对空通信业务。该系统由卫星、航空地球站和机载站三部分组成,如图8.8所示。

卫星与航空地球站之间采用C频段,卫星与机载站之间采用L频段。航空地球站是卫星与地面公众通信网的接口,是INMARSAT地球站的改装型;机载站是设在飞机上的移动地球站。INMARSAT航空卫星通信系统的信道分为P、R、T和C信道,P、R和T信道主要用于数据传输,C信道可传输话音、数据、传真等。

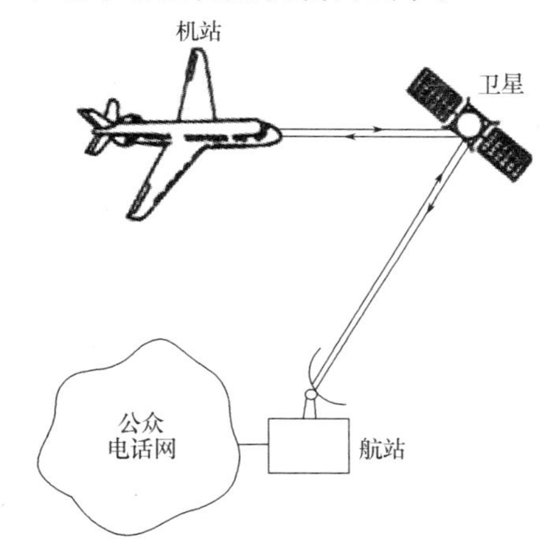

图8.8 INMARSAT航空卫星通信系统组成

航空卫星通信系统与海上或地面移动卫星通信系统有明显差异,例如飞机高速运动引起的多普勒效应比较严重、机载站高功率放大器的输出功率和天线的增益受限,以及多径衰落严重等。因此,在航空卫星通信系统设计中,采取了许多技术措施,如采用C类放大器提高全向有效辐射功率(EIRP);采用相控阵天线,使天线自动指向卫星;采用前向纠错编码、比特交织、频率校正和增大天线仰角,以改善多普勒频移和多径衰落的影响。

目前,支持 INMARSAT 航空业务的系统主要有以下 5 个:①Aero-L 系统:低速(600b/s)的实时数据通信,主要用于航空控制、飞机操纵和管理;②Aero-l 系统:利用第三代 INMARSAT 卫星的强大功能,并使用中继器,在点波束覆盖的范围内,飞行中的航空器可通过更小型、更廉价的终端获得多信道话音、传真和电路交换数据业务,并在全球覆盖波束范围内获得分组交换的数据业务;③Aero-H 系统:支持多信道话音、传真和数据的高速(10.5kb/s)通信系统,在全球覆盖波束范围内,用于旅客、飞机操纵、管理和安全业务;④Aero-H+系统:是 H 系统的改进型,在点波束范围利用第三代卫星的强大容量,提供的业务与 H 系统基本一致。⑤Aero-C 系统:是 INMARSAT-C 航空版本,一种低速数据系统,可为在世界各地飞行的飞机提供存储转发电文或数据报业务,但不包括航行安全通信。

目前,INMARSAT 的航空卫星通信系统已能为旅客、飞机操纵、管理和空中交通控制提供电话、传真和数据业务。从飞机上发出的呼叫,通过 INMARSAT 卫星送入航空地球站,然后通过该地球站转发给世界上任何地方的国际通信网络。

VSAT(Very Small Aperture Terminals)卫星通信网是一种新型的电信网络,在卫星通信领域占有重要地位。VSAT 系统起始于 20 世纪 80 年代初,经过 20 年的发展,技术已经成熟。由于 VSAT 卫星通信具有传输距离远、不受地理条件限制、通信质量好、机动灵活、投资小、建设周期短等诸多特点,因此成为极具发展潜力的通信方式之一。

VSAT 系统可工作于 C 频段或 Ku 频段,终端天线口径小于 2.5m,由主站对网络进行监测和控制。VSAT 网络组网灵活、独立性强,网络结构、网络管理、技术性能、设备特性等可以根据用户要求进行设计和调整。VSAT 终端具有天线小、成本低、安装方便等特点,因此对银行、海关、交通等许多专业用户特别有吸引力。

1. VSAT 网络的主要特点

1) VSAT 系统是以传输低速率的数据而发展起来的,目前已能够承担高速数据业务。其出站链路速率可达 8 448kb/s,入站链路速率可达 1 544kb/s。在 VSAT 系统中,出站链路的数据流可以是连续的,而入站链路的信息必须是突发性的,业务占空比小。因此出站链路与入站链路的业务量是不对称的,是业务不平衡网络,这是 VSAT 与一般卫星通信系统的主要区别。

2) VSAT 系统主要供专业用户传输数据业务或计算机联网。一些容量较大的 VSAT 系统也具有传输话音业务的能力,但通话必须是偶尔、短暂的。我国大多数用户都要求以话音为主,且占用信道时间较长,这样将降低 VSAT 网络的效率。

3) VSAT 网络以传输数据业务为主,特别是对实时业务传输,信道的响应时间对信号质量和网络利用率影响很大。通常较大的业务量和较快的响应时间必然占用较多的网络资源。所以信道响应时间也是 VSAT 网络资源。

4) VSAT 系统拥有的远端小站数目越多,网络的利用率就越高。这样每个小站承担的费用也就越小。一般小站数至少应大于 300 个,最多可达到 6 000 个。

5) 在 VSAT 系统中,全网的投资主要由每个小站的成本所决定,所以在系统网络设计时,应使中枢站具有尽可能完善的技术功能,并设置网络管理中心,执行全网的信道分配、业务量统计、对小站作状态监测和控制、告警指示、自动计费等,以中枢站的复杂技术来换取 VSAT 小站的设备简单、体积小、价格便宜、便于安装和使用等,提高网络的性价比。

6) 中枢站到小站的出站链路采用广播式的点到多点传输,大都采用 TDM 方式向全网发布信息。各小站按照一定的协议选取本站所接收的信息。为了提高全向有效辐射功率，中枢站天线口径选择得较大。小站到中枢站的入站链路的业务量小，且都是突发性的，因此多址接续规程大多采用 SSMA 或 TDMA 方式，尽可能地减小天线口径，降低高功率放大器的输出功率。

2. VSAT 网络的构成

VSAT 网络主要由通信卫星、网络控制中心、主站和分布在各地的用户 VSAT 小站组成，其结构如图 8.9 所示。

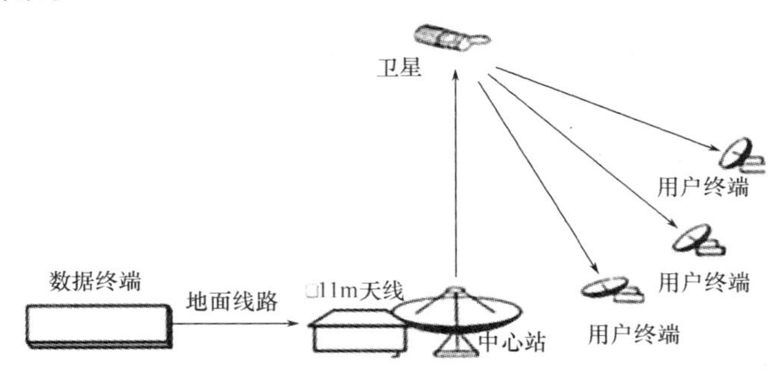

图 8.9　VSAT 网络结构

(1) 通信卫星

通信卫星可以发送专用卫星，但绝大多数都是租用 INTELSAT 卫星或卫星转发器。我国 VSAT 交通卫星通信网采用的是亚太一号卫星，上行链路频率为 6 145M～6 163 MHz，共 18 MHz 带宽。为了适应交通 VSAT 卫星通信网的时分多址(TDMA)及其跳频技术，将 18 MHz的转发器带宽平均分配给四个载波(CXR0、CXR1、CXR2、CXR3)使用，每个载波的带宽为 4.5 MHz。

(2) 网络控制中心

网络控制中心是主站用来管理、监控 VSAT 专用长途卫星通信网的重要设备，主要由工作站、外置硬盘、磁带机等设备构成。网络控制中心的主要功能有：管理、监视控制、配置、维护整个 VSAT 专网系统；显示监控整个系统的状态及报警情况；根据需要制作网络图并下载给 VSAT 网内所有的端站；为全网各端站下载所需的软件及其升级软件；设置全网各端站的区号；统计全网及各端站的业务量。

(3) 主　站

VSAT 卫星通信网的主站主要由本地操作控制台(LOC)、TDMA 终端、接口单元、电话会议终端、电视会议终端、数据通信设备、射频设备、馈源及天线等构成。

为了保证系统可靠工作，通常 TDMA 终端、室内单元(IDU)、室外单元(ODU)、低噪声放大器(LNA)等都需要冗余设计。

主站的主要任务是：对 VSAT 卫星通信网全网各 VSAT 小站设备的运行状况进行实时监控；对全网各 VSAT 小站的软件进行升级；对全网的各种业务电路进行分配与管理；监视控制电话会议、电视会议的召开与运行；完成各 VSAT 小站与局域网之间的数据传输与交换。

SAT 小站组成原理图如图 8.10 所示。

(4) VSAT 小站

VSAT 小站是用户终端设备，有固定式和便携式，主要由天线、射频单元、调制解调器、基

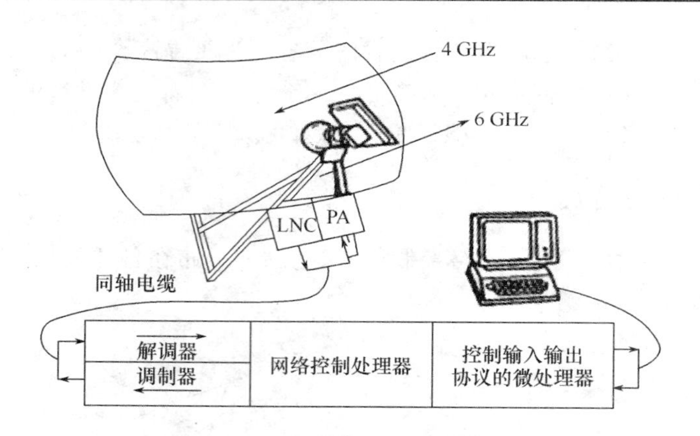

图 8.10　SAT 小站组成原理图

带处理单元、网络控制单元、接口单元等组成,其可直接与电话机、交换机、计算机等各种用户终端连接。表 8.3 给出了典型 Ku 频段 VSAT 小站的主要技术性能。

VSAT 网络的出现使卫星通信向智能化、小型化、面对用户及个人通信发展迈出了可喜的一步。经过 20 年的发展,用户已经遍布世界各地,在 21 世纪 VSAT 网络还将得到更快发展。

铱系统是美国摩托罗拉公司(Motorola)于 1987 年提出的低轨道全球个人卫星移动通信系统,它与现有通信网结合,可实现全球数字化个人通信。该系统原设计为 77 颗小型卫星分别围绕 7 个极地圆轨道运行,因卫星数与铱原子的电子数相同而得名。后来改为 66 颗卫星围绕 6 个极地圆轨道运行,但仍用原名称。极地圆轨道高度约 780 km,每个轨道平面分布 11 颗在轨运行卫星及 1 颗备用卫星,每颗卫星约重 700 kg。

铱系统是第一个真正能覆盖全球每个角落的通信网络系统,历经 11 年、耗费 50 亿美元,于 1998 年 11 月正式投入运营。铱系统依靠 66 颗低轨道卫星,为全球用户提供全世界范围的无线通信。

表 8.3　典型 Ku 频段 VSAT 小站的主要技术性能

通信体制	CCNM/SCPC/DAMA/ADPCM(ACELP)
射频工作段	Ku 波段:上行 14/14.5 GHz,下行 12.25/12.75 GHz
回音抵消	符合 CCITT G.165S 标准
前向纠错	1/2 率卷积编码、软判决维持比特译码
中频发送功率控制范围	15 dB,1 dB 步进,程控
调制解调方式	QPSK,多种速率
中频频率	70 MHz±18 MHz
功放功率	1 W
微波频率合成器频进量	125 kHz
公用控制信道	OCC - TDM 广播信道;ICC - ALOHA 争用信道
电话接口	二线直流环路,二线用户线,E&M 线,中国 1 号信令
数据接	异步、同步、多种规约,数据速率为 0.3k～32kb/s

铱星创造了科技童话和移动通信领域的里程碑。由于技术、价格、市场、营销等原因,铱系

统在市场上却遭受到了冷遇,用户最多时才5.5万,而它必须发展到65万用户才能赢利。不到一年,背负着40多亿美元债务的铱星,于1999年8月提出了破产申请,2000年3月终止了所有业务。2001年3月28日,新铱星公司宣布将重新开始卫星通信业务,铱星系统重新启用,再次引起了世人关注。

1. 铱系统的组成

铱系统网络结构如图8.11所示,主要由4部分组成:空间段、系统控制段(SCS)、用户段、关口站段(GW)。

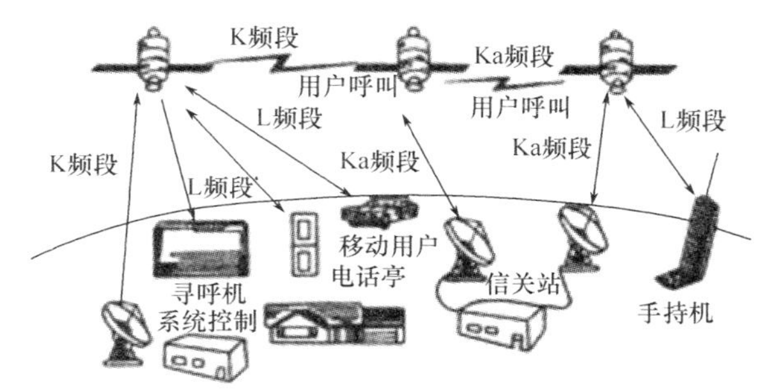

图8.11 铱系统网络结构

1) 空间段由分布在6个极地圆轨道面的72颗卫星(6颗备用星)组成。铱系统星座设计能保证全球任何地区在任何时间至少有一颗卫星覆盖。铱系统星座网提供手机到关口站的接入信令链路、关口站到关口站的网路信令链路、关口站到系统控制段的管理链路。每个卫星天线可提供960条话音信道,每个卫星最多能有两个天线指向一个关口站,因此每个卫星最多能提供1 920条话音信道。铱系统卫星可向地面投射48个点波束,以形成48个相同小区的网络,每个小区的直径为689 km,48个点波束组合起来,可以构成直径为4 700 km的覆盖区,铱系统用户可以看到一颗卫星的时间约为10 min。

铱系统的卫星采用三轴稳定,寿命5~8年,相邻平面上卫星按相反方向运行。每个卫星有4条星际链路,一条为前向,一条为反向,另两条为交叉连接。星际链路速率高达25MB/s。在L频段10.5 MHz频带内按FDMA方式划分为12个频带,在此基础上再利用TDMA结构,其帧长为90 ms,每帧可支持4个50 kb/s用户连接。

2) 系统控制段(SCS)是铱系统的控制中心,它提供卫星星座的运行、支持和控制,把卫星跟踪数据交付给关口站,利用寻呼终端控制器(MTC)进行终端控制。SCS包括三部分:遥测跟踪控制(TTAC)、操作支持网(OSN)和控制设备(CF)。SCS有三方面功能:空间操作、网络操作、寻呼终端控制。SCS有两个外部接口,一个接口到关口站,另一个接口到卫星。

3) 用户段指的是使用铱系统业务的用户终端设备,主要包括手持机(ISU)和寻呼机(MTD),将来也可能包括航空终端、太阳能电话单元、边远地区电话接入单元等。ISU是铱系统移动电话机,包括两个主要部件:SIM卡及无线电话机,它可向用户提供话音、数据(2.4 kb/s)、传真(2.4 kb/s)。MTD类似于目前市场上的寻呼机,分两种:数字式和字符式。

4) 关口站段:关口站是提供铱系统业务和支持铱系统网络的地面设施。它提供移动用户、漫游用户的支持和管理,通过PSTN提供铱系统网络到其他电信网的连接。一个或多个关口站提供每一个铱系统呼叫的建立、保持和拆除,支持寻呼信息的收集和交付。

关口站由以下分系统组成:交换分系统SSS(西门子D900交换机)、地球终端(ET)、地球终端控制器(ETC)、消息发起控制器(MOC)、关口站管理分系统(GMS)。关口站有4个外部接口:关口站到卫星,关口站到国际交换中心(ISC),关口站到铱系统商务支持系统(IBSS),关口站到系统控制段(SC)。

2. 铱系统的主要特点

1) 采用LEO卫星作中继平台,使星上接收机和地面接收终端所需的EIRP都比GEO卫星通信系统的EIRP大大降低。这使得减小地面接收终端之体积,简化其结构成为可能。从而为手机通信的实现,创造了宽松的技术环境。

2) 采用多波束技术(每颗星48个点波束),实现了极高的频率复用率,因而大大提高了系统的通信容量。在一个INMARSAT-3移动卫星通信系统的点波束大区内,可提供话音信道为300～400路。而在相同面积的区域内,铱星系统可提供1 100路话音信道,其频率复用率提高了2倍。

3) 采用星际链路,实现了单跳全球通,免除了诸如GEO系统多跳通信给用户带来的长时延、大回声问题。

4) 采用TDMA、FDMA多址方式,实现无缝切换;具有星上处理器,可独立成网,提供卫星网和地面蜂窝网的漫游及国际漫游。

卫星的工作频段正从C频段、Ku频段向Ka更高频段发展。卫星平台的设计也在向着高度模块化、集成化和系列化发展,并采用大天线、多点波束、功率按需分配和星上处理等新技术,以实现卫星宽带系统。卫星间的通信将采用速度快、频带宽、保密性强的激光通信。预计到2020年前,星间激光通信的传输率将达到40 GB/s。作为未来个人通信的组成部分,移动卫星通信将朝着小型化、轻型化方向发展,卫星技术将更多地采用星上处理、星间链路、高频段宽带传输等技术。地面手持机将更趋小型化、通话费将不断降低,以满足全球个人通信的需求。

思考题

8-1　说明远程通信的范围应该是多少?

8-2　远程通信调制技术有哪些,工作原理分别是什么?

8-3　什么是基带和宽带技术?

8-4　什么是多路复用技术?

8-5　什么是时分和频分技术?

8-6　简述CDMA通信机理和特点。

8-7　什么是GPRS技术?简述其用途。

8-8　什么是3G无线远程通信?

8-9　卫星通信网的特点、组成结构和用途有哪些?

第9章 智能信息处理技术

智能技术是利用经验知识所采用的各种自学习、自适应、自组织等智能方法和手段以有效地达到某种预期的目的。通过在物体中植入智能系统,可以使得物体具备一定的智能性,能够主动或被动地实现与用户的沟通,也是物联网的关键技术之一。主要的研究内容和方向包括:

1)人工智能理论研究。智能信息获取的形式化方法;海量信息处理的理论和方法;网络环境下信息的开发与利用方法;机器学习。

2)先进的人-机交互技术与系统声音、图形、图像、文字及语言处理;虚拟现实技术与系统;多媒体技术。

3)智能控制技术与系统。物联网就是要给物体赋予智能,可以实现人与物体的沟通和对话,甚至实现物体与物体互相间的沟通和对话。为了实现这样的目标,必须要对智能控制技术与系统实现进行研究。例如:研究如何控制智能服务机器人完成既定任务(运动轨迹控制、准确的定位和跟踪目标等)。

4)智能信号处理。信息特征识别和融合技术、地球物理信号处理与识别。

9.1 机器学习

机器学习(machine learning)是研究计算机怎样模拟或实现人类的学习行为,以获取新的知识或技能,重新组织已有的知识结构使之不断改善自身的性能。它是人工智能的核心,是使计算机具有智能的根本途径,其应用遍及人工智能的各个领域,它主要使用归纳、综合而不是演绎。

9.1.1 机器学习概念

机器学习的核心是学习。关于学习,至今却没有一个精确的、能被公认的定义。这是因为进行这一研究的人们分别来自不同的学科,更重要的是学习是一种多侧面、综合性的心理活动,它与记忆、思维、知觉、感觉等多种心理行为都有着密切的联系,使得人们难以把握学习的机理与实现。

目前在机器学习研究领域影响较大的是 H. Simon 的观点:学习是系统中的任何改进,这种改进使得系统在重复同样的工作或进行类似的工作时,能完成得更好。学习的基本模型就是基于这一观点建立起来的。

机器学习就是要使计算机能模拟人的学习行为,自动地通过学习获取知识和技能,不断改善性能,实现自我完善。机器学习研究的就是如何使机器通过识别和利用现有知识来获取知识和新技能。作为人工智能的一个重要研究领域,机器学习的研究工作主要围绕学习机理、学习方法、面向任务这三个基本方面。

当前机器学习围绕三个主要研究方向进行:

1)面向任务。在预定的一些任务中,分析和开发学习系统,以便改善完成任务的水平,这是专家系统研究中提出的研究问题。

2）认识模拟。主要研究人类学习过程及其计算机的行为模拟，这是从心理学角度研究的问题。

3）理论分析研究。从理论上探讨各种可能学习方法的空间和独立于应用领域之外的各种算法。

这三个研究方向各有自己的研究目标，每一个方向的进展都会促进另一个方向的研究。这三个方面的研究都将促进各方面问题和学习基本概念的交叉结合，推动了整个机器学习的研究。

9.1.2　机器学习的基本结构

1. 机器学习系统的基本结构

我们以 H. Simon 的学习定义作为出发点，建立如图 9.1 所示的简单的学习模型，然后通过对这个模型的讨论，总结出设计学习系统应当注意的一些原则。

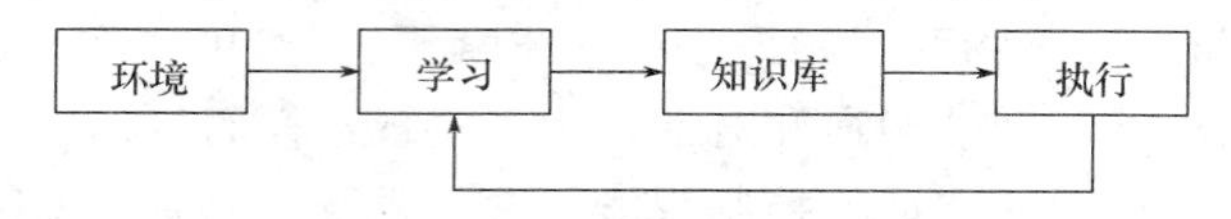

图 9.1　学习系统的基本模型

环境向系统的学习部分提供某些信息；学习部分利用这些信息修改知识库，以增强系统执行部分完成任务的效能；执行部分根据知识库完成任务，同时把获得的信息反馈给学习部分。在具体应用中，环境、知识库和执行部分决定了具体的工作内容，学习部分所需要解决的问题完全由上述三部分确定。

(1) 信息质量

影响学习系统设计的最重要的因素是环境向系统提供的信息的质量。知识库里存放的是指导执行部分动作的一般原则，但环境向学习系统提供的信息却是各种各样的。如果信息的质量比较高，与一般原则相差比较小，则学习部分比较容易处理。如果向学习系统提供的是杂乱无章的指导执行具体动作的具体信息，则学习系统需要在获得足够数据之后，删除不必要的细节，进行总结推广，形成指导动作的一般原则，放入知识库，这样学习部分的任务就比较繁重，设计起来也较为困难。

(2) 知识库

知识库是影响学习系统设计的第二个因素。知识的表示有多种形式，比如特征向量、一阶逻辑语句、产生式规则、语义网络和框架等。这些表示方式各有特点，在选择表示方式上要兼顾以下几个方面：

1）表达能力强。人工智能系统研究的一个重要问题是所选择的表示方式能很容易地表示有关的知识。例如，如果我们研究的是一些孤立的木块，则可选用特征向量表示方式。但是，如果用特征向量描述木块之间的相互关系，要说明一个红色的木块在一个绿色的木块上面，则比较困难了。这时采用一阶逻辑语句描述是比较方便的。

2）易于推理。在具有较强表达能力的基础上，为了使学习系统的计算代价比较低，我们希望知识表示方式能使推理较为容易。例如，在推理过程中经常会遇到判别两种表示方式是否等价的问题。在特征向量表示方式中，解决这个问题比较容易；在一阶逻辑表示方式中，解决这个问题要耗费很高的代价。因为学习系统通常要在大量的描述中查找，很高的计算代价会严重地影响查找的范围。因此如果只研究孤立的木块而不考虑相互的位置,则应该使用特征向量表示。

3）容易修改知识库。学习系统的本质要求它不断地修改自己的知识库,当推广得出一般执行规则后,要加到知识库中。当发现某些规则不适用时要将其删除。因此学习系统的知识表示,一般都采用明确、统一的方式,如特征向量、产生式规则等,以利于知识库的修改。从理论上看,知识库的修改是较为困难的课题,因为新增加的知识可能与知识库中原有的知识矛盾,有必要对整个知识库做全面调整。删除某一知识也可能使许多其他的知识失效,需要进一步做全面检查。

4）知识表示易于扩展。随着系统学习能力的提高,单一的知识表示已经不能满足需要;一个系统有时同时使用几种知识表示方式。不但如此,有时还要求系统自己能构造出新的表示方式,以适应外界信息不断变化的需要。因此要求系统包含如何构造表示方式的元级描述,这种元级知识也是知识库的一部分。这种元级知识使学习系统的能力得到极大提高,使其能够学会更加复杂的东西,不断地扩大它的知识领域和增强执行能力。

5）学习系统不能在全然没有任何知识的情况下凭空获取知识,每一个学习系统都要具有某些知识以便用于理解环境提供的信息,进行分析比较、作出假设、检验并修改这些假设等。因此,更确切地说,学习系统是对现有知识的扩展和改进。

(3) 执行部分

执行部分是整个学习系统的核心,其动作就是学习部分力求改进的动作。同执行部分有关的问题有三个:复杂性、反馈和透明性。

1）任务的复杂性。对于通过例子学习的系统,任务的复杂性可以分成三类。最简单的是按照单一的概念或规则进行分类或预测的任务。比较复杂一点的任务涉及多个概念。学习系统最复杂的任务是小型计划任务,系统必须给出一组规则序列,执行部分依次执行这些规则。

2）反馈。所有的学习系统必须评价学习部分提出的假设。有些程序有一部分独立的知识专门从事这种评价。AM系统就有许多探索规则评价学习部分提出的新概念的意义。然而最常用的方法是有教师提出的外部执行标准,然后观察比较执行结果与这个标准,视情况把比较结果反馈给学习部分,以决定假设的取舍。

3）透明性。透明性要求从系统的执行部分的动作效果可以很容易地对知识库的规则进行评价。例如下完一盘棋之后要从输赢总的效果来判断所走过的每一步的优劣就比较困难,但若记录了每一步之后的局势,从局势判断优劣则比较直观和容易。

9.1.3 机器学习的主要策略

学习是一种复杂的智能活动,学习过程与推理过程是紧密相连的,按照学习中使用推理的多少,机器学习所采用的策略主要有下列几种:机械学习、示教学习、解释学习、类比学习、示例学习、基于神经网络的学习等。学习中所用的推理越多,系统的能力就越强。下面对它们作简单介绍。

1. 机械学习

机械学习(rote learning)又称死记式学习,这是一种最简单也是最原始、最基本的学习策略。通过记忆和评价外部环境所提供的信息达到学习的目的,学习系统要做的工作就是把经过评价所获取的知识存储到知识库中，求解问题时就从知识库中检索出相应的知识直接用来求解问题。

机械学习在方法上看似简单，但是由于计算机的存储容量相当大，检索速度又很快，而且记忆精确，无丝毫误差。Samuel的下棋程序就是采用了这种机械记忆策略。

当机械学习系统的执行部分解决完一个问题之后，系统就记住这个问题和它的解。可以把执行部分抽象地看成某一函数，这个函数在得到自变量输入值(x1，…，xn)之后，计算并输出函数值(y1，…，yp)。实际上它就是简单地存储联合对[(x1，…，xn)，(y1，…，yp)]。在以后遇到求自变量输入值为(x1，…，xn)的问题的解时，就从存储器中把函数值(y1，…，yp)直接检索出来而不是进行重新计算。机械学习过程可用模型示意如下：

(1) 学习过程

$$(x1,\cdots,xn)\xrightarrow{\text{计算}}(y1,\cdots,yp)\xrightarrow{\text{存储}}[(x1,\cdots,xn),(y1,\cdots,yp)]$$

(2) 应用过程

$$(x1,\cdots,xn)\xrightarrow{\text{检索}}[(x1,\cdots,xn),(y1,\cdots,yp)]\xrightarrow{\text{输出}}(y1,\cdots,yp)$$

机械学习是基于记忆和检索的方法，学习方法很简单，但学习系统需要几种能力：①能实现有组织地存储信息；②能进行信息结合；③能控制检索方向。对于机械式学习，需要注意三个重要的问题：存储组织信息、环境的稳定性与存储信息的适用性及存储与计算之间的权衡。机械式学习的学习程序不具有推理能力，只是将所有的信息存入计算机来增加新知识，其实质上是用存储空间换取处理时间，虽然节省了计算时间，但却多占用存储空间。当因学习而积累的知识逐渐增多时，占用的空间就会越来越大，检索的效率也将随之下降。所以，在机械学习中要全面权衡时间与空间的关系。

2. 示例学习

示例学习又称实例学习，是通过环境中若干与某概念有关的例子，经归纳得出一般性概念的学习方法。在这种学习方法中，外部环境提供的是一组例子，每一个例子表达了仅适用于该例子的知识。示例学习就是要从这些特殊知识中归纳出适用于更大范围的一般性知识，以覆盖所有的正例并排除所有反例。例如，如果用一批动物作为示例，并且告诉学习系统哪一个动物是“马”，哪一个动物不是。当示例足够多时，学习系统就能概括出关于“马”的概念模型，使自己能够识别马，并且能将马与其他动物区别开来。

采用通过示例学习策略的计算机系统，事先完全没有完成任务的任何规律性的信息，所得到的只是一些具体的工作例子及工作经验。系统需要对这些例子及经验进行分析、总结和推广，得到完成任务的一般规律，并在进一步的工作中验证或修改这些规律，因此它需要的推理是最多的，是一种归纳学习方法；一个示例学习的系统必须能够从具体的训练例子中推导出一般规律，再利用这些规律去指导执行部分的动作。向学习部分提供的是非常低级的信息，这种信息是系统所面临的具体情况和这些部分在这种具体情况下的适当动作，希望系统推广这些信息，得到关于动作的一般规则。

在示例学习系统中，有两个重要概念：示例空间和规则空间。示例空间就是我们向系统提供的训练例集合。规则空间是事物所具有的某种规律的集合，学习系统应该从大量的训练例中自行总结出这些规律。可以把示例学习看成是选择训练例去指导规则空间的搜索过程，直到搜索出能够准确反映事物本质的规则为止。

3. 类比学习

类比能清晰、简洁地描述对象间的相似性。类比学习就是通过类比，即通过对相似事物加以比较所进行的一种学习。例如，当教师要向学生讲授一个较难理解的新概念时，总是用一些学生已经掌握且与新概念有许多相似之处的例子作为比喻，使学生通过类比加深对新概念的理解。像这样通过对相似事物的比较所进行的学习就是类比学习。

类比学习主要包括以下四个过程：

1）输入一组已知条件和一组未完全确定的条件。

2）对输入的两组条件，根据其描述，按某种相似性的定义寻找两者可类比的对应关系。

3）根据相似变换的方法，将已有问题的概念、特性、方法、关系等映射到新问题上，以获得待求解新问题所需的新知识。

4）对类推得到的新问题的知识进行校验。验证正确的知识存入知识库中，而暂时还无法验证的知识只能作为参考性知识，置于数据库中。

类比学习的关键是相似性的定义与相似变换的方法。相似定义所依据的对象随着类比学习的目的发生变化，如果学习目的是获得新事物的某种属性，那么定义相似时应依据新、旧事物的其他属性间的相似对应关系。如果学习目的是获得求解新问题的方法，那么应依据新问题的各个状态间的关系与老问题的各个状态间的关系来进行类比。相似变换一般要根据新、老事物间以何种方式对问题进行相似类比而决定。

4. 解释学习

基于解释的学习简称解释学习。解释学习根据任务所在领域知识和正在学习的概念知识，对当前实例进行分析和求解，得出一个表征求解过程的因果解释树，对属性、表征现象和内在关系等进行解释以获取新的知识。

1986 年 Mitchell 等人提出了基于解释的概括方法，该算法建立了基于解释的概括过程，并运用知识的逻辑表示和演绎推理进行问题求解。

在解释学习中，为了对某一目标概念进行学习，从而得到相应的知识，必须为学习系统提供完善的领域知识及能够说明目标概念的一个训练实例。在系统进行学习时，首先运用领域知识找出训练实例为什么是目标概念实例的证明，然后根据操作准则对证明进行推广，从而得到关于目标概念的一般性描述，即可供以后使用的形式化表示的一般性知识。

解释学习时系统首先利用领域知识，找出所提供的实例之所以是目标概念的实例的解释，比如张三之所以比他父亲更充满活力，是由于他比他父亲年轻。然后对此解释进行一般化推广，即任何一个儿子都比父亲年轻。由此可得出结论：任何一个儿子都比父亲更充满活力。这就是解释学习所要学习的最终描述。

5. 神经网络学习

神经网络的性质主要取决于两个因素：网络的拓扑结构；网络的权值、工作规则。二者结合起来就可以构成一个网络的主要特征。

神经网络的学习问题就是网络的权值调整问题。神经网络的连接权值的确定一般有两种方式:一种是通过设计计算确定,即所谓死记式学习;另一种是网络按一定的规则通过学习得到的。大多数神经网络使用后一种方法确定其网络权值。常用的网络模型和学习算法有反向传播算法、Hopfield 网络等。

(1) 基于反向传播网络的学习

误差反向传播学习由两次通过网络不同层的传播组成:一次前向传播和一次反向传播。在前向传播中,一个活动模式作用于网络感知节点,它的影响通过网络一层接一层地传播,最后,产生一个输出作为网络的实际响应。在前向传播中,网络的突触权值全被固定了。在反向传播中,突触权值全部根据突触修正规则来调整。特别是网络的目标响应减去实际响应而产生误差信号,这个误差信号反向传播通过网络,与突触连接方向相反,因此称“误差反向传播”。突触权值被调整使得网络的实际响应从统计意义上接近目标响应。误差反向传播算法通常称为反向传播算法,由算法执行的学习过程称为反向传播学习。反向传播算法的发展是神经网络发展史上的一个里程碑,因为反向传播算法为训练多层感知器提供了一个有效的计算方法。

(2) 基于 Hopfield 网络模型的学习前向神经网络

从学习的观点看,它是强有力的学习系统,结构简单,易于编程。从系统的观点看,属于静态的非线性映射,通过简单非线性处理单元的复合映射可获得复杂的非线性处理能力,但因缺乏反馈,所以并不是一个强有力的动力学系统。

Hopfield 模型属于反馈型神经网络,从计算的角度讲,具有很强的计算能力。系统着重关心的是系统的稳定性问题。稳定性是这类具有联想记忆功能神经网络模型的核心,学习记忆的过程就是系统向稳定状态发展的过程。Hopfield 网络可用于解决联想记忆和约束优化问题的求解。

9.2 模式识别

模式识别(Pattern Recognition)是人类的一项基本智能,在日常生活中,人们经常在进行“模式识别”。随着 20 世纪 40 年代计算机的出现及 50 年代人工智能的兴起,人们当然也希望能用计算机来代替或扩展人类的部分脑力劳动。(计算机)模式识别在 20 世纪 60 年代初迅速发展并成为一门新学科。

9.2.1 模式识别的基本概念

1. 模式与模式识别

一般认为,模式是通过对具体的事物进行观测所得到的具有时间与空间分布的信息,模式所属的类别或同一类中的模式的总体称为模式类,其中个别具体的模式往往称为样本。模式识别就是研究通过计算机自动的(或人为进行少量干预)将待识别的模式分配到各个模式类中的技术。

模式识别(Pattern Recognition)是指对表征事物或现象的各种形式的(数值的、文字的和逻辑关系的)信息进行处理和分析,以对事物或现象进行描述、辨认、分类和解释的过程,是信息科学和人工智能的重要组成部分,构成如图 9.2 所示。

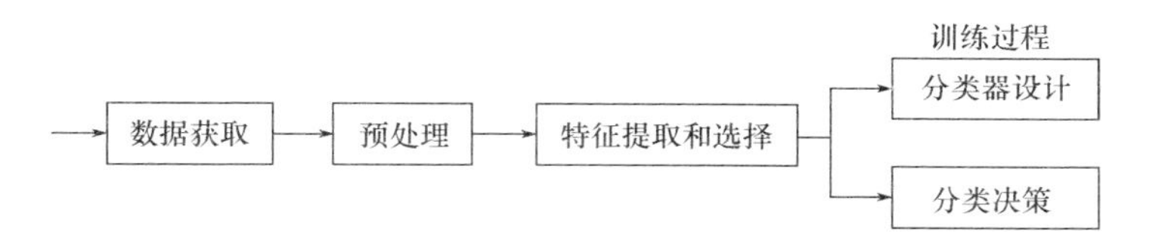

图 9.2　模式识别系统构成

(1) 数据获取

为了使计算机能够对各种现象进行分类识别，要用计算机可以运算的符号来表示所研究的对象。通常输入对象的信息有二维图像、一维波形、物理参量和逻辑值。通过测量采样和量化，可以用矩阵或向量表示二维图像或一维波形。这就是数据获取的过程。

(2) 预处理

预处理的目的是去除噪声，加强有用的信息，并对输入测量仪器或其他因素所造成的退化现象进行复原。

(3) 特征提取和选择

由图像或波形所获得的数据量是相当大的。例如，一个文字图像可以有几千个数据，一个卫星遥感图像的数据量就更大。为了有效地实现分类识别，就要对原始数据进行变换，得到最能反映分类本质的特征。

模式识别的研究主要集中在两方面：一是研究生物体（包括人）是如何感知对象的；二是在给定的任务下，如何用计算机实现模式识别的理论和方法。前者是生理学家的研究内容，属于认知科学的范畴；后者通过数学家、信息学专家和计算机科学工作者近几十年的努力，已经取得了系统的研究成果。

模式识别与统计学、心理学、语言学、计算机科学、生物学、控制论等都有关系。它与人工智能、图像处理的研究有交叉关系。例如自适应或自组织的模式识别系统包含了人工智能的学习机制；人工智能研究的景物理解、自然语言理解也包含模式识别问题。又如模式识别中的预处理和特征抽取环节应用了图像处理的技术；图像处理中也应用了模式识别的技术。

2. 模式识别的特点

从模式识别的起源、目的、方法、应用、现状、发展及它同其他领域的关系来考察，其特点可概括如下：

1) 模式识别是用机器模仿大脑的识别过程的，设计很大的数据集合，并高速作出决策。

2) 模式识别不像纯数学，而是抽象加上实验的一个领域。它的这个性质常常导致不平凡的和比较有成效的应用，而应用又促进进一步的研究和发展。由于它和应用的关系密切，应此它又是一门工程学科。

3) 学习（自适应性）是模式识别的一个重要的过程和标志。但是，编制学习程序比较困难，而有效地消除这种程序中的错误更难，因为这种程序是有智能的。

4) 同人的能力相比，现有模式识别的能力仍然是相当薄弱的（对图案和颜色的识别除外），机器通常不能对付大多数困难问题。采用交互识别法可以在较大程度上克服这一困难，当机器不能作出可靠的决策时，就需要操作者了。

9.2.2 模式识别的主要方法

模式识别方法大致可以分为 4 类:统计决策法、结构模式识别方法、模糊模式识别方法与人工智能方法。其中人工智能的方法本文主要介绍人工神经网络模式识别方法。前两种方法发展得比较早,理论相对也比较成熟,在早期的模式识别中应用较多。后两种方法目前的应用较多,由于模糊方法更合乎逻辑、神经网络方法具有较强的解决复杂模式识别的能力,因此日益得到人们的重视。

1. 统计决策法

统计决策法以概率论和数理统计为基础,它包括参数方法和非参数方法。参数方法主要以贝叶斯决策准则为指导。其中最小错误率和最小风险贝叶斯决策是最常用的两种决策方法。假定特征对于给定类的影响独立于其他特征,在决策分类的类别 N 与各类别的先验概率 $P(\omega i)$及类条件概率密度 $p(x|\omega i)$已知的情况下,对于一特征矢量 $\boldsymbol{x}$ 根据公式计算待检模式在各类中发生的后验概率 $P(\omega i|\boldsymbol{x})$,后验概率最大的类别即为该模式所属类别。在这样的条件下,模式识别问题转化为一个后验概率的计算问题。

在贝叶斯决策的基础上,根据各种错误决策造成损失的不同,人们提出基于贝叶斯风险的决策,即计算给定特征矢量 $\boldsymbol{x}$ 在各种决策中的条件风险大小,找出其中风险最小的决策。

参数估计方法的理论基础是样本数目趋近于无穷大时的渐近理论。在样本数目很大时,参数估计的结果才趋近于真实的模型。然而实际样本数目总是有限的,很难满足这一要求。另外参数估计的另一个前提条件是特征独立性,这一点有时和实际差别较大。

2. 结构模式识别

结构模式识别是利用模式的结构描述与句法描述之间的相似性对模式进行分类。每个模式由它的各个子部分(称为子模式或模式基元)的组合来表示。对模式的识别常以句法分析的方式进行,即依据给定的一组句法规则来剖析模式的结构。当模式中每一个基元被辨认后,识别过程就可通过执行语法分析来实现。选择合适的基元是结构模式识别的关键。

结构模式识别主要用于文字识别、遥感图形的识别与分析、纹理图像的分析中。该方法的特点是识别方便,能够反映模式的结构特征,能描述模式的性质,对图像畸变的抗干扰能力较强。如何选择基元是关键问题,尤其是当存在干扰及噪声时,抽取基元更困难,且易失误。

3. 模糊模式识别

模糊模式识别方法是利用模糊数学中的概念、原理与方法解决分类识别问题。这里有很多与普通聚类算法"平行"的方法,它们之间存在某种程度的借鉴和相似,但又有很大的不同,两者之间根本性的不同是概念的不同:模糊模式识别是将待识别类、对象作为模糊集或其元素,然后对这些模糊集或元素进行分类;普通聚类算法是根据事物间的不同特征、亲疏程度和相似性等关系,直接对它们进行分类。因此,设计人员应根据实际问题进行特征提取或特征变换(将原来普通意义上的特征值变为模糊特征),建立模糊集的隶属度函数,或建立元素之间的模糊相似关系,并确定这个关系的隶属度函数(相关程度),然后运用相关的模糊数学的原理方法进行分类识别。其基本过程如下。

(1) 特征的变换

由于类别(本质)和特征(表象)之间可能存在较复杂的非线性关系,要直接利用这样的特征进行分类识别,必然效果不佳或方法复杂。为使它们之间的关系更为直接和简单,可以将原来(或测得)的特征值域分成若干部分,并且使各部分的特征含义也作本质的改变。于是原先的每个或几个特征分量转变为多个特征分量,并且使每个特征值是原特征的某一局部更本质特征的隶属度。用这些新的特征表示原来的目标,在原理上,由于这些新的特征能更好地反映目标的本质,因此对后续的分类器的设计提供了很大的方便,同时也能提高分类器的性能。在实际中要使这种变换变得有效,往往需要该领域的专业知识。

(2) 建立隶属度函数

为了能运用模糊数学方法进行分类识别,应根据具体情况采用适当方法建立模糊集的隶属函数。隶属函数的确定是主观的,意思是同一个概念由不同的人所定义的隶属函数可能会有很大的不同。这个主观性是感知或表达抽象概念的个体差异造成的,而与随机性无关。确定隶属函数需要确定什么做论域,什么做模糊集。在模糊模式识别中,隶属函数确定的常用方法有专家确定法、统计法、对比排序法和综合加权法等。

(3) 确立模糊相似关系

设计过程中任一设计因素、概念或特征均可用集合表示,其中的模糊性便构成了模糊集合,一个模糊集合是完全以隶属函数和隶属度来描述与量化的。设 $\boldsymbol{x}_i=(x_{i1},x_{i2},\cdots,x_{in})$是目标的 n 维特征矢量,$\boldsymbol{X}=\{x_1,x_2,\cdots,x_n\}$是被分类的目标的全体。根据实际情况,可以运用极值统计法,也可以按照普通的聚类技术中相关测度方法。例如取夹角余弦、相关系数、最大最小法等建立模糊相似矩阵(通常称为标定),矩阵元素表示 x_i 和 x_j 相似关系的隶属度,也可以采用模糊集的贴近度方法等进行计算,来确定分类目标中元素之间的模糊相似关系。确定相似关系后,可以根据得出的结果(模糊相似关系)来对集合进行分类。

(4) 模糊结果的处理

使用模糊技术进行分类的结果不再是一个模式明确的属于某一类或不属于某一类,而是以一定的隶属度属于各个类别。这样的结果往往更真实,具有更多的信息。如果分类识别系统是多级的,这样的结果有益于下一级的决策。如果这是最后一级决策,而且要求一个明确的类别判决,可以根据模式相对各类的隶属度或其他一些指标,如贴近度等进行硬性分类。例如,可以用下面的方法使模糊划分明晰化:

方法 1　设 x_j 是待识别模式,$v_i(i=1,2,\cdots,c)$为类心,如果 $||x_j-v_k||=\min||x_j-v_i||$,则判 $x_j\in w_k$;

方法 2　设 u_{ij} 是 x_j 关于 w_i 类的隶属度,如果 $u_{kj}=max[u_{ij}]$,则判 $x_j\in w_k$。

(5) 模糊模式识别的一般步骤

利用模糊模式识别解决实际问题时可以归纳为以下 5 个步骤:

1) 抽选识别对象的特性指标。

2) 构造模糊模式 $A_i(i=1,2,\cdots,p)$的隶属函数。

3) 构造待识别对象 B 的隶属函数。

4) 求出 B 与 A_i 的贴近度 $N(B,A_i)$。

5) 根据择近原则识别 B 应归属于哪一个模式。

4. 人工神经网络模式识别

早在20世纪50年代,研究人员就开始模拟动物神经系统的某些功能,他们采用软件或硬件的办法,建立了许多以大量处理单元为节点,处理单元间实现(加权值的)互联的拓扑网络,再进行模拟,称之为人工神经网络。这种方法可以看作是对原始特征空间进行非线性变换,产生一个新的样本空间,使得变换后的特征线性可分。同传统统计方法相比,其分类器是与概率分布无关的。

人工神经网络的主要特点在于其具有信息处理的并行性、自组织和自适应性、具有很强的学习能力和联想功能及容错性能等,在解决一些复杂的模式识别问题中显示出其独特的优势。

人工神经网络是一种复杂的非线性映射方法,其物理意义比较难解释,在理论上还存在一系列亟待解决的问题。例如在设计上,网络层数的确定和节点个数的选取有很大的经验性和盲目性,缺乏理论指导,网络结构的设计仍是一个尚未解决的问题。在算法复杂度方面,神经网络计算复杂度大,在特征维数比较高时,样本训练时间比较长;在算法稳定性方面,学习过程中容易陷入局部极小,并且存在欠学习与过学习的现象。这些也是制约人工神经网络进一步发展的关键问题。

神经网络模式识别的特点:

1) 具有自组织和自学习能力,能够直接输入数据并进行学习。神经网络对所要处理的对象在样本空间的分布状态无须作任何假设,而是直接从数据中学习样本之间的关系,因而它们还可以解决那些因为不知道样本分布而无法解决的识别问题。

2) 具有推广能力。它可以根据样本间的相似性,对那些与原始训练样本相似的数据进行正确处理。

3) 网络是非线性的,即它可以找到系统输入变量之间复杂的相互作用。在一个线性系统中,改变输入往往产生一个成比例的输出。但在一个非线性系统中,这种影响关系是高阶函数,这一特点很适合于实时系统,因为实时系统通常是非线性的。神经网络则为这种复杂系统提供了一种实用的解决办法。

4) 高度并行的,即其大量的相似或独立的运算都可以同时进行。这种并行能力,使它在处理问题时比传统的微处理器及数字信号处理器快成百上千倍,这就为提高系统的处理速度,并为实时处理提供了必要的条件。

5. 模板匹配识别

模板匹配的原理是选择已知的对象作为模板,与图像中选择的区域进行比较,从而识别目标。模板匹配依据模板选择的不同,可以分为两类:

1) 以某一已知目标为模板,在一幅图像中进行模板匹配,找出与模板相近的区域,从而识别图像中的物体,如点、线、几何图形、文字以及其他物体。

2) 以一幅图像为模板,与待处理的图像进行比较,识别物体的存在和运动情况。

模板匹配的计算量很大,相应的数据的存储量也很大,而且随着图像模板的增大,运算量和存储量以几何数增长。如果图像和模板规模大到一定程度,就会导致计算机无法处理,随之也就失去了图像识别的意义。模板匹配的另一个缺点是由于匹配的点很多,理论上最终可以达到最优解,但实际上却很难做到。

6. 支持向量机的模式识别

V. Vapnik 提出的支持向量机(Support Vector Machine,SVM)的基本思想是:先在样本空间或特征空间,构造出最优超平面,使得超平面与不同类样本集之间的距离最大,从而达到最大的泛化能力。支持向量机结构简单,并且具有全局最优性和较好的泛化能力,自 20 世纪 90 年代中期提出以来得到了广泛的研究。支持向量机方法是求解模式识别和函数估计问题的有效工具。SVM 在数字图像处理方面的应用是:寻找图像像素之间的特征差别,即从像素点本身的特征和周围的环境(临近的像素点)出发,寻找差异然后将各类像素点区分出来。

9.3　信息融合

传统的数据融合是指多传感器的数据在一定准则下加以自动分析、综合以完成所需的决策和评估而进行的信息处理过程。信息融合最早用于军事领域,定义为一个处理探测、互联、估计以及组合多源信息和数据的多层次多方面过程,以便获得准确的状态和身份估计、完整而及时的战场态势和威胁估计。它强调信息融合的三个核心方面:第一,信息融合是在几个层次上完成对多源信息的处理过程,其中每一层次都表示不同级别的信息抽象;第二,信息融合包括探测、互联、相关、估计及信息组合;第三,信息融合的结果包括较低层次上的状态和身份估计,以及较高层次上的整个战术态势估计。

9.3.1　信息融合概述

1. 定　义

信息融合(information fusion)技术是 20 世纪 70 年代提出来的,军事应用是其诞生的源泉。近 20 年来,基于科学发展,特别是微电子技术、集成电路及其设计技术、计算机技术、近代信号处理技术和传感器技术的发展,信息融合技术已经发展成为一个新的学科方向和研究领域。早期对信息融合方法是针对数据处理的,所以也有将信息融合称为数据融合。信息融合是针对一个系统中使用多种传感器(多个/多类)这一特定问题而展开的一种信息处理的新研究方向,从这个角度上讲,数据融合又可以成为多传感器信息融合,又称多源信息融合。

由于信息融合应用面非常广泛,且各行各业按照自己的理解给出不同的定义,虽然对这门边缘学科的研究已经有 20～30 年的历史了,但至今仍然没有一个被普遍接受的定义。目前能被大多数研究者接受的信息融合的定义是由美国三军组织实验室理事联合会(Joint Directors of Laboratories,JDL)提出来的。JDL 将数据融合定义为:把来自许多传感器和信息源数据进行联合、相关、组合和估值的处理,以达到精确的位置估计与身份估计,以及对战场情况和威胁及其重要程度进行适时的完整评价。

根据国内外研究成果,多传感器数据融合比较确切的定义可概括为:充分利用不同时间与空间的多传感器数据资源,采用计算机技术对按时间序列获得的多传感器观测数据,在一定准则下进行分析、综合、支配和使用,获得对被测对象的一致性解释与描述,进而实现相应的决策和估计,使系统获得比它的各组成部分更充分的信息。

数据融合定义三个要素为:

1) 数据融合是多信源、多层次的处理过程,每个层次代表信息的不同抽象程度。

2) 数据融合过程包括数据的检测、关联、估计与合并。

3) 数据融合的输出包括低层次上的状态身份估计和高层次上的总战术态势估计。

2. 信息融合意义与优势

1) 提高信息的准确性和全面性:与一个传感器相比,多传感器数据融合处理可以获得有关周围环境更准确、全面的信息。

2) 降低信息的不确定性:一组相似的传感器采集的信息存在明显的互补性,这种互补性经过适当处理后,可以对单一传感器的不确定性和测量范围的局限性进行补偿。

3) 提高系统的可靠性:某个或某几个传感器失效时,系统仍能正常运行。

4) 增加系统的实时性。

5) 增加测量维数和置信度,提高容错功能:当一个甚至几个传感器出现故障时,系统仍可利用其他传感器获取环境信息,以维持系统的正常运行。

6) 降低信息获取的成本:信息融合提高了信息的利用效率,可以用多个较廉价的传感器获得与昂贵的单一高精度传感器同样甚至更好的效果,因此可大大降低系统的成本。

7) 改进探测性能,增加响应的有效性:降低对单个传感器的性能要求,提高信息处理的速度。

8) 扩展了空间和时间的覆盖,提高了空间分辨率,提高适应环境的能力。

9.3.2 信息融合结构与级别

信息融合结构分为几何模型和功能模型。从几何形式上描述其结构主要有四种形式:集中式、层次式、分布式和网络式。

1. 信息融合功能模型

关于数据融合的功能模型历史上曾出现过不同的观点,由JDL数据融合组首先提出,本书介绍一种简单得多传感器数据融合系统的功能模型(见图9.3),说明通用融合系统的功能组成及相互间的关系。

在图9.3的模型中,信息融合系统的功能主要有特征提取、分类、识别、估计。其中特征提取和分类是为估计和识别做准备的,实际融合在识别和估计中进行。该模型的融合功能分为两步完成,第一步是低层处理,对应于像素级和特征级融合,输出的是状态、特征和属性,如一些准则算法、识别分类、态势分析等;第二步是高层处理,对应于决策级融合,输出的是抽象结果,如威胁估计、自适应工程优化等。

2. 信息融合级别

信息融合级别分为三级:像素级融合、特征级融合、决策级融合。

(1) 像素级融合

像素级融合是最低层次的融合又称数据级融合,对传感器的原始数据及预处理各阶段上产生的信息分别进行融合处理。尽可能多地保持原始信息,能够提供其他两个层次融合所不

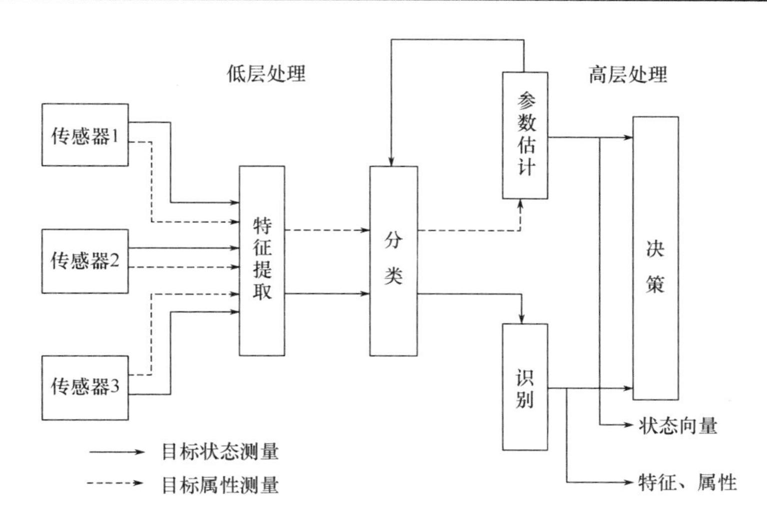

图 9.3　信息融合系统功能模型

具有的细微信息。这种融合的主要优点是能保持尽可能多的现场数据，提供其他融合层次所不能提供的更丰富、精确、可靠的信息，有利于图像的进一步分析、处理与理解（如场景分析/监视、图像分割、特征提取、目标识别、图像恢复等），像素级图像融合可能提供最优决策和识别性能。在进行像素级图像融合之前，必须对参加融合的各图像进行精确的配准，其配准精度一般应达到像素级。这也是像素级融合的局限性，除此之外，像素级融合处理的数据量太大，处理时间长，实时性差。像素级融合通常用于：多源图像复合、图像分析和理解。

局限性有以下几点：

1）因所要处理的传感器信息量大，故处理代价高。

2）融合是在信息最低层进行的，由于传感器的原始数据的不确定性、不完全性和不稳定性，要求在融合时有较高的纠错能力。

3）要求各传感器信息之间具有精确到一个像素的配准精度，故要求传感器信息来自同质传感器。

4）通信量大。

（2）特征级融合

特征级融合属于中间层次，它先对来自各传感器的原始信息进行特征提取（特征可以是目标的边缘、方向、速度等），然后对特征信息进行综合分析和处理。一般来说，提取的特征信息应是像素信息的充分统计量，然后按特征信息对多传感数据进行分类、汇集和综合。若传感器获得的数据是图像数据，则特征就是从像素信息中抽象提取的，典型的特征信息有线型、边缘、纹理、光谱、相似亮度区域、相似景深区域等，从而实现多传感器图像特征融合及分类。特征融合的优点在于实现了可观的信息压缩，有利于实时处理，并且由于所提取的特征直接与决策分析有关，因而融合结果能最大限度地给出决策分析所需要的特征信息。

特征级融合分为两类：目标状态信息融合和目标特征融合。

1）目标状态信息融合：主要应用于多传感器目标跟踪领域。融合系统首先对传感器数据进行预处理以完成数据配准。数据配准后，融合处理主要实现参数相关和状态矢量估计。

2）目标特征融合：也是一种特征层联合识别，具体的融合方法仍是模式识别的相应技术，只是在融合前必须对特征进行相关处理,对特征矢量进行分类组合。在模式识别、图像处理和计算机视觉等领域,已经对特征提取和基于特征的分类问题进行了深入的研究,有许多方法可以借用。

(3) 决策级融合

决策级融合指在信息表示的最高层进行的融合处理。不同类型的传感器观测同一个目标,每个传感器在本地完成预处理、特征抽取、识别或判断,以建立对所观察目标的初步结论,然后通过相关处理、决策级融合判决,最终获得联合推断结果,从而为决策提供依据。因此,决策级融合是直接针对具体决策目标,充分利用特征级融合所得出的目标各类特征信息,并给出简明而直观的结果。

决策级融合优点:实时性最好;在一个或几个传感器失效时仍能给出最终决策,因此具有良好的容错性。

3. 信息融合过程

首先将被测对象转换为电信号,然后经过 A/D 变换转换为数字量。数字化后电信号需经过预处理,以滤除数据采集过程中的干扰和噪声。对经处理后的有用信号作特征抽取,再进行数据融合;或者直接对信号进行数据融合。最后,输出融合的结果。整个过程如图 9.4 所示。

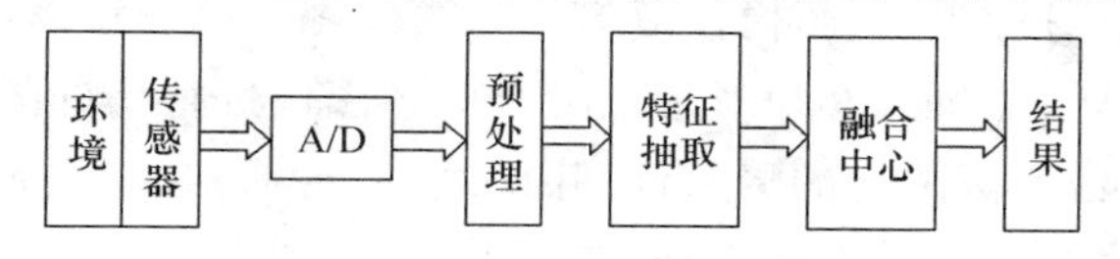

图 9.4 信息融合过程

9.3.3 信息融合的原理和方法

1. 基本原理

充分利用多个传感器资源,通过对这些传感器及其观测信息的合理支配和使用,把多个传感器在空间或时间上的冗余或互补信息依据某种准则来进行组合,以获得比它的各组成部分的子集所构成的系统更优越的性能。多传感器数据融合技术可以对不同类型的数据和信息在不同层次上进行综合,它处理的不仅仅是数据,还可以是证据和属性等。多传感器数据融合并不是简单的信号处理。信号处理可以归属于多传感器数据融合的第一阶段,即信号预处理阶段。

多传感器信息融合的基本原理就像人脑综合处理信息一样,充分利用多传感器资源,通过对这些传感器及其观测信息的合理利用和支配,把多个传感器上在空间和时间上的冗余依据某一种准则进行组合。多传感器信息融合目标是通过数据组合而不是出现在输入信息中的任何个别元素,来推导出更多的信息。

2. 种　类

根据融合处理的数据种类,信息融合系统可以分为时间融合、空间融合和时空融合三种。

1) 时间融合:指同一传感器对目标在不同时间的量测值进行融合处理。

2）空间融合：指在同一时刻，对不同的传感器的量测值进行融合处理。

3）时空融合：指在一段时间内，对不同传感器的量测值不断地进行融合处理。

根据处理融合信息的方法的不同，信息融合系统可分为集中式、分布式和混合式三种类型。

1）集中式：各个传感器的数据都送到中央处理器（融合中心）进行融合处理。这种方法可以实现时间和空间的融合，数据处理的精度较高，但对中央处理器的数据处理能力要求高，传输的数据量大，要求有较大的通信带宽。

2）分布式：各个传感器对量测数据单独进行处理，然后将处理结果送到融合中心，由融合中心对各传感器的局部结果进行融合处理。与集中式相比，分布式处理对通信带宽要求低，计算速度快，可靠性和延续性好，但精度没有集中式高。

3）混合式：以上两种方式的组合，用于大型系统中。

9.3.4　信息融合主要研究方法

多传感器数据融合虽然未形成完整的理论体系和有效的融合算法，但在不少应用领域根据各自的具体应用背景，已经提出了许多成熟并且有效的融合方法。多传感器数据融合的常用方法基本上可概括为随机和人工智能两大类，随机方法有加权平均法、卡尔曼滤波法、贝叶斯估计法、Dempster－Shafer（D－S）证据推理、产生式规则、统计决策理论、模糊逻辑法等；而人工智能方法则有模糊逻辑理论、神经网络、粗集理论、专家系统等。可以预见，神经网络和人工智能等新概念、新技术在多传感器数据融合中将起到越来越重要的作用。

（1）加权平均

加权平均是最简单、最直观的数据融合方法。该方法将一组传感器提供的冗余信息进行加权平均，结果作为融合值。

（2）卡尔曼滤波

融合低层的实时动态多传感器冗余数据。该方法应用测量模型的统计特性递推地确定融合数据的估计，且该估计在统计意义下是最优的。如果系统可以用一个线性模型描述，且系统与传感器的误差均符合高斯白噪声模型，则卡尔曼滤波将为融合数据提供唯一的统计意义下的最优估计。滤波器的递推特性使得它特别适合在不具备大量数据存储能力的系统中使用。应用卡尔曼滤波器对 n 个传感器的测量数据进行融合后，既可以获得系统的当前状态估计，又可以预报系统的未来状态。所估计的系统状态可能表示移动机器人的当前位置、目标的位置和速度、从传感器数据中抽取的特征或实际测量值本身。

（3）贝叶斯估计

贝叶斯估计是融合静态环境中多传感器低层信息的常用方法。它使传感器信息依据概率原则进行组合，测量不确定性以条件概率表示。当传感器组的观测坐标一致时，可以用直接法对传感器测量数据进行融合。大多数情况下，传感器是从不同的坐标系对同一环境物体进行描述，这时传感器测量数据要以间接方式采用贝叶斯估计进行数据融合。

（4）统计决策理论

与贝叶斯估计不同，统计决策理论中的不确定性为可加噪声，从而不确定性的适应范围更广。不同传感器观测到的数据必须经过一个鲁棒综合测试以检验它的一致性，经过一致性检验的数据用鲁棒极值决策规则融合。

(5) Dempster-Shafer 证据推理法

由 Dempster 首先提出,Shafer 发展,是一种不精确推理理论,贝叶斯方法的扩展。贝叶斯方法必须给出先验概率,证据理论则能够处理这种由"不知道"引起的不确定性。在多传感器数据融合系统中,每个信息源提供了一组证据和命题,并且建立了一个相应的质量分布函数。因此,每一个信息源就相当于一个证据体。在同一个鉴别框架下,将不同的证据体通过 Dempster 合并规则并成一个新的证据体,并计算证据体的拟真度,最后用某一决策选择规则,获得最后的结果。

(6) 模糊逻辑法

模糊逻辑实质上是一种多值逻辑,在多传感器数据融合中,将每个命题及推理算子赋予 0~1间的实数值,以表示其在登记处融合过程中的可信程度,又被称为确定性因子,然后使用多值逻辑推理法,利用各种算子对各种命题(即各传感源提供的信息)进行合并运算,从而实现信息的融合。

(7) 产生式规则法

产生式规则法是人工智能中常用的控制方法,其规则一般是通过对具体使用的传感器的特性及环境特性进行分析后归纳出来的,不具有一般性,即系统改换或增减传感器时,其规则要重新产生。主要特点:系统扩展性较差,但推理较明了,易于系统解释,有广泛的应用范围。

(8) 神经网络方法

模拟人类大脑而产生的一种信息处理技术,它采用大量以一定方式相互连接和相互作用的简单处理单元(即神经元)来处理信息。神经网络[40,43]具有较强的容错性和自组织、自学习、自适应能力,能够实现复杂的映射。神经网络的优越性和强大的非线性处理能力,能够很好地满足多传感器数据融合技术的要求。

9.4 数据挖掘

数据挖掘(Data Mining,DM),就是从存放在数据库、数据仓库或其他信息库中的大量的数据中获取有效的、新颖的、潜在有用的、最终可理解的模式的非平凡过程。

9.4.1 数据挖掘技术的产生及定义

1. 产 生

数据挖掘是一个多学科交叉的技术,它涉及数据库技术、人工智能、机器学习、神经网络、统计学、模式识别、知识系统、知识获取、信息检索、高性能计算及可视化计算等广泛领域。

随着计算机硬件和软件的飞速发展,尤其是数据库技术与应用的日益普及,人们积累的数据越来越多,激增的数据包含着许多重要而有用的信息,人们希望能够对其进行更高层次的分析,以便更好地利用它们。与日趋成熟的数据管理技术和软件工具相比,人们所依赖的传统的数据分析工具功能,已无法有效地为决策者提供决策支持,导致了缺乏挖掘数据知识的手段,而形成了"数据爆炸但知识贫乏"的现象。为有效解决这一问题,自 20 世纪 80 年代开始,数据挖掘技术逐步发展起来,数据挖掘技术的迅速发展,得益于目前全世界所拥有的巨大数据资源及对将这些数据资源转换为信息和知识资源的巨大需求,对信息和知识的需求来自各行各业,从商业管理、生产控制、市场分析到工程设计、科学探索等。

数据挖掘经历了以下发展过程：

- 20 世纪 60 年代及之前：数据收集与数据库创建阶段处理。
- 20 世纪 70 年代：数据库管理系统阶段，主要研究网络和关系数据库系统、数据建模工具、索引和数据组织技术、查询语言和查询处理、用户界面与优化方法、在线事务处理等。
- 20 世纪 80 年代中期至今：先进数据库系统的开发与应用阶段，主要进行先进数据模型（扩展关系、面向对象、对象关系）、面向应用（空间、时间、多媒体、知识库）等的研究。
- 20 世纪 80 年代后期至今：数据仓库和数据挖掘蓬勃兴起，主要对先进数据模型（扩展关系、面向对象、对象关系）、面向应用（空间、时间、多媒体、知识库）等进行研究。

2. 定　义

数据挖掘是 20 世纪 90 年代在信息技术领域开始迅速兴起的数据智能分析技术，由于其所具有的广阔应用前景而备受关注。作为数据库与数据仓库研究与应用中的一个新兴的富有前途领域，数据挖掘可以从数据库或数据仓库以及其他各种数据库的大量各种类型数据中自动抽取或发现有用的模式知识。

数据挖掘，又称数据库中的知识发现（Knowledge Discovery in Database，KDD），是一个从大量数据中抽取挖掘出未知的、有价值的模式或规律等知识的复杂过程。

数据挖掘的主要步骤有：

1）数据预处理，包括：

- 数据清洗。清除数据噪声和与挖掘主题明显无关的数据。
- 数据集成。将来自多数据源中的相关数据组合到一起。
- 数据转换。将数据转换为易于进行数据挖掘的数据存储形式。
- 数据消减，缩小所挖掘数据的规模，但不影响最终的结果。包括数据立方合计、维数消减、数据压缩、数据块消减、离散化与概念层次生成等。

2）数据填充。针对不完备信息系统。

3）数据挖掘（data mining）。利用智能方法挖掘数据模式或规律知识。

4）模式评估（pattern evaluation）。根据一定评估标准，从挖掘结果筛选出有意义的模式知识。

5）知识表示（knowledge presentation）。利用可视化和知识表达技术，向用户展示所挖掘出的相关知识。

9.4.2　数据挖掘的功能

1. 概念描述：定性与对比

获得概念描述的方法主要有以下两种：

1）利用更为广义的属性，对所分析数据进行概要总结；其中被分析的数据称为目标数据集。

2）对两类所分析的数据特点进行对比并对对比结果给出概要性总结，而这两类被分析的数据集分别被称为目标数据集和对比数据集。

2. 关联分析

关联分析就是从给定的数据集中发现频繁出现的项集模式知识(又称为关联规则,association rules)。关联分析广泛应用于市场营销、事务分析等应用领域。

3. 分类与预测

分类就是找出一组能够描述数据集合典型特征的模型(或函数),以便能够分类识别未知数据的归属或类别,即将未知事例映射到某种离散类别之一。分类挖掘所获的分类模型主要的表示方法有:分类规则(1F - THEN)、决策树(decisiontrees)、数学公式(mathematicalfomulae)和神经网络。

一般使用预测来表示对连续数值的预测,而使用分类来表示对有限离散值的预测。

4. 聚类分析

与分类预测方法明显的不同之处在于,后者学习获取分类预测模型所使用的数据是已知类别归属,属于有导师监督学习方法,而聚类分析(无论是在学习还是在归类预测时)所分析处理的数据均是无(事先确定)类别归属,类别归属标志在聚类分析处理的数据集中是不存在的。聚类分析属于无导师监督学习方法。

5. 异类分析

一个数据库中的数据一般不可能都符合分类预测或聚类分析所获得的模型。那些不符合大多数数据对象所构成的规律(模型)的数据对象就被称为异类。对异类数据的分析处理通常就称为异类挖掘。

数据中的异类可以利用数理统计方法分析获得,即利用已知数据所获得的概率统计分布模型,或利用相似度计算所获得的相似数据对象分布,分析确认异类数据。而偏离检测就是从数据已有或期望值中找出某些关键测度的显著变化。

6. 演化分析

对随时间变化的数据对象的变化规律和趋势进行建模描述。建模手段包括:概念描述、对比概念描述、关联分析、分类分析、时间相关数据分析(其中又包括时序数据分析,序列或周期模式匹配及基于相似性的数据分析等)。

7. 数据挖掘结果的评估

评估一个挖掘目标或结果的模式(知识)是否有意义,通常依据以下四条标准:

1) 易于用户理解。

2) 对新数据或测试数据能够有效确定程度。

3) 具有潜在应用价值。

4) 新颖或新奇的程度。一个有价值的模式就是知识。

9.4.3　常用的数据挖掘方法

数据挖掘是从人工智能领域的一个分支，由机器学习发展而来的，因此机器学习、模式识别、人工智能领域的常规技术，如聚类、决策树、统计等方法经过改进，大都可以应用于数据挖掘。

数据挖掘方法的应用有如下趋势：

1）近年来神经网络、贝叶斯网络、关联规则等技术在数据挖掘中的应用发展很快。

2）可视化技术越来越受到重视。

3）文本和 Web 数据的挖掘是一个新兴的研究方向。

1. 粗糙集方法

粗糙集(Rough Set)理论是由波兰华沙理工大学 Pawlak 教授于20世纪80年代初提出的一种研究不完整、不确定初识和数据的表达、学习、归纳的理论方法，其主要思想是在保持分类能力不变的前提下，通过知识约简，导出问题的决策或分类规则。目前，粗糙集理论已经在机器学习、决策分析、过程控制、模式识别与数据挖掘等方面得到了较为成功的应用。

粗糙集理论具有一些独特的观点：如知识的粒度性、新型成员关系等。粗糙集理论通过引入不可区分关系作为粗糙集理论的基础，并在此基础上定义了上下近似等概念，粗糙集的成员是客观计算的，只和已知数据有关，从而避免了主观因素的影响。这些观点使得粗糙集特别适合于进行数据分析。粗糙集理论能够有效地逼近这些概念。

采用粗糙集理论作为研究知识发现和数据挖掘的工具具有许多优点。粗糙集理论将知识定义为不可区分关系的一个族集，使得知识具有了一种清晰的数学意义，并可使用数学方法进行处理。粗糙集理论能够分析隐藏在数据中的事实而不需要关于数据的任何附加信息。

在信息系统中，对象由一组属性集表示。如果某些对象在考虑的属性集上取值完全相同，则这些对象在这一组属性上不能相互区分。不可区分关系的概念是粗糙集理论的基石，它揭示出论域知识的颗粒状结构。对任意一个概念(或集合)X，当集合 X 能表示成基本等价类组成的并集时，称集合 X 是可以精确定义的；否则，集合 X 只能通过近似的方法来定义。集合 X 关于 P 的下近似$\underline{PX}$实际上是由那些根据已有知识判断肯定属于 X 的对象所组成的最大集合，也称为 X 的正区域。

集合 X 关于 P 的上近似$\overline{PX}$是由那些根据已有知识判断可能属于 X 的对象所组成的最小集合。

在图 9.5 中，$\underline{PX}$集合里的对象是肯定属于集合 X 的，$\overline{PX}$集合里的对象是可能属于集合 X 的。X 为关于 P 的粗糙集。

在粗糙集理论中，集合的不精确性是由于边界区域的存在而引起的。集合的边界区域越大，其精确性则越低。

粗糙集理论提供了一整套比较成熟的在样本数据集中寻找和发现数据属性之间关系的方法。

粗糙集理论的核心内容是属性重要性的度量和属性约简。属性重要性的度量可以分析数据中不同因素的重要程度。过去一般用专家知识对重要性高的属性赋予较大的权重，这必须依赖人的先验知识。而采用粗糙集理论的方法进行度量，可以不需要人为的先验因素，而是直

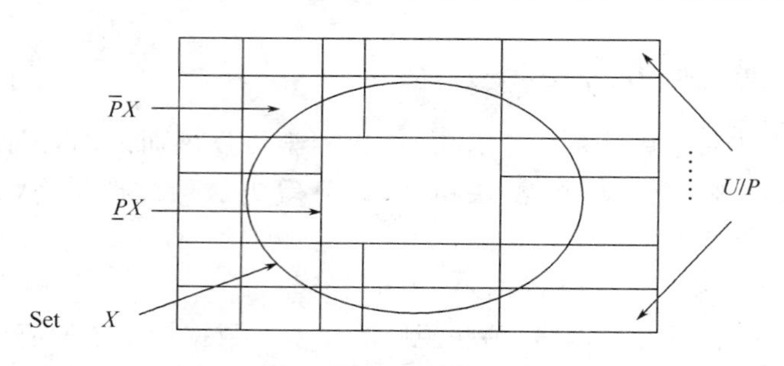

图 9.5　粗糙集概念的示意图

接从论域中的样例发现各个属性的重要性的大小。因此,基于粗糙集理论提取出的规则集,能更好地描述从有限样本中反映出来的属性之间关系的本质特征。

2. 统计学方法

统计学方法是数据挖掘的一种重要方法。利用统计分析工具收集、组织数据并从数据集中推导出结论。利用统计学方法,我们可以从已知数据来预测、估计未知信息;分类;检测异常数据。

在数据挖掘中,通常使用统计学方法进行线性分析、非线性分析、回归分析、判别分析、单变量分析、多变量分析、时间序列分析、最近邻算法、聚类分析等。这些方法已日趋成熟,在数据挖掘中得到了广泛的应用。

3. 贝叶斯方法

贝叶斯(Reverend Thomas Bayes,1702—1761)学派奠基性的工作是贝叶斯的论文"关于几率性问题求解的评论"。

贝叶斯网络是用来表示变量间连接概率的图形模式,它提供了一种自然的表示因果信息的方法,用来发现数据间的潜在关系。在这个网络中,用节点表示变量,有向边表示变量间的依赖关系。在数据挖掘中贝叶斯网络可以处理不完整和带有噪声的数据集,它用概率测度的权重来描述数据间的相关性,从而解决了数据间的不一致性,甚至是相互独立的问题;用图形的方法描述数据间的相互关系,语义清晰、可理解性强,有助于利用数据间的因果关系进行预测分析。

随着人工智能的发展,尤其是机器学习、数据挖掘等的兴起,为贝叶斯理论的发展与应用提供了更为广阔的空间。20 世纪 80 年代贝叶斯网络用于专家系统的知识表示,20 世纪 90 年代进一步研究可学习的贝叶斯网络,用于数据挖掘和机器学习。

贝叶斯网络在数据挖掘中的应用主要有以下几方面:

1) 分类及回归分析。现已有求解它们的成功模型,如简单贝叶斯、贝叶斯网络、贝叶斯神经网络等。目前贝叶斯分类方法已在文本分类、字母识别、经济预测等领域获得了成功应用。

2) 因果推理及不确定性知识表达。贝叶斯网络能够方便地处理不完全数据;能够学习变量间的因果关系。

3) 聚类模式发现。贝叶斯方法通过综合先验的模型知识和当前的数据特点来实现选择最优模型的目的。

4. 决策树

决策树广泛地使用了逻辑方法，相对较小的树更容易理解。图9.6是关于训练数据的决策二叉树。为了分类一个样本集，根节点被测试为真或假的决策点。根据对关联节点的测试结果，样本集被放到适当的分枝中进行考虑，并且这一过程将继续进行。当到达一个决策点时，它存储的解就是答案。从根节点到叶子的一条路就是一条决策规则。决定节点的路是相互排斥的。

使用决策树，其任务是决定树中的节点和关联的非决定节点。实现这一任务的算法通常依赖于数据的划分，在更细的数据上通过选择单一最好特性来分开数据和重复过程。树归纳方法比较适合高维应用。这是最快的非线性预测方法，并常应用于动态特性选择。

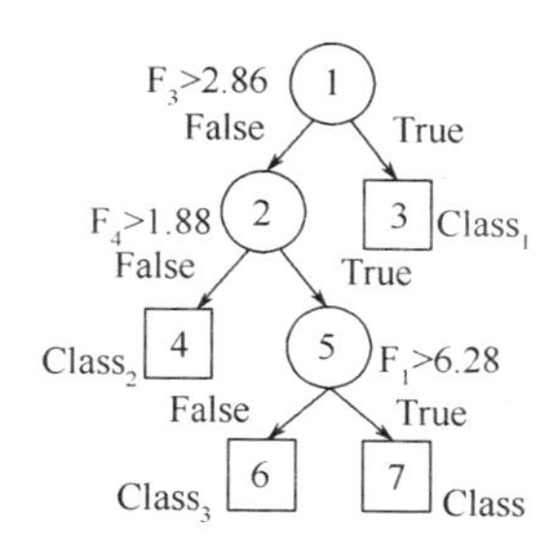

图9.6　训练数据的决策二叉树

最早的决策树方法是1966年Hunt所提出的CLS算法，而最著名的决策树学习算法是Quinlan于1979年提出的ID3方法。

CLS算法的主要思想是从一个空的决策树出发，通过添加新的判定节点来改善原来的决策树，直至该决策树能够正确地将训练实例分类为止。

(1) CLS算法

1) 令决策树T的初始状态只含有一个树根(X,Q)，其中X是全体训练实例的集合，Q是全体测试属性的集合。

2) 若T的所有节点(X',Q')都有如下状态：或者第一个分量X'中的训练实例都属于同一个类，或者第二个分量Q'为空，则停止学习算法，学习结果为T。

3) 否则，选取一个不具有步骤2)所述状态的叶节点(X',Q')。

4) 对于Q'，按照一定规则选取测试属性b，设X'被b不同取值分为m个不相交的子集Xi'，$1\leqslant i\leqslant m$，从(X',Q')伸出m个分叉，每个分叉代表b的一个不同取值，从而形成m个新的叶节点$(Xi',Q'-\{b\})$，$1\leqslant i\leqslant m$。

5) 转步骤2)。

ID3算法对检测属性的选择给出一种启发式规则，这个规则选择平均信息量(熵)最小的属性A，因此，又称为最小熵原理。

(2) ID3算法

1) 选取整个训练实例集X的规模为M的随机子集Xl(M称为窗口规模集称为窗口)。

2) 以信息熵最小为标准选取每次的测试属性，形成当前窗口的决策树。

3) 顺序扫描所有训练实例，找出当前的决策树的例外，如果没有例外则训练结束。

4) 组合当前窗口中的一些训练实例与某些在3)中找到的例外形成新的窗口，转2)。

5. 模糊计算技术

1965年，美国加州大学伯克莱分校L. zadeh教授发表了著名的论文“Fuzzy Sets”(模糊集)，开创了模糊理论。其基本思想是：真实世界中的问题、概念往往没有明确的界限，而传统数学的分类总试图定义清晰的界限，这是一种矛盾，一定条件下会变成对立的东西。任何事情都离不开隶属程度。

利用模糊属性模型对信息进行描述,对对象及对象的上下近似空间进行模糊表示。主要应用在自动控制、模式识别和决策推理系统、预测、智能系统设计、智能机器人、图像处理与识别等领域。

6. 神经网络方法

神经网络是借鉴人脑的结构和特点,通过大量简单处理单元互联组成的大规模并行分布式信息处理和非线性动力学系统。由可调节权值的闭值逻辑单元组成,通过不断调节权值对网络进行训练与学习,直至得到令人满意的结果。

在真实世界中进行数据挖掘,以下几个问题是需要考虑和解决的:

1) 数据集的性质往往非常复杂。

2) 进行数据分析的目标多样、复杂。

3) 在复杂目标下,对巨量数据集的分析,目前还没有现成的并且满足可计算条件的一般性理论与方法。

由于数据关系的复杂性,非线性程度相当高,并且存在噪声,将神经网络方法用于数据挖掘,则可以利用神经网络在非线性处理和处理噪声方面的优势得到一些较好的结果。利用神经网络方法对大多数知识的挖掘是可行的,效果也比较好。

一些研究者指出,将神经计算技术应用于数据挖掘主要存在两大障碍:神经网络学到的知识难于理解;学习时间太长,不适于大型数据集。

针对以上问题,基于神经网络的数据挖掘主要有两个方向的研究内容:

1) 增强网络的可理解性,从神经网络中抽取易于理解的规则。基于结构分析的方法,基本思想是把已训练好的神经网络结构映射成对应的规则。由于搜索过程的计算复杂度和神经网络输入分量之间呈指数级关系,故当输入分量很多时,会出现组合爆炸。因此,此类算法一般采用剪枝聚类等方法来减少网络中的连接以降低计算复杂度。

基于性能分析的方法,不对神经网络结构进行分析和搜索,而是把神经网络作为一个整体来处理,更注重的是抽取出的规则在功能上对网络的重现能力,即产生一组可以替代原网络的规则。

2) 提高网络学习速度,解决方案是设计快速学习算法。

7. 遗传算法

遗传算法是一类模拟进化算法。具有简单通用、鲁棒性强、适合于并行处理以及应用范围广等特点。遗传算法认为每一代同时存在许多不同染色体。用适应性函数表征染色体的适应性,染色体的保留与淘汰取决于它们对环境的适应能力,优胜劣汰。这种算法可起到产生优化后代的作用,这些后代需满足适应值。经若干代遗传,可以得到问题的解。遗传算法已在优化计算和分类机器学习等方面发挥了显著作用。

8. 关联规则方法

关联规则方法是数据挖掘的主要技术之一。关联规则方法就是从大量的数据中挖掘出关于数据项之间的相互联系的有关知识。

关联规则挖掘也称为“购物篮分析”，主要用于发现交易数据库中不同商品之间的关联关系。发现的这些规则可以反映顾客购物的行为模式，从而可以作为商业决策的依据。在商业领域得到了成功应用。Apriori算法是一种经典的挖掘布尔型关联规则的频繁项集算法。

9. 文本挖掘

文本挖掘主要用于从大型文本形式的数据集中发现知识，可以对大量文本数据集的内容进行总结、关联分析、分类和聚类分析。文本挖掘涵盖多种技术，包括信息抽取、信息检索、自然语言处理和数据挖掘技术。

文本挖掘主要应用于以下几方面：商业智能、信息检索、电子邮件管理、文档管理、客户关系管理、市场研究和情报收集、搜索引擎等。

10. Web挖掘

随着互联网技术的高速发展，越来越多的人依靠互联网来获取信息、交流情感。互联网拥有大量的数据和丰富多彩的信息，但这些信息的动态性和无结构性使得人们在其中找寻到有用的信息十分困难。Web挖掘就显得至关重要。

Web挖掘指使用数据挖掘技术在WWW数据中发现潜在的、有用的模式或信息。Web挖掘研究覆盖了多个研究领域，包括数据库技术、信息获取技术、统计学、人工智能中的机器学习和神经网络等。Web挖掘主要有：Web内容挖掘、Web结构挖掘和Web使用记录挖掘。

11. 空间数据挖掘

空间数据挖掘是指从空间数据库中抽取未显示的、为人们感兴趣的空间模式和特征、空间和非空间数据之间的概要关系及其他概要数据特征。对空间数据库中非显示存在的知识、空间关系或其他有意义模式进行提取。空间数据挖掘方法主要有空间数据分类、空间数据关联分析和空间趋势分析。

在地理信息系统、图像数据勘测和医学图像处理等领域有着广泛的应用。

12. 可视化方法

可视化方法主要以刻画结构和显示数据的功能性，以及人类感知模式、例外、倾向和关系的能力为基础。利用可视化方法，可使人们对数据中隐藏的意义有更方便、更直观地理解。使用户能在一个更高的抽象层次上观察数据，以利于用户找出数据集中的潜在模式。

可视化的数据挖掘有数据可视化、数据结果可视化、数据挖掘过程可视化和交互式可视化几个方面。

9.4.4 数据挖掘工具

在实际应用中，数据挖掘可以用任何的编程语言进行算法设计与实现，除此之外，也可使用一些软件产品。Oracle和SQL Server都提供了数据挖掘的工具，可以方便地创建数据仓库并进行数据挖掘。

数据挖掘模块在Oracle9i中是一个可选模块，是以Oracle9i关系型数据库为基础并且集成在Oracle9i中的数据挖掘开发工具，具有针对Oracle关系表以指定的挖掘模式进行数据挖掘的功能。数据挖掘模块的功能且分类、聚类、关联规则、属性权重模型分析等。同时也可以对各种挖掘模式所使用的算法进行定义。

早在微软的 SQL Server 2000 中,已经把数据挖掘引擎集成到了分折服务中,从而大大地降低了这个先进而强有力工具的复杂性。分析服务包括数据挖掘的两种算法:聚类和决策树。在 SQL Server 2005 中对数据挖掘功能进行了强化,引入了大量新的数据挖掘功能,集成了关联规则、决策树、Naïve Bayes、聚类、文本挖掘、时序、神经网络、逻辑回归、线性回归等多种经典算法。通过它们可以完成大多数数据挖掘任务。

9.5 云计算

云计算概念是由 Google 提出的,这是一个美丽的网络应用模式。狭义云计算是指 IT 基础设施的交付和使用模式,指通过网络以按需、易扩展的方式获得所需的资源;广义云计算是指服务的交付和使用模式,指通过网络以按需、易扩展的方式获得所需的服务。这种服务可以是 IT 和软件、互联网相关的,也可以是任意其他的服务,它具有超大规模、虚拟化、可靠安全等独特功效。

9.5.1 云计算的概述

1. 云计算的定义

目前,云计算没有统一的定义,当前云计算的定义主要包括如下几种。

1) 维基百科的定义:云计算将 IT 相关的能力以服务的方式提供给用户,允许用户在不了解提供服务的技术、没有相关知识及设备操作能力的情况下,通过 Internet 获取需要的服务。

2) 中国云计算网的定义:云计算是分布式计算(Distributed Computing)、并行计算(Parallel Computing)和网格计算(Grid Computing)的发展,或者说是这些科学概念的商业实现。

2. 云计算的研究现状

Google 公司是云计算的领跑者,也是最大的实践队伍。Google 搜索引擎是最早的云计算应用之一。它的数据和计算都在数据中心,用户只需进入谷歌首页,把自己想知道的东西输进去,Google 庞大的搜索引擎就会从分布于世界各地的远端数据中心帮助用户寻找相关数据并进行计算排名,最后把结果反馈到用户桌面。Google 仅为自己在互联网上的应用提供云计算平台,并没有将云计算的内部基础设施供给外部的用户使用,独立开发商或者开发人员无法在这个平台上工作。所以它的云计算平台是一个相对的私有环境。

微软的云计算思想是将用户通过互联网更紧密地连接起来,向他们提供云计算服务。IBM 推出的蓝云(Blue Cloud)计算平台,为客户带来即买即用的云计算。它包括一系列的云计算产品,通过架构一个分布式、可全球访问的资源结构使得数据中心在类似于互联网的环境下运行计算。亚马逊于 2007 年推出了名为“弹性计算机云”(Elastic Compute Cloud,EC2)的收费服务,中小软件企业可以按需购买亚马逊数据中心的计算能力。

在我国,云计算发展也非常迅猛。2008 年 5 月,IBM 在中国无锡太湖新城科教产业园建立的中国第一个云计算中心投入运营。同年 6 月,IBM 在北京 IBM 中国创新中心成立了第一家中国的云计算中心——IBM大中华区云计算中心，2009年阿里巴巴集团在南京开始建立国内首个“电子商务云计算中心”。中国移动研究院对云计算的探索起步较早，他们认为云计算和互联网的移动化是未来的发展方向，目前已经完成了云计算中心试验。

3. 云计算的特点

1）云计算系统提供的是服务。服务的实现机制对用户透明，用户无需了解云计算的具体机制，就可以获得需要的服务。

2）用冗余方式提供可靠性。云计算系统由大量商用计算机组成集群向用户提供数据处理服务。随着计算机数量的增加，系统出现错误的概率大大增加。在没有专用的硬件可靠性部件的支持下，采用软件的方式，即数据冗余和分布式存储来保证数据的可靠性。

3）高可用性。通过集成海量存储和高性能的计算能力，云能提供较高的服务质量。云计算系统可以自动检测失效节点，并将失效节点排除，不影响系统的正常运行。

4）高层次的编程模型。云计算系统提供高层次的编程模型。用户通过简单学习，就可以编写自己的云计算程序，在“云”系统上执行，满足自己的需求。现在云计算系统主要采用Map－Reduce模型。

5）经济性。组建一个采用大量的商业机组成的集群相对于同样性能的超级计算机花费的资金要少很多。

6）服务多样性。用户可以支付不同的费用，以获得不同级别的服务等。

9.5.2　云计算的数据存储

为保证高可用、高可靠和经济性，云计算采用分布式存储的方式来存储数据，采用冗余存储的方式来保证存储数据的可靠性，即为同一份数据存储多个副本。

另外，云计算系统需要同时满足大量用户的需求，并行地为大量用户提供服务。因此，云计算的数据存储技术必须具有高吞吐率和高传输率的特点。

云计算的数据存储技术主要有谷歌的非开源GFS(Google File System)和Hadoop开发团队开发的GFS的开源实现HDFS(Hadoop Distributed File System)。大部分IT厂商，包括雅虎、英特尔的“云”计划采用的都是HDFS的数据存储技术。

云计算的数据存储技术未来的发展将集中在超大规模的数据存储、数据加密和安全性保证，以及继续提高I/O速率等方面。

以GFS为例。GFS是一个管理大型分布式数据密集型计算的可扩展的分布式文件系统。它使用廉价的商用硬件搭建系统并向大量用户提供容错的高性能服务。

GFS系统由一个Master和大量块服务器构成。Master存放文件系统的所有元数据，包括名字空间、存取控制、文件分块信息、文件块的位置信息等。GFS中的文件被切分为64MB的块进行存储。

在GFS文件系统中，采用冗余存储的方式来保证数据的可靠性。每份数据在系统中保存3个以上的备份。为了保证数据的一致性，对于数据的所有修改需要在所有的备份上进行，并用版本号的方式来确保所有备份处于一致的状态。客户端不通过Master读取数据，避免因大量读操作而使Master成为系统瓶颈。客户端从Master获取目标数据块的位置信息后，直接和块服务器交互进行读操作。

客户端在获取 Master 的写授权后，将数据传输给所有的数据副本，在所有的数据副本都收到修改的数据后，客户端才发出写请求控制信号。在所有的数据副本更新完数据后，由主副本向客户端发出写操作完成控制信号。

当然，云计算的数据存储技术并不仅仅只是 GFS，其他 IT 厂商，包括微软、Hadoop 开发团队也在开发相应的数据管理工具。云计算本质上是一种分布式的数据存储技术，可对上层屏蔽具体的物理存储器的位置、信息等。目前，对于数据的快速定位、数据安全性、数据可靠性及底层设备内存储数据量的均衡等方面都需要继续研究完善。

9.5.3　云计算的数据管理

云计算系统对大数据集进行处理、分析，向用户提供高效的服务。因此，数据管理技术必须能够高效地管理大数据集。其次，如何在规模巨大的数据中找到特定的数据，也是云计算数据管理技术所必须解决的问题。

云计算的特点是读取海量的数据后对其进行大量的分析，数据的读操作频率远大于数据的更新频率，云数据管理是一种最优化的数据管理。因此，云系统的数据管理往往采用数据库领域中列存储的数据管理模式，将表按列划分后存储。

云计算的数据管理技术中最著名的是谷歌提出的 BigTable 数据管理技术。由于采用列存储的方式管理数据，如何提高数据的更新速率及进一步提高随机读速率是数据管理技术必须解决的问题。

以 BigTable 为例。BigTable 数据管理方式设计者——Google 给出了如下定义："BigTable 是一种为了管理结构化数据而设计的分布式存储系统，这些数据可以扩展到非常大的规模，例如在数千台商用服务器上的达到 PB(Petabytes)规模的数据"。

BigTable 对数据读操作进行优化，采用列存储的方式，以提高数据读取效率。BigTable 管理的数据的存储结构为：＜row：string，column：string，time：int64＞—＞string。BigTable 的基本元素是：行、列、记录板和时间戳。其中，记录板是一段行的集合体。

BigTable 中的数据项按照行关键字的字典序排列，每行动态地划分到记录板中。每个节点管理大约 100 个记录板。时间戳是一个 64 位的整数，表示数据的不同版本。列族是若干列的集合，BigTable 中的存取权限控制在列族的粒度进行。

BigTable 在执行时需要三个主要的组件：链接到每个客户端的库。一个主服务器，多个记录板服务器。主服务器用于分配记录板到记录板服务器，还用于负载平衡，垃圾回收等。记录板服务器用于直接管理一组记录板，处理读写请求等。

为保证数据结构的高可扩展性，BigTable 采用三级的层次化的方式来存储位置信息。

其中第一级的 Chubby file 中包含 Root Tablet 的位置，Root Tablet 有且仅有一个，包含所有 METADATA tablets 的位置信息，每个 METADATA tablets 包含许多 User Table 的位置信息。

当客户端读取数据时，首先从 Chubby file 中获取 Root Tablet 的位置，并从中读取相应 METADATA tablet 的位置信息。接着从该 METADATA tablet 中读取包含目标数据位置信息的 User Table 的位置，然后从该 User Table 中读取目标数据的位置信息项。据此信息到服务器中特定位置读取数据。

这种数据管理技术虽然已经投入使用，但是仍然具有部分缺点。例如，对类似数据库中的

Join 操作效率太低，表内数据如何切分存储，数据类型限定为 string 类型过于简单等。而微软的 DryadLINQ 系统则将操作的对象封装为. NET 类，这样有利于对数据进行各种操作，同时对 Join 进行了优化，得到了比 BigTable+ MapReduee 更快的 Join 速率和更易用的数据操作方式。

9.5.4　云计算的编程模型

为了使用户能更轻松地享受云计算带来的服务，让用户能利用该编程模型编写简单的程序来实现特定的目的，云计算上的编程模型必须十分简单。必须保证后台复杂的并行执行和任务调度向用户和编程人员透明。

云计算大部分采用 Map - Reduce 的编程模式。现在大部分 IT 厂商提出的“云”计划中采用的编程模型，都是基于 Map - Reduce 的思想开发的编程工具。

Map - Reduce 不仅仅是一种编程模型，同时也是一种高效的任务调度模型。Map - Reduce 这种编程模型并不仅适用于云计算，在多核和多处理器、ceil 处理器及异构机群上同样有良好的性能。

该编程模式仅适用于编写任务内部松耦合、能够高度并行化的程序。如何改进该编程模式，使程序员得能够轻松地编写紧耦合的程序，运行时能高效地调度和执行任务，是 Map - Reduce 编程模型未来的发展方向。

Map - Reduce 是一种处理和产生大规模数据集的编程模型，程序员在 Map 函数中指定对各分块数据的处理过程，在 Reduce 函数中指定如何对分块数据处理的中间结果进行归约。用户只需要指定 map 和 reduce 函数来编写分布式的并行程序。当在集群上运行 Map - Reduce 程序时，程序员不需要关心如何将输入的数据分块、分配和调度，同时系统还将处理集群内节点失败及节点间通信的管理等。

执行一个 Map - Reduce 程序需要以下步骤：输入文件、将文件分配给多个 worker 并行地执行、写中间文件（本地写）、多个 Reduce worker 同时运行、输出最终结果。本地写中间文件在减少了对网络带宽的压力同时减少了写中间文件的时间耗费。执行 Reduce 时，根据从 Master 获得的中间文件位置信息，Reduce 使用远程过程调用，从中间文件所在节点读取所需的数据。

Map - Reduce 模型具有很强的容错性，当 worker 节点出现错误时，只需要将该 worker 节点屏蔽在系统外等待修复，并将该 worker 上执行的程序迁移到其他 worker 上重新执行，同时将该迁移信息通过 Master 发送给需要该节点处理结果的节点。Map - Reduce 使用检查点的方式来处理 Master 出错失败的问题，当 Master 出现错误时，可以根据最近的一个检查点重新选择一个节点作为 Master，并由此检查点位置继续运行。

Map - Reduce 仅为编程模式的一种，微软提出的 DryadLINQ 是另外一种并行编程模式。但它局限于. NET 的 LINQ 系统同时并不开源，限制了它的发展。

Map - Reduce 作为一种较为流行的云计算编程模型，在云计算系统中应用广泛。但是基于它的开发工具 Hadoop 并不完善。特别是其调度算法过于简单，需要进行推测执行的任务算法过多，降低了整个系统的性能。改进 Map - Reduce 的开发工具，包括任务调度器、底层数据存储系统、输入数据切分、监控“云”系统等方面是主要的发展方向。另外，将 Map - Reduce 的思想运用在云计算以外的其他方面也是一个流行的研究方向。

思考题

9 - 1 什么是人工智能?其特点是什么?
9 - 2 一个基于机器学习的系统应该具有哪些模块和功能?
9 - 3 增强一个机器或系统的智能性有哪些方法和策略?
9 - 4 什么是模式识别?它有哪些方法和哪些应用?
9 - 5 什么是信息融合?其结构和常用的基本方法有哪些?
9 - 6 试简述信息融合在物联网中的重要性。
9 - 7 解释术语云计算并简述其应用。
9 - 8 阐述云计算的特点和技术难点。

第 10 章　物联网技术的应用

随着传感、信息通信、人工智能和数据挖掘等技术的成熟与发展，伴着互联网的普及，技术间相互结合与融合的深度与速度加快，使得物联网的发展成为必然。物联网能够通过智慧型设施进行信息整合，并通过智能系统实现信息的甄别和挖掘，使得信息的传输、整合和智能处理得到完美融合。物联网发展中，各类技术融合发展的快速推进及与各种工业技术的交叉融合，使得应用范围和深度不断扩展，加快推动传统产业结构的重组升级，各产业的融合也将不断深入。

物联网应用遍及智能电网、智能交通、食品安全、生产安全、环境保护、城市管理、政府工作、公共安全、公共管理、公共服务、公共设施、平安家居、智能消防、工程控制、工业监测、智能建筑、医疗卫生、老人护理、个人健康、物流管理、家电监控等领域，如图 10.1 所示。条形码技术多应用于零售商和物流企业进行商品目录和价格管理，如应用条形码、电子标签的物品与互联网连接后，其流向就能被控制。而应用芯片植入和射频技术传递的邮件，其相关信息可被随时跟踪。贴上电子标签的手机因具备钱包功能，可实现“刷手机”乘车、购物的便利。

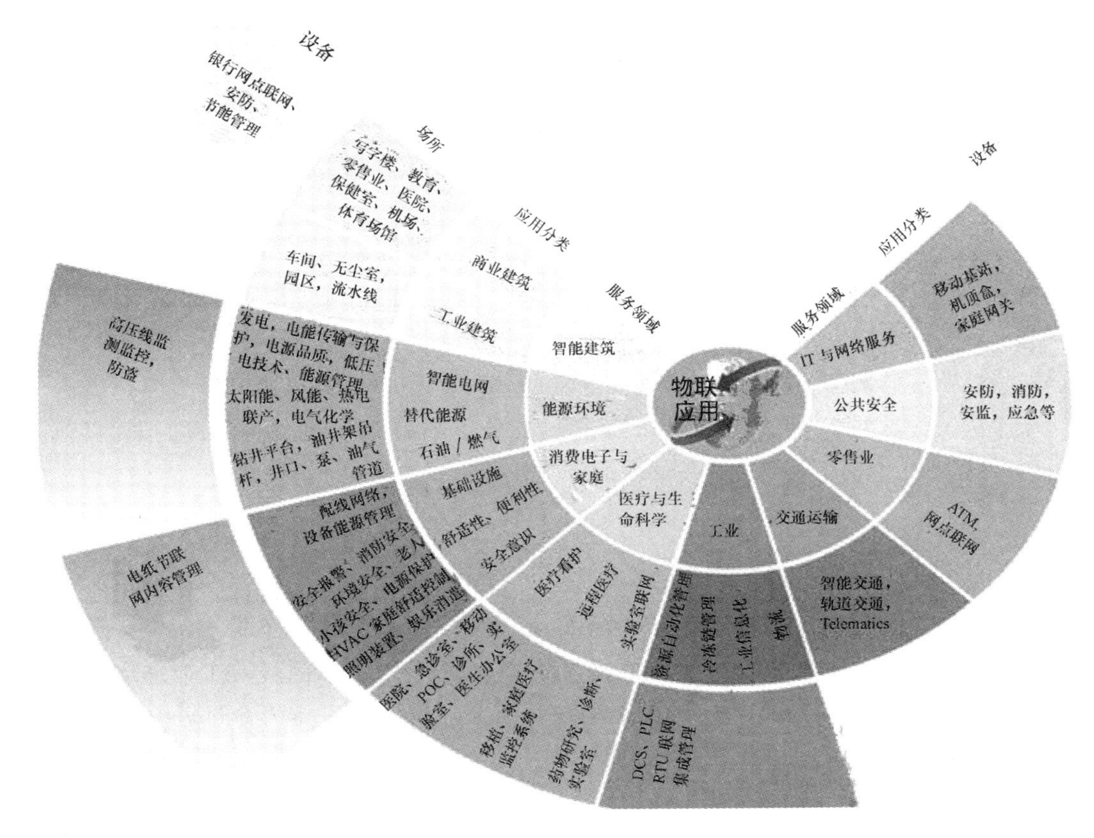

图 10.1　物联网应用层广泛的应用范围

物联网需要自动控制、信息传感、射频识别、无线通信及计算机等技术的支撑。物联网的研究将带动整个产业链或者说推动产业链的共同发展。可以肯定,在国家大力推动工业化与信息化融合的大背景下,物联网会是工业乃至更多行业信息化过程中,一个比较现实的突破口。

10.1　物联网技术在通信网络中的应用

为了方便,人们用移动的方式与网络连接。无线终端通过无线移动通信网络接入物联网并实现对目标物体的识别、监控等功能,此时的物联网便可称之为无线物联网。目前的物联网主要集中在展会区域,通过固定区域放置射频识别器,实现该片区域的智能化。无线物联网还没有真正地大规模应用。在未来的无线物联网中,人们可利用手机终端访问物联网数据库,查询目标信息。比如利用手机访问特定网址,经过身份验证后,输入产品的电子标签就可以查询所买的超市商品信息。无线物联网也可以用于智能监控,利用手机终端通过通信网络传输可以实时观察目标区域的交通情况,以便选择方便快捷的路线。同样可以把该技术用于很多领域:如医院、仓库、物流等,实现远程智能监控。另外通过无线物联网也可以用手机终端去控制装配有电子标签的家用电器。比如设置空调的开启时间和温度,设置电视的开启、频道等。

1. 中国电信

中国电信已建成300多个全国性的信息应用系统,涌现了一大批成功案例。

“平安e家”是一款典型的家庭M2M应用,其利用传感技术,结合家庭的安防和看护需求,实现了集音频、视频和报警功能为一体的综合安防。

“家庭信息机”在传统数码相框的基础上,采用推送的方式将更丰富信息呈现在终端上,甚至已经初具云计算的功能。

“客运车辆调度与监控应用”系统通过3G网络传输车载传感器和摄像头采集的图像和数据,实现了客运企业对车辆的实时监控和精确调度,提高了车辆的运营行驶安全,我国山东济南的1 000多辆公交车已经在使用该系统。

“污染源在线监测监控”系统将污染源的实时监控图像和相关传感器采集的环境监测数据,与环保执法人员的3G手机连接起来,极大地方便了环保部门对污染源的管理。目前已协助11个省(市)的环保部门,实现了对3 000多个重点污染源的远程实时监控。

2. 中国移动

中国移动率先提供了统一开放的M2M系统架构,并在该架构下设计了针对无线机器通信的WMMP通信协议;通过TD M2M模组的开发提供标准化的软硬件接口及二次应用开发环境,实现了M2M终端的标准化,有效降低了终端部署成本。此外,针对工业环境的应用特点,设计了工业级SIM卡的解决方案,有效解决了工业环境下SIM卡寿命过短的问题。

通过与产业链各方的广泛合作,中国移动已经开通了“手机支付”、“物流管理”、“电力抄表”、“动物溯源”、“终端监控”、“电梯卫士”、“数字城管”和“车务通”等各类物联网的业务。其车务通产品已在2008年北京举行的奥运会上得到应用。中国科学院上海微系统与信息安全研究所与中国移动公司合作,在太湖设置采集点,获取水质相关信息,进行实时水质监测。

目前，中国移动已经部署超过 300 万台 M2M 终端，且年增长率超过 80%，在物联网的创新与实践中，逐渐形成了一支专业化业务研发与运营支撑团队，并在国内唯一拥有 1 亿个 M2M 专用码号资源。

3. 中国联通

中国联通 M2M 相关业务也已经推出，在汽车信息化、环保信息化、公交信息化、手机银行、手机订票、移动办公及远程定损等业务及应用中推进创新业务。

汽车信息化方面，中国联通与上海汽车制造股份公司合作，开展 3G 车载信息服务应用，并实现终端量产，2010 年 1 季度已装配整车下线。

环保信息化方面，中国联通为内蒙古自治区提供重点污染源自动监控服务，涵盖 12 个盟（市），完成两百余个企业污染源前端监测设备、污染源视频监控前端设备建设及接入，同时配套编制、建立相应的项目建设标准规范体系和安全管理体系。

公交信息化方面，中国联通为济南公交总公司提供公交车辆车载 3G 视频监控系统，监控中心不仅可以通过 3G 网络实时监控公交车辆运行位置、运动轨迹和车厢内的情况，还能接收司机人工触发的紧急报警信号，启动相关预警预案，同时相关视频图像还能满足市应急指挥中心和市交通委等管理调度视频信号联网要求。根据济南警方的统计，济南公交安装了视频监控之后，扒窃发案率下降了 30%，市民出行更加安全。

10.2　物联网技术在智能交通中的应用

物联网可以很好地应用到诸多领域，智能交通领域即是其中之一。目前的智能交通系统（Intelligent Transport System，ITS）主要包括以下几个方面：先进的交通信息服务系统、先进的交通管理系统、先进的公共交通系统、先进的车辆控制系统、先进的运载工具操作辅助系统、先进的交通基础设施技术状况感知系统、货运管理系统、电子收费系统和紧急救援系统。

智能交通的发展，将带动智能汽车、导航、车辆远程信息系统、RFID、交通基础设施运行状况的感知技术（如智能道路、智能铁路、智能水运航道等）、运载工具与交通基础设施之间的通信技术、运载工具与同种运载工具或不同种运载工具之间的通信技术、动态实时交通信息发布技术等多个产业的发展，具有很广泛的应用需求。

随着车载导航装置的发展和手机的普及，在北京、上海、广东珠海等比较发达的城市已经出现了基于车载导航装置和手机的动态交通信息服务（如珠海的“安捷通”系统），这些发布方式必将随着城市智能交通的发展进一步得到普及。可以说，随着交通信息发布系统的进一步建设，广大交通参与者将能够越来越方便、越来越及时地获得各种交通信息，从而更好地帮助其出行。

ITS 作为一个信息化的系统。它的各个组成部分和各种功能都是以交通信息应用为中心展开的，因此，实时、全面、准确的交通信息是实现城市交通智能化的关键。从系统功能上讲，这个系统必须将汽车、驾驶者、道路及相关的服务部门相互连接起来，并使道路与汽车的运行功能智能化，从而使公众能够高效地使用公路交通设施和能源。其具体的实现方式是：该系统采集到的各种道路交通及各种服务信息经过交通管理中心集中处理后，传送到公路交通系统的各个用户，出行者可以实时选择交通方式和交通路线；交通管理部门可以自动进行交通疏导、控制和事故处理;运输部门可以随时掌握所属车辆的动态情况,进行合理调度。这样,路网上的交通经常处于最佳状态,能够改善交通拥挤,最大限度地提高路网的通行能力及机动性、安全性和生产效率。

美国是应用ITS较为成功的国家。1995年美国交通部出版的“国家智能交通系统项目规划”,明确规定了智能交通系统的7大领域和29个用户服务功能。7大领域包括出行和交通管理系统、出行需求管理系统、公共交通运营系统、商用车辆运营系统、电子收费系统、应急管理系统、先进的车辆控制和安全系统。目前ITS在美国的应用已达80%以上,而且相关的产品也较先进。

10.3 物联网技术在智能家居中的应用

智能家居定义为:以住宅为平台,兼备建筑、网络通信、信息家电、设备自动化,集系统结构服务管理为一体的高效、舒适、安全、便利、环保的居住环境。总体而言,智能家居发展大致经历了四代:第一代主要是基于同轴线两芯线进行家庭组网,实现灯光、窗帘控制和少量安防等功能;第二代主要基于RS-485线、部分基于IP技术进行组网,实现可视对讲安防等功能;第三代实现了家庭智能控制的集中化,控制主机产生,业务包括安防、控制计量等业务;第四代基于全IP技术,末端设备基于ZigBee等技术,智能家居业务提供采用云技术,并可根据用户需求实现定制化、个性化。目前智能家居产品大多属于第三代,而美国已经对第四代智能家居进行了初步的探索,且已有相应产品。

物联网的发展为智能家居引入了新的概念及发展空间,智能家居可以被看做是物联网的一种重要应用。基于物联网的智能家居,表现为利用信息传感设备将家居生活有关的各种子系统有机地结合在一起,并与互联网连接起来,进行监控、管理信息交换和通信,实现家居智能化,其包括:智能家居(中央)控制管理系统、终端(家居传感器终端、控制器)家庭网络外联网络、信息中心等。

智能家居产品融合自动化控制系统、计算机网络系统和网络通信技术于一体,使各种家庭设备通过智能家庭网络联网实现自动化,通过宽带、固话和3G无线网络,可以实现对家庭设备的远程操控。与普通家居相比,智能家居不仅提供舒适宜人且高品位的家庭生活空间,实现更智能的家庭安防系统,还将家居环境由原来的被动静止结构转变为具有能动智慧的工具,提供全方位的信息交互功能。

总的来说,我国物联网智能家居产业有如下特点:

(1) 需求旺盛

随着国家经济的发展和人民生活水平的提高,物联网智能家居的应用需求日益增强。虽说仍然面临着传统解决方案性能单一、价格高、难以规模推广发展的瓶颈,不过随着物联网的发展,智能家居行业将迎来新机遇。

(2) 产业链长

智能家居涉及土建装修、通信网络、信息系统集成、传感器件、家电、医疗、自动控制等多个领域。

(3) 渗透性强

由于智能家居涉及的业务渗透到生活的方方面面,因此其产业链长,导致行业的渗透性强。

(4)带动性好

智能家居能够带动建筑业、制造业、信息技术等诸多领域发展。

基于物联网的智能家居从体系架构上来看,由感知、传输和信息应用三部分组成家居末端的感应、信息采集及受控等设备,传输包括家庭内部网络和公共外部网络数据的汇集和传输,信息应用主要是指智能家居应用服务运营商提供的各种业务。

可以看出,作为物联网重要的应用,智能家居涉及多个领域,相对于其他的物联网应用来说,拥有更广大的用户群和更大的市场空间,同时与其他行业有大量的交叉应用。目前,智能家居应用多是垂直式发展,行业各自发展,无法互联互通,并不能涉及整个智能家居体系架构的各个环节,如家庭安防,主要局限在家庭或小区的局域网内,同时使通过电信运营商网络给业主提供彩信、视频等监控和图像采集业务,由于业务没有专用的智能家居业务平台提供,仍然无法实现整个家庭信息化,但也应看到,智能家居已经发展很多年,业务链上各环节,除业务平台外,都已较为成熟,而且均能获得利润,具有各自独立的标准体系。但在规模相对较小的现状下,要在未来实现规模化发展,还有许多问题亟待解决。造成目前智能家居现状的原因是多方面的,包括前期政府扶持不够、资金投入不足、行业壁垒、地方保护,以及智能家居和物联网相关技术短期内不成熟等。

由于智能化家庭是社会生产力发展、技术进步和社会需求相结合的产物,随着人民生活的提高、国家部门的扶持、相关行业协会的成立,智能家居将逐步形成完整的产业链,统一的行业技术标准和规范也将进一步得以制定与完善。智能化家庭网络正向着集成化、智能化、协调化、模块化、规模化、平民化方向发展。

政府推动示范项目,使拥有一定智能家居技术行业用户、相应产品,解决方案的厂商企业得到更多资金支持,使用户得到消费补贴等实惠,从而带动物联网技术发展,推动智能家居应用。物联网智能家居系统的可集成性是建立在系统的开放性基础之上的,要求系统所采用的协议必须有广泛的产品支持,并不断加快建立统一的物联网智能家居标准的步伐。要想在未来实现规模化发展,需要出现涉及整个业务链的智能家居业务运营商,提供整个业务链的解决方案业务集成以及设备维护等,这样才能使得业务链良性发展。为进一步促进家庭保险业、服务业金融业等其他行业以及三网融合的发展,智能家居核心问题为企业应研发共用平台,降低中小厂家研发成本和技术门槛,培养专业物联网智能家居服务和技术人才,包括方案、开发、设计、业务支撑等。

物联网在家庭的应用内容涵盖智能家居、健康服务、生活服务等方面内容,这些应用可以为家庭创造更为人性化、更为及时的服务,同时也可以使家庭用品制造销售商感知其产品在用户家中的状态,及时为用户提供维护保养、按需补充等服务,同时也为其组织生产运输提供精确指导,因此家庭物联网无疑对用户与生产服务商均具有重要意义。

但组建家庭物联网也面临很多技术难题。主要包括以下几个方面。

1)数据采集:需要有统一的数据采集方法。在家庭层面形成一个整体,而不是由设备制造商各自为政而形成多个数据出口,否则,难以管理和有效利用。

2)数据传送:需要形成有效的公共数据传送基础传输网络,让应用提供者以可控、安全、高效的方式获取数据并发送反馈。

3)应用提供:需要有多个层面的应用提供与扩展能力,即随着家庭传感网络的扩展,实现在家庭内部、运营商公共服务和第三方等方面进行应用功能的有效、方便灵活、低成本的扩充。

因此，构建家庭物联网应用系统要从体系架构上解决应用扩展、数据传送、数据采集等面临的问题，将其构造成家庭物联网应用的公共基础设施，有利于业务的可持续发展。

基于上述考虑。运营商的家庭物联网系统可以由三个层次组成，如图 10.2 所示。第一层是传感网络，包括智能家电、生活用品、家居设备、RF 读写器等，这些设备或带有 RF 读写器，或带有 RFID、传感器，可实现对家庭用品、家居设备的状态监控以及家庭成员的健康数据采集等；第二层是传输网络，由家庭网关和家庭物联网平台组成，实现数据的传输与计算；第三层是应用网络，主要包括家庭网关的物联网应用功能、物联网平台应用功能和由商场、制造商、医疗机构等组成的第三方应用功能。其中第三方应用主要实现对家庭物件的检测、控制、配送，提供商品的售后服务跟踪，以及及时为家庭成员提供健康服务等。

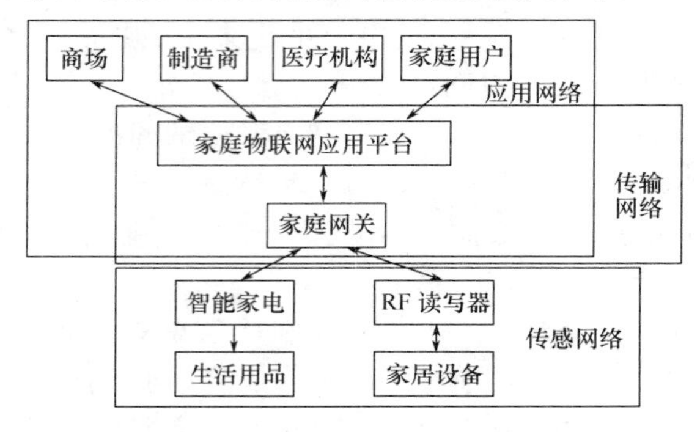

图 10.2　家庭物联网系统的构成

图 10.2 中家庭物联网应用平台和家庭网关兼具应用网络和传输网络的功能。其中，家庭网关的传输网络功能指其将来自传感网络中的智能家电、RF 读写器的数据传送到家庭物联网应用平台，应用平台的传输网络功能则指其根据一定的路由规则将这些数据传送到第三方应用功能。而家庭网关的应用功能是指家庭网关具备物联网的应用能力。例如可以根据室内温度传感器、照度传感器的数据对家电设备进行控制，完成室内闭环控制；这部分应用功能主要面向家庭用户，由家庭用户进行功能选择，同时允许家庭用户进行一定程度的编程控制。

家庭物联网应用平台的应用网络功能是指家庭物联网平台的数据分析与处理功能。如用户健康告警功能、安全告警功能等。家庭物联网平台作为应用网络同时面向家庭用户和单位用户提供服务。其中单位用户可以对平台的功能进行编排控制，实现特色服务。

物联网在智能家居方面的应用，将会实现主人不在家也可以操控家里的一切。在家中能够实现家电控制、灯光控制、家庭影院控制等，能够及时收到小区物业发送过来的各类公告信息，能够实现小区商城购买商品、小区远程医疗、邮政速递上门服务等一系列功能。如果是出门在外，能够通过电话、手机或者物联网连线家中的智能终端，了解家中家电的使用情况以便随时监控家中的状况。如果家中来了访客，可以通过可视对讲系统留言留影。如果家中出现煤气泄漏或者小偷潜入，安防设备会自动报警和抓拍小偷图像信息，同时以语音、短信或彩信等方式通知小区物业保安和业主。当业主在回家的途中，也可以通过手机提前开启家中的空调和热水系统，让业主一到家就能享受舒适、快意的智能化生活。

当然，智能家居只是物联网发展中所应用的最终方向。它还需要与数字化社区、互联网相结合，才能实现真正意义的物联网生活。早在物联网概念在世界上还没有盛行的时期，智能家居在我国已经发展十多年的时间,但是智能家居行业还没有发展到一定的规模,在当前世界经济还没有全面复苏的情况下,物联网作为一个新的经济增长点受到各发达国家和新兴经济体国家的大力推崇,智能家居行业作为物联网的一个重要组成部分受到社会各界前所未有的关注,智能家居行业的厂商迎来了难得的发展机遇,但其中也面临很多问题。

1）在技术上,智能家居市场所用的技术是鱼龙混杂,就目前市场上智能家居厂商使用到的技术主要包括 X1O 电力载波技术、无线射频技术、集中布线技术。其中 XlO 电力载波技术在我国部分地区的使用效果不太好。主要是因为电力系统中的信号干扰问题,虽然生产厂商可以采用一些设备解决这个问题,但故障率还是有点高;集中布线技术的施工麻烦,施工周期长,造价较高;无线射频技术由于布线简单,使用方便,越来越得到行业内人士的认可。国内物联网专家认为,“无线智能家居系统其实是物联网应用的一个具体领域”。可见无线智能家居应该是物联网大潮的发展趋势。而且无线智能家居已经在国内外众多的小区楼盘中得到成功应用。

2）产品稳定性上,目前智能家居市场上的相关产品可以说是多种多样,各家有各家的产品技术,市场中没有统一的行业标准,所以产品稳定性上存在众多的缺陷。生产厂商应该积极参与政府相关部门组织的智能家居行业通用标准的制定与实施。这样才能有利于智能家居市场健康发展。

3）产品安全性上。产品的安全性无疑是终端用户考虑比较多的问题之一,如何确保自己家里的隐私信息不被外界窃取,如何保证安防设备的正常使用,如何保证家中不被小偷侵入,都是应考虑的问题。智能终端设备必须采用防病毒系统设计,这是产品的一个基本要求。

4）现在智能家居产品的销售方式一般是用户从厂家订货,或者从厂家在各地的经销商拿货,购买方式极不方便,也不易于售后服务。如果智能家居产品能够像家电一样,全国各地每个角落都有智能家居产品超市或者售后维修点,诸多用户会考虑选择智能家居产品。生产厂商应该充分考虑终端用户的需要,在全国各大城市拓展销售渠道和售后服务网点,解决用户的后顾之忧。

5）虽然越来越多的媒体和老百姓关注智能家居,但是现有市场上如果要安装一整套智能家居系统的成本还是比较高的,现在别墅中用的比较普遍,对于普通老百姓来说要想享受这种高科技智能生活还需要一段时间。作为智能家居厂家应该充分考虑消费者的需要,积极研发适合消费者个性化配置的产品,降低智能家居系统安装的成本。这样智能家居才能真正进入寻常百姓的生活。

6）由于数字家庭智能网关是物联网中的核心设备,它连接着智能家居终端用户。同时又可以组建成智能小区系统与互联网相连,所以数字家庭智能网关的可靠性和通用性非常重要,这样才能保证无论身处世界的哪个角落。业主都可以使用手机、电脑、电话等各种方式远程监控家中的状况,远程控制家中的电器设备。真正做到出门在外,家就在身边!

10.4　物联网技术在超市购物中的应用

随着社会的发展,超市已经成为了人们日常生活的一部分,超市中的物品种类繁多,人们可以在超市中购买到所需商品,然而商品种类的增多给人们选购商品带来了一定的影响,人们可能会花大量的时间在寻找商品上,本方案意在让顾客在智能超市中感受到物联网给人们生活所带来的便捷,明白何为物联网及物联网对人们生活的影响,智能超市让顾客不再为购物找商品和排队结账而苦恼,因此,构建超市购物引导系统具有较大实际意义。

电子标签和物联网的出现使得工业企业物联网系统得以实现,电子标签是用来识别物品的一种新技术,它是根据无线射频识别原理(RFID)而生产的,它与读写器通过无线射频信号交换信息,是未来识别技术的首选产品,物联网是在计算机互联网基础上,利用电子标签为每一物品确定唯一识别EPC码,从而构成一个实现全球物品信息实时共享的实物互联网,简称"物联网",物联网的提出给获取产品原始信息并自动生成清单提供了一种有效手段,而电子标签可以方便地实现自动化的产品识别和产品信息采集,这两者的有机结合可以使人们随时随地在超市中买到任意所需的商品。

超市物联网导购系统有货架处的有源RFID标签、超市范围内的一定数量的读卡器和每个顾客的手持设备,该设备由顾客输入产品信息并与超市中的读卡器进行通信,引导顾客到达所需商品处,负责前端的标签识别、读写和信息管理工作,将读取的信息通过计算机或直接通过网络传送给本地物联网信息服务系统,可以在每一类商品对应的货架处安装有源RFID标签,标签中包含着商品的信息,包括商品名称、价格、生产厂商及商品所在处货架的位置信息。

中间件是处在阅读器和因特网之间的一种中间件系统,该中间件可为企业应用提供一系列计算和数据处理功能,其主要任务是对阅读器读取的标签数据进行捕获、过滤、汇集、计算、数据校对、解调、数据传送、数据存储和任务管理,减少从阅读器传送的数据量,同时,中间件还可提供与其他RFID支撑软件系统进行互操作等功能,此外,中间件还定义了阅读器和应用两个接口,超市范围内安装一定数量的读卡器就是该中间系统的重要组成部分。同时为每一个进入超市选购商品的顾客配置一个手持设备,顾客在手持设备上输入所需的商品名称,手持设备与超市中的读卡器通过中间件操作系统通信,发布相互信息,读卡器发布路由信息到手持设备引导顾客前往所需购买的商品处,在超市一定的区域内安设读卡器,读取该范围内所有有源RFID标签,并建立自己的标签库,读卡器之间利用ZigBee协议进行信息交互,每个读卡器相当于物联网中的一个节点,节点中存放着自己邻居节点的信息,也就是说每个读卡器都能获得它的邻居读卡器中的标签信息。

顾客的手持设备为物联网中的移动节点,可以和读卡器进行实时通信,同时,顾客手持设备还具有LCD显示功能,该手持设备具有与RFID标签通信的功能,即可以读取指定商品RFID信息的功能,该物联网系统网络为多跳网络,当读卡器收到移动节点发来的商品信息时,如果商品信息不再自己的标签库中,则将消息转发给自己的邻居节点直到找到目标读卡器,读卡器节点根据目标读卡器节点的位置不断将路由指示发送到手持设备上并通过LCD显示给顾客,当顾客到达目标读卡器对应的区域时,目标读卡器将商品的标签信息发送给顾客,顾客通过标签信息所示的位置信息找到所需商品。

整个智能超市系统由身份识别、搜索导航、信息读取、广告推送、智能清算5部分组成。

1) 身份识别。由于超市是全智能无人管理,因此,在社区内只有持有智能"市民卡"的顾客才有权限进入超市购物。

2) 搜索导航。顾客在超市的智能购物车上可以搜索和选择所需要的商品,超市内的导航系统将读取顾客当前位置信息,并引导顾客前往相应购买区。

3) 信息读取。当顾客表现出对某类产品的兴趣后,将相关产品的广告信息展示给顾客。

4）广告推送。智能购物车可以将顾客临近商品的特价或优惠等信息传递给顾客，供顾客挑选商品。

5）智能清算。结账时无需像传统的条形码一样逐渐商品扫描，直接将整车的商品信息读取，得到消费金额，自动从“市民卡”上扣取。

方案设计图如图 10.3 所示。

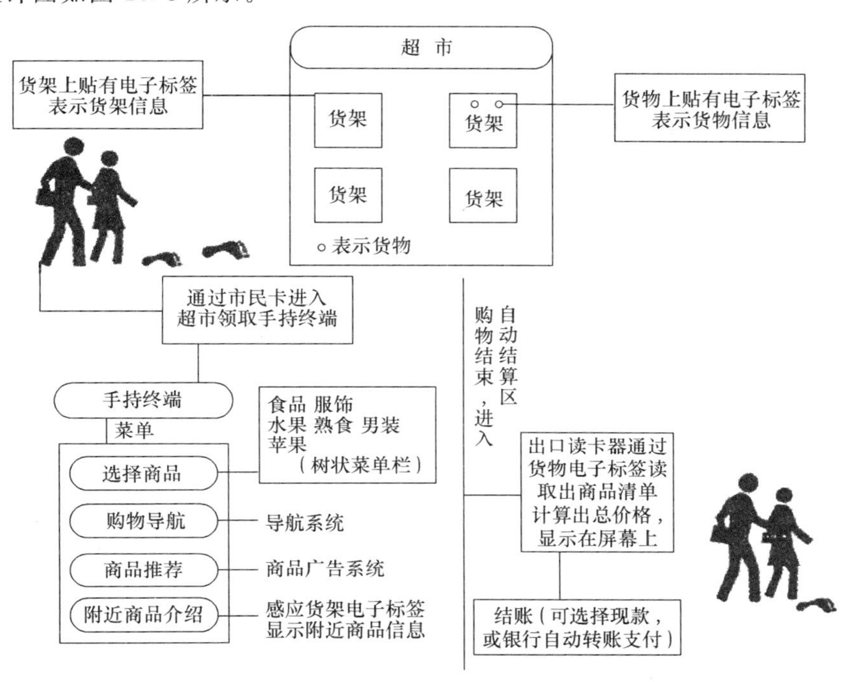

图 10.3　系统方案设计图

系统的具体操作步骤如下所示，系统流程图如图 10.4 所示。

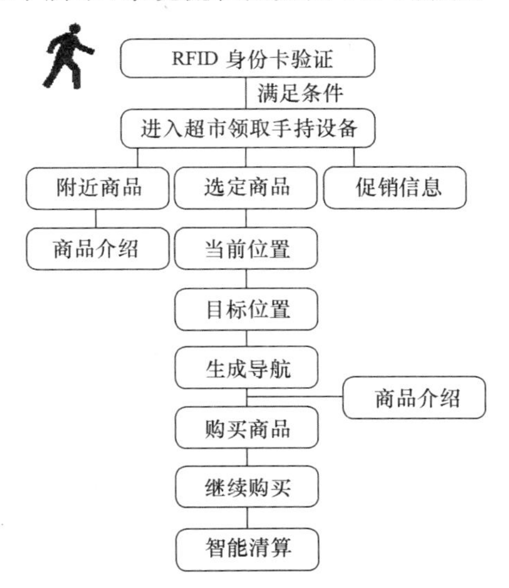

图 10.4　系统流程图

1）顾客佩戴智能市民卡通过身份验证进入超市；无市民卡将无法进入超市，强行进入会报警；

2）顾客选取一个智能购物车，利用其配备的手持设备进行商品的浏览和选购；

3）如果顾客需选购商品，则将顾客临近商品的信息（包括产品名称、厂商、价格）通过手持设备展示给顾客；当顾客对某类商品感兴趣时，将其相关信息（含购买率等信息）通过手持设备展示给顾客；

4）当顾客选定好商品后，手持设备将显示出顾客当前所处位置，以及选购商品所处位置，并选择一条最佳路线引导顾客前往购买；

5）顾客购买好商品后通过 RFID 计算通道进行智能结算，并自动从市民卡内扣钱，如市民卡内金额不足则予以提示不予放行，强行通过直接报警；

6）没有购买商品的顾客从正常出口离开超市，如果购买商品却没有通过结账通道则报警。

将物联网应用于超市购物中，可方便人们购物，大大提高了工作效率，节省了顾客的等待时间。该系统的实现使超市更加智能化和人性化，促进商家售货，并能满足购物者的个性化服务，应用前景良好。当然，诸如电子标签的成本问题、电子标签与物联网应用相关标准和规范的制定、物联网信息安全等都是影响该系统应用普及的关键因素，因此，有必要对这些基础性问题作进一步深入的研究。

10.5　物联网技术在农林业中的应用

物联网可以广泛地应用于农业生产和农产品加工，打造信息化农业产业链。通过传感技术实现智能监测，可以及时感知土壤成分、水分和肥料的变化情况，动态跟踪植物的生长过程，为实时调整耕作方式提供科学依据。在食品加工各个环节，通过物联网可以实时跟踪动植物产品生长、加工、销售过程，检测产品质量和安全。物联网还可以在森林砍伐和防火管理、水资源管理、牧业管理及动物跟踪和保护中发挥重要作用。

智能农业产品通过实时采集温室内温度、湿度信号，以及光照、土壤温度、二氧化碳浓度、叶面湿度、露点温度等环境参数，自动开启或者关闭指定设备。可以根据用户需求，随时进行处理，为设施农业综合生态信息自动监测、对环境进行自动控制和智能化管理提供科学依据。

1. 物联网技术在区域农田土壤墒情监测方面的应用

精准农业是 21 世纪世界农业主要发展方向。在美国、加拿大等农业发达国家，精准农业已经形成一种高新技术与农业生产相结合的产业，成为农业可持续发展的重要途径。

农业灌溉是我国的用水大户，其用水量约占总用水量的 70%。据统计，因干旱造成我国粮食每年平均受灾面积达两千万公顷，损失粮食占全国因灾减产粮食的 50%。长期以来，由于技术、管理水平落后，导致灌溉用水浪费十分严重，农业灌溉用水的利用率仅 40%。土壤水分是作物生长的关键性限制因素，土壤墒情信息的准确采集是进行农田的节水灌溉、最优调控的基础和保证，这对于节水技术有效实施具有关键性的作用。对土壤墒情信息，从宏观到微观的监测预测和动态分析，传统获取手段已很难实现。如果根据监测土壤墒情信息，实时控制灌溉时机和水量，可以有效提高用水效率。快速有效地描述影响作物生长的田间信息，成为目前开展精细农业实践迫切需要解决的基础问题之一。

物联网为农田信息获取提供了一个崭新的思路。物联网是通过射频识别、全球定位系统、激光扫描器等信息传感设备，按约定的协议，把任何物品与互联网连接起来，进行信息交换和通信，以实现智能化识别、定位、跟踪、监控和管理的一种网络。将传感节点布设于农田等目标区域，网络节点大量实时、精确地采集温度、湿度、光照、气体浓度等环境信息，这些信息在数据汇聚节点汇集，网络对汇集的数据进行分析，帮助生产者有针对性地投放农业生产资料等，从而更好地实现耕地资源的合理高效利用和农业现代化精准管理，推进农业生产的高效管理、提升农业生产效能。应用物联网重要组成的无线传感器网络进行农田土壤墒情信息获取可以满足快速、精确、连续测量的要求。无线传感器网络作为一种全新的信息获取和处理技术，凭借其低功耗、低成本、高可靠性等特点，已逐渐渗透到农业领域。

随着物联网的出现，对于实施农田精准作业过程，农田环境信息的采集则要求更加精确、及时。当前，农田信息获取的主要方式有：手持设备的人工获取方式、基于 GPRS 监测方式和基于 WLAN 监测方式等。

由此设计的系统主要针对物联网无线传感器网络系统在农田土壤墒情信息采集方面开展研究工作。该系统主要由低功耗无线传感网络节点通过 ZigBee 自组网方式构成，实现土壤墒情的连续在线监测。系统主要包含两个重要部分，即环境区域内的无线网络部分及实现远程数据传输的通信网络部分。无线网络选择星形网络连接拓扑；远程数据传输采用 Internet 实现，采用嵌入式 Internet 接入技术实现无线网络与 Internet 网络通信；以土壤的温度、湿度等参数采集为模型完成监测区域内环境参数采集。从而满足精准农业作业对农田信息精确度、实时性等要求。

系统中每个 ZigBee 终端连接传感器完成数据采集，数据采集作为 ZigBee 应用层应用对象以端口形式与协议栈底层进行通信，数据从应用层传输到物理层。之后，物理层进行能量和空闲信道扫描检测空闲信道，当得到空闲信道，物理射频模块将数据以无线电波形式发送。协调器射频模块接收到数据包，物理层通知上层接收到数据，数据从物理层逐层向上层传输，每向上一层就去掉下层的包头，包尾以这种形式将数据包解包。当数据传输到协调器应用层，数据通过串口发送到网络模块，网络模块采用网络协议与 Internet 网络连接，实现无线网络与 Internet 网络的对接。

本系统中传感器节点具有端节点和路由的功能。一方面实现数据采集和处理；一方面实现数据融合和路由，对本身采集的数据和收到的其他节点发送的数据进行综合，转发路由到网关节点。传感器网络节点由处理器单元、无线传输单元、传感器单元和电源模块单元四部分组成。处理器单元是无线传感器节点的核心，与其他单元一起完成数据采集、处理和收发；无线通信单元完成数据包的收发；传感器模块完成环境数据的采集转换；电源模块为整个节点系统提供能源支持。

本研究选择微处理器加无线射频模块的节点模型，无线传输技术采用 802.15.4(ZigBee) 技术。系统处理器采用 CC2431 芯片。系统采用 ZigBee 无线网络与 Internet 网络连接形式实现数据远程传输。将 TCP/IP 扩展到嵌入式设备，由嵌入式系统自身实现 Web 服务器功能。通过无线网络的协调器节点与 Internet 网络接入模块或服务器相连，无线 ZigBee 协议在协调器上实现，TCP/IP 协议在网络接入模块上实现。该方式将 ZigBee 数据帧在协调器中由协议栈解包，通过串口 RS232 将数据发送到 Internet 接入模块，网络模块将数据简单处理融合重新采用 TCP/I 协议打包，实现 Internet 接入。该 Internet 网络模块硬件采用 ARM9 处理器。

微功耗无线传感器技术指标：1)功率为 10kW；2)接收时电流<18mA，发射电流小于或等于 40mA；3)多信道模块标准配置提供 4 个信道；4)组网功能，达 128 只无线传感器的网络；5)接口波特率为 1200/2400/4800/9600/19200Bit/s，可设置；6)电池选配 450mA · h。无线传感器节点网络设计采用 ZigBee 协议，采用星型拓扑结构。

该无线传感器网络监测系统在开发成功后，除区域农田土壤墒情信息监测之外，还可以广泛应用于粮食储备仓库及蔬果、蛋肉存储仓库的温度、湿度控制；厂房环境的温度、湿度控制；实验室环境的温度、湿度控制等方面，随着物联网应用范围的扩大，其市场应用前景十分广阔。

对物联网农田土壤墒情信息采集系统的建立，对农业种植户而言，传感器网在农业中的应用可以摆脱传统农业生产依赖天气、凭经验生产的方式，将使现代农业走上工厂化生产和精细化生产的道路，农业产量与质量得到提高。

总之，在推进农业信息化建设实践中，物联网信息采集技术成为不可缺少的重要环节。如何将低成本、高效率、智能化设备应用于农田信息采集，有效降低人力消耗，获取精确的作物环境和作物信息成为当前精准农业研究的一个重要方向。

2. 物联网技术在现代农业信息化中的应用研究

快速发展的物联网技术在实现农业集约、高产、优质等方面都有极其重要的影响，也将为农业信息化提供坚实的发展基础，值得大力推广应用。物联网技术农业生产智能管理系统。图 10.5 是农业生产智能管理系统的总体设计流程图。

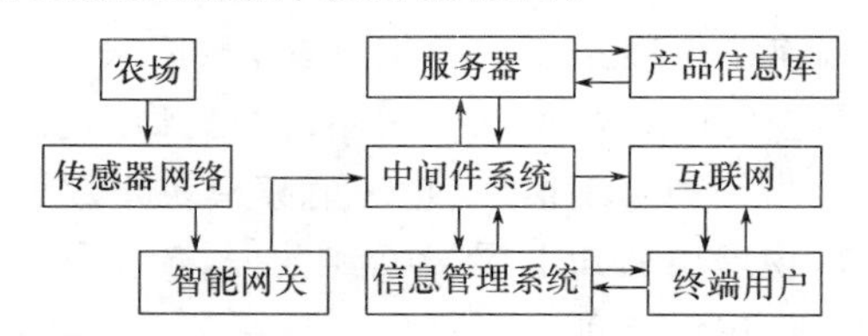

图 10.5　农业生产智能管理系统设计流程图

通过在各个农作物领域应用传感器，比如土壤水肥含量传感器、动物养殖芯片、农产品质量追溯标签、农村社区动态监控等各种传感器，实现数据自动采集，为进行科学预测和管理提供依据。运用 RFID 技术读取传感器中采集的数据，使用现有的一些信息管理系统和中间件系统，借助互联网络，实现各级政府管理者、农业科技人员和农民之间的互联，并拓展到与土、作物、仓储和物流等相连，最终实现农业数字控制，自动温室控制，自然灾害监测预警等智能化农业管理。

图 10.6 是农业生产智能管理系统结构图。农业生产智能管理系统有以下功能模块：实时传感数据采集模块、智能分析模块、联动控制模块、质量监控模块等。实时传感数据采集模块能实现实时数据采集和历史数据存储，能够摸索出农作物生长对温、湿、光、土壤的需求规律，提供精准的实验数据；智能分析模块和联动控制模块能够及时精确地满足农作物生长对环境各项指标要求，比如通过光照和温度的智能分析和精确干预，能够实现使植物，特别是名贵花卉的花期完全遵循人工调节等高效、实用的农业生产效果。质量监控模块以现有的产地管

理、生产管理和检测管理等各种信息系统为管理平台，以产品追溯码为信息传递工具，以产品追溯标签为表现形式，以查询系统为服务手段，实现农产品从生产基地到零售市场的全过程质量监管。

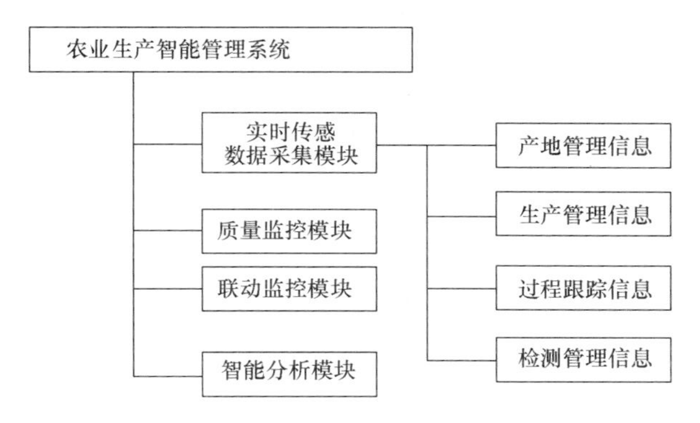

图10.6　农业生产智能管理系统结构图

3. 物联网技术在林业信息化中的应用

物联网在森林防火中的作用主要体现在林火监控与林火扑救方面。物联网能构建面向应急联动系统的临时性、突发性基础信息采集环境。通过无线传感器网络对复杂环境和突发事件的精确信息感知能力，建设基于无线传感器网络的信息采集、分析和预警体系。

一方面可以实现对突发森林火警的精确监测，传统的森林火灾监控系统主要使用前端摄像系统采集林火信息，并由视频采集模块不间断接收摄像系统的视频数据并存入服务器中，视频解码模块利用视频采集模块采集的视频信息。通过视频解码算法把视频信息转换成预定格式的图像，以便进行火警图像的识别。火警图像识别子模块根据火焰烟雾的行为特征，运用图像处理技术和识别算法，对视频解码模块生成的图像进行智能分析，判断图像上是否有疑似火点。这种监控方式的缺点是信息量传输时需占用大量带宽；视频解码与火警图形识别的效率低下；对雾、热气等干扰的分辨率差；林火预警的自动化和智能化程度低；不能大面积应用等。利用物联网技术可在监测区域遍布感烟、感温等传感器。传感器将周围信息通过无线网络反馈到监控中心，监控中心根据接收的信息判断是否出现火警，并通过各种方式（如手机）通知到监控人员。从上述过程可知，相比传统林火监控系统，物联网技术监测区域要大得多、传输的数据量小、火警识别更加精确快捷。

另一方面，可利用网络中具有GPS定位和GPRS通信模块的多模移动信息采集终端，提供全网节点定位和林火扑救人员的实时定位跟踪；同时，还可以结合GIS，将现场动态信息与应急联动综合数据库和模型库的各类信息融合，依据现场环境及林火蔓延模型，形成较为完备的事件态势图，对林火蔓延方向、蔓延速率、危险区域、发展趋势等进行动态预测，进而为辅助决策提供科学依据，提高应急联动系统的保障能力，最大限度地预防和减少森林火灾及其造成的损害。

古树名木有重要的科学价值、历史价值和生态价值。经济的高速发展。伴随而来的是城市规模的急剧扩大。古树名木的生长环境受到了不同程度的破坏。传统的古树名木保护与养护模式越来越不能适应现代城市发展与规划的需要。物联网技术的出现，为古树名木的管理找到了新的方向。古树名木管理人员可以把带有识别信息（ID号码）和相关属性、养护等信息的电子标签植入到植物特定位置。通过阅读器可以将标签中的信息识别出来,并将数据传输到古树名木管理信息系统。借此可实现对古树名木的全程追踪。及时发现异样状况,及早处理。同时。它还将帮助护理人员进行古树名木的防虫、防盗、防火等。例如,某株古树一旦生病,专家足不出户,便可完成以下工作:在电脑上对树木的外部形态进行一次全方位的观察;然后查阅其过往资料,如何时浇的水、施过什么肥、生过什么病、是否“搬”过“家”,最后给出诊断结果和治疗方案。当遭到人为破坏时,“电子园丁”不但能立即报警,还能不动声色地记录下肇事者的蛛丝马迹,与单一的人工维护相比,“电子园丁”的更新更加及时,浇水、施肥的同时,档案就会自动更新;记录更精准,维护时间、施肥类型绝无“笔误”。

世界各国对将物联网技术应用于动物养殖、保护特别重视。欧盟早在 1998 年就开始动物的电子身份证的研究。中国政府也于 2006 年 10 月发表了国家标准 GB/T 20563—2006《动物射频识别代码结构》。目前,用于动物识别的电子标签形式主要有耳钉式、项圈式、植入式和药丸式,各有自身特点和适用范围。电子标签的芯片寿命一般超过 30 年。每个动物芯片又都有一个全球唯一识别码(UID)。所以存于芯片的识别码可作为动物终生的电子身份识别码。通过对每一野生动物个体进行电子标识,建立电子谱系档案,有利于加强对野生动物的谱系管理,明晰其家族史,避免野生动物的近亲繁殖,促进野生动物的物种优化。同时,通过物联网可以清楚地记录野生动物当前的生存状况,例如体貌状态记录、食料记录、交配记录、生育记录、交换记录、疫病状况等,详尽了解相关记录有利于研究人员进行科学保护与喂养,便于有关人员适时掌握野生动物的生存状态,有效地实施濒危物种保护措施。

欧盟要求木产品出口国遵守一套规则,确保产品原木的合法砍伐符合环境可持续规律,要求控制和监控流程实现透明性。一旦这些控制和流程实施到位,政府不但可授权发布符合欧盟标准的出口证,同时也打击了非法砍伐。其中,协议的一个要求是采用一套全国木材追踪系统,提高木材供应链的透明性和可追溯性。目前,当地林管部门主要通过肉眼读取树身标识上的识别码,手工清点树木。然而,手工系统不但操作复杂,而且很难追溯每一块加工后的木材。尤其是无法在整个供应链中保持完整的书面记录,确保所有税款的交付及原木的合法砍伐。为此,当地政府引入物联网技术,开发了木材追踪管理系统。通过该系统,可迅速查找到产品的历史,高速识别圆木;自动生产 RFID 报表。如库存、堆场报告等。同时,这套系统还支持森林库存和管理活动。如种植计划等:可以管理森林相关文件、树木加工、运输和出口等信息;支持警报系统;自动计算和收集税款,从而提高账面透明性,识别非法活动。

通过实时传感采集和历史数据存储,能够摸索出植物生长对温、湿、光、土壤的需求规律,提供精准的科研实验数据。通过智能分析与联动控制功能,能够及时精确地满足植物生长对环境各项指标要求,达到大幅增产的目的。通过光照和温度的智能分析与精确干预,能够使植物完全遵循人工调节而产生高效、实用的农业生产效果。在中国台湾,物联网技术被用于蝴蝶兰培养体系,物联网全程控管温室栽培过程与资料追溯,有效地提高了供应链资讯的透明度,增加了资料收集的速度与正确性,利用物联网现场即时收集的资料,作为立即改善作业流程的依据,提升管理效率与附加价值,极大地提高了中国台湾蝴蝶兰的国际竞争力。

随着相关理论、技术的进一步成熟,物联网必将深入社会的各个行业和角落,在林业信息化中的应用亦将超出上述范围。林业信息化是现代林业科学发展的支柱和目标。物联网技术的应用,将极大提高林业信息化的水平和程度。

10.6　物联网技术在医疗中的应用

病人监护、远程医疗和残障人员救助，为弱势人群提供及时温暖的关怀，是物联网备受关注的应用领域之一，且在发达国家得到了前所未有的重视，北欧等国家已经在隐私保护的立法基础上得到了广泛的应用。此外，在家庭远程控制、远程教育、远程医疗和安全监控等方面，物联网也不断致力于提高人民生活的质量和水平。

智能医疗系统可以借助简易实用的家庭医疗传感设备，对家中病人或老人的生理指标进行自测，并将生成的生理指标数据通过网络传送到护理人或有关医疗单位。

基于物联网的医院信息化建设，应立足全局，高起点切入，借鉴先进的技术经验，将医疗技术和IT技术完美结合，建设智能医院。通过面向物联网的智能医院建设，优化和整合业务流程，提高工作效率，增加资源利用率，控制医疗过程中的物耗，降低成本，减少医疗事故发生，提高医疗服务水平。

对于医院来讲，物联网化将是医院信息化发展的一个最优状态，也是未来趋势。为持续改善医疗作业流程、医疗品质与保障病患安全，许多机构致力研究物联网新应用与技术，陆续将智能识别、物联网化导入作业流程中。

在医院内部运行RTLS是医院物联网建设的一个基础平台，通过RTLS可延伸很多与“人”、“设备”等相关的医院物联网应用。目前比较有代表性的解决方案有基于Wi-Fi技术和基于ZigBee技术，RTLS主要可实现以下应用。

母婴管理实时定位系统可解决母婴配对及婴儿防盗问题，实现母婴的安全保障，避免持有无源标签的人偷盗或掉包婴儿。此外，在新生婴儿的脚腕戴上定位电子标签，在出院前无特殊情况不允许打开标签。母亲也佩戴电子标签，医院管理人员在母亲入院和婴儿出生时就在标签内输入其个人信息，医护人员手持PDA实时读取标签，成功比对婴儿和母亲信息，避免抱错婴儿。

特殊病人管理特殊病人群体包括：精神病人、残疾病人、突发病患者、儿童病人，这类群体自我管理能力较差，需更加完善、细致的照顾。给病人佩戴电子标签，可在后端定位服务器上查到病人在医院的实时位置信息，以确定病人处于安全环境中。当病人遇到紧急情况，可立即按所戴标签告警按钮，后端定位服务器即刻出现告警提示，管理人员马上做出反应，实现准确定位，及时援救。

医院特殊重地管理。医院有很多禁止病人入内的区域，需严格监控和管理。如带有标签的病人闯入此区域，会触发后端定位服务器的报警功能，提醒管理人员即时处理。为更好地维护特殊病人安全，医院可根据实际状况安排其在安全区域内，如病人走出安全区域，所携标签即会向后端定位服务器发出告警信息，管理人员可实时安排医护人员前去处理。

急救时在第一时间找到急救医疗设备至关重要。这对医疗设备管理工作提出极高要求。在医疗设备上放置电子标签，在后端服务器输入需要查找的医疗设备，即可在界面上显示出设备的实时存放位置，避免因寻找医疗设备而影响急救进度。

特殊药品监管是指对温度、湿度等要求较高的特殊药品，以及药品失效日期的监控，通常需耗费大量人力。通过电子标签内置或外接传感器，可实时采集药品所在环境的温度、湿度、时间等参数并上传至定位服务器。在定位服务器端设置参数值，当实际数值超标时，标签就会触发告警提示,管理人员可根据提示信息及时实施药品的有效管理,避免不必要的浪费。

优化工作流程通过医生佩戴电子标签,管理人员可在后端定位服务器界面看见医生的实时位置信息。当有急诊时,可通过定位服务器发出指令信息到标签,方便医生实时收到信息,马上回到诊室。另一方面,当医护人员遇到紧急状况,如被病人袭击或因急事不能回到诊室等,医生可按标签上的告警按钮,告知后端管理中心。

下面分别详细介绍物联网在患者健康管理、在临床路径质量管理、在生命状态监测系统和在医院垃圾管理中的应用。

1. 在患者健康管理中的应用

引入物联网技术,可以对患者、医疗设备进行自动识别,优化医院现有的信息系统(HIS),有效解决临床路径中重要的节点问题,诸如医疗行为时限、贵重药品、医疗耗材、不合理变更等情况,构建一个实时监控和预警反馈有机结合的临床路径管理模式。下面介绍一组物联网技术在临床路径质量管理和患者健康管理中的应用,以及无线射频识别技术和无线传感技术在患者安全管理和医疗领域的应用研究的文章,供广大医院管理者研究和借鉴。

利用医院现有的HIS、LIS等系统和网络,并在此基础上完成对患者、器械及药品的管理,系统由硬件及软件组成。硬件由RFID标签、RFID天线及阅读器、RFID系统服务器、终端及网络设备组成,各组成部分通过网络构成一个整体。软件是指运行于RFID服务器及各个终端的应用软件,用于实现对RFID标签携带者跟踪定位,对其位置信息进行采集、分析、存储、查询、预警,主要由标签维护、权限认证、实时监控与显示、数据查询、数据统计等功能模块组成。

在医疗过程中,身份识别功能是重要的基础步骤。使用物联网技术的目的就是要在正确的时间、正确的地点、对患者给予正确的处理,同时要将环境进行准确记录。

患者以身份证作为唯一的合法身份证明在特定的自动办卡机(读写器)上进行扫描,并存入一定数量的备用金,几秒钟自动办卡机就会生成一张"RFID就诊卡"(也可使用由专用的医保卡),完成挂号。患者持卡可直接到任何一个科室就诊,系统自动将该患者信息传输到相应科室医生的工作站上,在诊疗过程中,医生开具的检查、用药、治疗信息都将传输到相应的部门,患者只要持"RFID就诊卡"在相关部门的读写器上扫描一下就可进行检查、取药、治疗了,不再需要因划价、交费而往返奔波。就诊结束后,可持卡到收费处打印发票和费用清单。

患者到住院处办理住院手续→住院处建立患者基本信息→信息建立完成后,系统打印出RFID腕带→交付RFID腕带给病人或家属→患者到病房护士站交付RFID腕带给护士→护士确认身份后,对RFID腕带进行加密→护士将加密后的RFID腕带佩戴在患者的手腕上→完成患者身份信息的确定。

"RFID就诊卡" 和"RFID腕带"中包括患者姓名、性别、年龄、职业、挂号时间、就诊时间、诊疗时间、检查时间、费用情况等等信息。患者身份信息的获取无须手工输入,而且数据可以加密,确保了患者身份信息的唯一来源,避免手工输入可能产生的错误,同时加密维护了数据的安全性。

如图10.7所示的"RFID腕带"以不影响诊疗为前提,采用特殊固定方式佩戴在患者的手腕上使其不易脱落。由于"RFID腕带"还包括有患者所在科室、床位的信息,并能够主动向外界发出信号,当信号被病房附近装设的读写器读到后,通过无线传输方式将信号传到护士站,从而达到实时监控、全程跟踪及区域定位的目的。

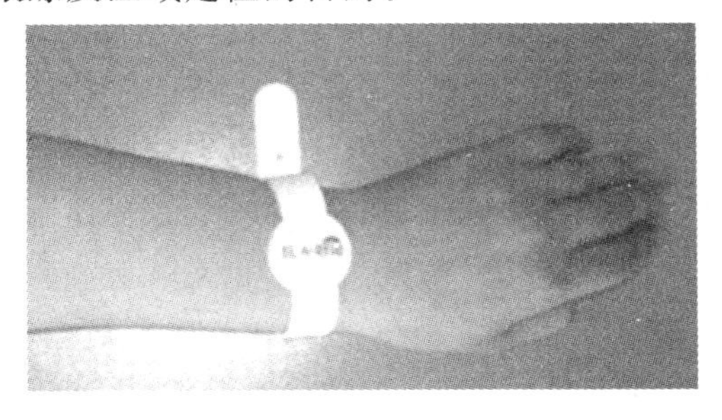

图 10.7　RFID 电子腕带

在诊疗过程中，对患者进行的诸如检验、摄片、手术、给药等工作，均可以通过“RFID 腕带”确认患者的信息，并记录各项工作的起始时间，确保各级各类医护及检查人员执行医嘱到位，不发生错误，从而对整个诊疗过程实施全程质量控制。

患者可通过“RFID 腕带”在指定的读写器上随时查阅医疗费用的发生情况，并可自行打印费用结果，以及医保政策、规章制度、护理指导、医疗方案、药品信息等内容，从而提高患者获取医疗信息的容易度和满意度。

当有人强制拆除“RFID 腕带”或患者超出医院规定的范围时，系统会进行报警；佩戴带有监控生命体征（呼吸、心跳、血压、脉搏）的并设定“危急值”的“RFID 腕带”，可 24 小时监控生命体征变化，当达到“危急值”时系统会立即自动报警，从而使医护人员在第一时间进行干预。

基于物联网技术的患者健康管理，既是 RFID 技术在诊疗过程中应用的起点，又是患者健康管理在整个诊疗过程中应用的新平台。诊疗过程中的检查、诊断、治疗及治疗完成后的随访，物联网技术都可以大显身手，特别是在改善就医流程、提高医疗质量、保障患者安全等用方面都可能会彻底颠覆现有的医疗模式，从而打造患者基本健康指标感知体系；患者主要指标感知体系；患者医疗健康时点和动态感知、预警、监控、就诊指导体系；患者就诊导航、身份识别、费用结算、病案信息查询服务体系，用物联网技术创新患者医疗健康管理。

2. 在生命状态监测系统中的应用

基于物联网技术的临床路径模型以“信息采集—数据传输—数据处理”为基础架构。相对于信息采集与数据传输，获取医疗健康信息后的数据处理已经在数十年的医疗信息化过程中得到了有效解决。电子病历和电子健康档案的逐渐普及，以及数据挖掘技术在医疗健康领域的深入应用，为基于物联网技术临床路径的发展奠定了应用基础。

生理、病理信息采集主要通过人体生理信息传感器（sensor node）或促动器进行，它由各种生理传感器组成，分布于人体并完成特定生理信号的采集和特殊功能。小型化、智能化、高精度、低功率的各类传感器是传感网应用于医疗健康领域的基础条件，这些传感器甚至具有利用人体组织热量转换电能的能力。

基于物联网技术临床路径的网络架构分为短距信息收集和无线数据传输，主要以患者健康信息收集器和医务人员医疗信息服务器为终端。利用目前比较成熟的短距无线通信技术，比如 UWB、ZigBee、蓝牙等，使应用于人体的各项传感器采集的信息集中到类似于 PDA 的手持装置形成的传感器局域网控制单元，即个人健康信息收集器。

利用我国自主研发的 3G 标准通过传感网和 TD 移动通信网络的融合,可将个人健康信息通过现有无线通信网传输到远程记录系统、分析系统,即医疗数据中心服务器。

对医疗行为时限要求的实时监控与预警反馈。在现有临床路径线路图的基础上,根据目前对于医疗服务、病案管理的要求筛选出最具代表性的对于医疗行为时限要求的关键性指标,比如每日患者应接受的检查、治疗和护理项目,主任医师、主治医师查房时间,书写手术记录人员资格等,根据完成情况通过物联网实时输入医疗数据中心服务器,医疗服务器对比设定参数后,将没有按时完成的项目通过无线通信技术反馈到医护人员类似 PDA 或者智能手机的手持终端中。

对贵重药品、特殊医疗耗材的实时监控与预警反馈。医院中每个医生拥有一个唯一的 RFID,对应相应的权限,并整合入个人的手持终端中。医生开取需审批的处方药物或高质耗材时,医疗数据中心服务器即时将数据以类似"短信"的方式反馈给上级医师或职能部门负责人的手持终端设备中进行审批,审批结束以后仍然通过无线通信技术反馈给医疗数据中心服务器并最终到达个人手持终端。

对临床路径执行的不合理变更进行监控。医院医疗数据中心服务器对进入临床路径中可能出现的变更按照预设的编码进行分类。RFID 对于临床路径执行过程中的变更(尤其是与医疗服务程序、服务过程相关的变更)上传至医疗数据中心服务器,医疗数据中心服务器进行分析、评估、监控与预警,将初步的分析结果以类似"短信"的方式实时反馈到职能部门与科室主要负责人的手持终端设备,督促其进行整改或采取必要的弥补措施。

对临床路径中各类危机值的监控与预警。医院对于患者病理状态下的各类检查数据以 RFID 技术整合入医疗数据中心服务器,系统对偏离正常值比较大的需要紧急处理的病理检查数据,或者不适合进行下一步操作、手术的检查数据进行预警,即时主动反馈结果的同时,系统主动拒绝诸如手术医嘱的开出,以保障医疗安全。

患者拥有的具有唯一标识的 RFID 可以实时存储就医服务的全过程、就医过程中所有的生化及影像学的检查结果、就医过程中发生的费用及其他就医过程中的重要信息数据,并可以通过无线数据传输技术进行打印或者数据刻录。在医疗过程及医疗费用透明化的前提下,所存储的信息将为医患双方、第三方在医疗过程中的争议的客观分析与处理提供准确的依据。

拥有相应权限的职能部门可以用手持终端设备在医疗数据中心服务器下载相关数据。对患者就医流程、各病种的治疗费用、住院时间、院内感染、门诊等候时间等数据信息进行综合分析,可以优化服务流程,推动医院医疗质量的提高。

基于以上的物联网技术应用研究基础,采用非接触式信息采集处理,实现对患者、医疗设备自动识别,再优化医院现有的信息系统(HIS)应用于临床路径的管理,能够实现对临床路径中重要的节点问题,诸如医疗行为时限、贵重药品、医疗耗材、不合理变更等情况实时监控、预警反馈,真正做到及时高效管理的同时又节约人力成本,优化服务流程、提高医疗质量。因此,基于物联网技术的临床路径在医疗质量管理中有广阔的应用前景。

10.7　物联网技术在物流中的应用

物流随商品生产的出现而出现,也随商品生产的发展而发展。物联网的发展离不开物流行业。早期的物联网叫做传感网,而物流业最早就开始有效应用了传感网技术,比如 RFID 在汽车上的应用，都是最基础的物联网应用。中国电信的翁昌亮在 2010 年增值电信业务合作发展大会表示："物联网目前以交流物流和公共事业为主要发展方向，从应用来讲，在公共事业监控及交流物流信息采集、定位方面取得了一定的进展。"可以说，物流是物联网发展的一块重要的土壤。

一般物联网运用主要集中在物流和生产领域。有观点称，物流领域是物联网相关技术最有现实意义的应用领域之一。特别是在国际贸易中，由于物流效率一直是整体国际贸易效率提升的瓶颈，是提高效率的关键因素。因此物联网技术(特别是 RFID 技术)的应用将极大地提升国际贸易流通效率，且可以减少人力成本、货物装卸、仓储等物流成本。

智能物流打造了集信息展现、电子商务、物流配载、仓储管理、金融质押、海关保税等功能为一体的物流信息服务平台。其以功能集成、效能综合为主要开发理念，以电子商务、网上交易为主要交易形式，建立了高标准、高品位的综合信息服务平台，并为金融质押、海关保税等功能预留了接口，还可以为物流客户及管理人员提供一站式综合信息服务。

由 RFID 等软件技术和移动手持设备等硬件设备组成物联网后，基于感知的货物数据便可建立全球范围内货物的状态监控系统，提供全面的跨境贸易信息、货物信息和物流信息跟踪，帮助国内制造商、进出口商、货代等贸易参与方随时随地掌握货物及航运信息，提高国际贸易风险的控制能力。实践证明，物流与物联网关系十分密切，通过物联网建设，企业不但可以实现物流的顺利运行，城市交通和市民生活也将获得很大的改观。

在具体应用中，物联网究竟可以为我们节省多少时间呢？我们不妨做一个对比。目前人们对条形码比较熟悉，它被广泛应用在商品流通、邮政管理、图书管理、银行系统等许多领域。而人工读取一个条形码需要时间大约是 10 s，用机器读取条形码花费的时间大概是 2s。如果我们采用电子标签及射频技术读取，那么只需要 0.1 s 钟就可以完成识别。试想这种技术如果在企业物流中推广开来，那将为企业解决的不单单是时间问题，包括人员、管理、安全等一系列的问题都迎刃而解了。

我们来看一个物联网在物流运输中的应用案例。假如一家第三方物流公司是做冷链业的，拥有自己的冷藏车队和冷藏库，每辆车都安装有 GPS/GIS(全球卫星定位系统/地理信息系统定位系统)，此时接到了一家公司的长期物流运输业务，需要经常将原料由一家国外工厂运到国内该公司。这时，物流公司首先同原料厂和雇主方实现信息共享。然后，公司下达原料订单后，物流公司在每份原料包装嵌入 RFID 芯片，芯片具有温湿度感知功能。原料装入安有 RFID 芯片的冷冻集装箱，经海船到达国内港口以后，装有原料的冷冻柜经过海关检验，由港口车辆存放到临时仓库，因海关和港口采用了 RFID 技术，不但实现了通关自动化，物流公司和雇主还可以随时了解货物的位置和环境温湿度。根据雇主的要求，物流公司用配备有 RFID 读取设备的冷藏车辆将一部分原料送入仓库，另一部分原料送往生产基地。然后，送往仓库的原料，卸货检验后，由叉车用嵌有 RFID 的托盘，经过具有 RFID 读取设备的通道，放置到同样具有 RFID 读取设备的货架。这样，物品信息自动记入信息系统，实现了精确定位。由于使用了 RFID 技术，仓库内的包装加工、盘货、出库拣货同样高效无误。而且当冷库中货架上的试剂数量降低到安全库存以下时，系统也会自动发出补货请求。如果是陆运，由于高速公路沿途设有 RFID 读取器，不但可以实时监控货物位置，也可以防止物品的遗失、掉包、误送。从原料出厂，到运输、跟踪货物、检验、导入库等，整个供应链上的任何一家企业通过电脑查询都一目了然。

通过上述物流案例的介绍，可以看到，贯穿全覆盖的物联网，整个供应链呈现了透明、高效、精准的特点。实现了传统物流可望而不可即的目标。另外，通过物联网，仓库的管理变得高效、准确，人力需求大大减少。

RFID技术大规模应用于物流领域。物流领域包括商品零售供应链、工业和军事物流。工业物流管理主要包括航空行李、航材、钢铁、烟草、酒类等领域的物流管理及海关通关车辆(集装箱)的监管。2006年中国有1 000多家企业每年为“沃尔玛”提供价值约180亿美元的货物。如果说“沃尔玛”是RFID物流市场的推动者之一，那么我国将是RFID技术在物流应用的最大潜在市场之一。我国已成为世界制造大国，大中型企业的信息化管理水平不仅是改变传统产业的锐利武器，还是企业集聚优势、提高自身竞争力、融入经济全球化的战略选择，而RFID技术正是提高企业物流信息化管理水平的重要手段。

“物联网”给RFID产业带来很大的市场空间，但是，我国RFID产品在物流领域的应用市场并不理想，原因何在？据统计，RFID系统成本的60％～70％在“标签”，特别是UHF-RFID“标签”的价格是制约它在物流市场大规模应用的“瓶颈”。价高难以形成规模市场；反过来，没有规模市场又难以降低产品成本，这是一对矛盾。有专家认为，价格的底线是“标签”的价格应小于所安装“物品”价格的1％。对于车辆或武器装备，这个底线不是门槛，但是对于物流中的普通“商品”，它就是难以逾越的高台阶。

1. 物联网技术在铁路运输中的应用

(1) 早期应用

早在2001年，RFID技术就已经运用在铁路车号自动识别系统中，成为物联网目前在我国铁路运输领域运用最早的成熟典范。该系统主要由车辆标签、地面AEI设备、车站CPS设备、列检复示系统、铁路局AEI监控中心设备、标签编程网络等部分组成。其工作流程是：先将车号信息及车辆的技术参数信息输入车辆标签内部存储器；由地面AEI设备实时准确地完成对列车车辆标签信息的采集，并将采集的信息进行处理，通过专线传至车站CPS设备；CPS管理设备完成AEI采集数据的处理，并向列检复示系统转发数据，为车辆管理和设备维护提供可靠信息。在此期间，由铁路局AEI监控中心设备实时监测每台地面AEI的工作状态，协调、指挥AEI设备维护，确保AEI设备良好运用，并实时接收AEI采集的列车、车号数据和每台AEI产生的故障信息和设备状态信息，通过对故障信息和设备状态信息进行分析，及时了解地面AEI设备的工作状态，对故障及时处理，同时还可以监测货车标签的工作状态。标签编程网络的主要功能是在标签安装前，将车辆信息写入标签内存的网络系统，防止出现错号、重号车，并对丢失损坏的标签进行补装。

该系统的投入使用，不仅实现了对列车车次、车号的自动识别、实时跟踪和故障车辆的准确预报、动态管理等主要功能，大大提高了车辆利用水平和运输组织效率，同时也为我国铁路探索更加科学化、现代化、智能化的管理模式提供了有益的实践经验，为物联网技术在我国铁路运输领域的普遍应用奠定了良好基础。

(2) 应用的广阔前景

近年来，随着我国高速铁路、客运专线建设步伐的加快，对铁路信息化水平的要求越来越高，铁路通信信息网络也正朝着数据化、宽带化、移动化和多媒体化的方向发展，各方面的条件已经基本满足了物联网在铁路运输领域的推广和应用。其中，在以下几个方面尤为值得关注和期待：

1）客票防伪与识别。如果铁路客票采用RFID电子客票，其电子芯片的内部数据是加密的，只有特定的读写器可以读出数据，这将是对造假者以沉重打击。同时车站及车上的检票人员只需通过便携式的识读器对车票上的RFID电子标签进行读取，并与数据库中的数据进行比对就可以辨别车票的真伪，大大加快了旅客进出站的速度，为方便车站组织旅客乘降提供了便利。

2）站车信息共享。目前铁路在站车信息共享方面还很不成熟，造成的经济损失以及旅客列车资源浪费的现象还比较严重。如果利用RFID技术的网络信息共享性，可以及时将车站的预留客票发售情况反馈给车上，同时将车上的补票情况反馈给车站，这样就可以清楚地知道有哪些车站的预留车票是没有发售完的，从而方便车上的旅客及时补票。此外，通过该系统中乘坐人员的信息与车站售出车票信息对比，还可以查看是否有用假票乘坐列车的现象。

3）集装箱追踪管理与监控。集装箱运输是铁路货物运输的发展方向，是提高铁路服务质量非常有效的运输方式，蕴藏着巨大的增长空间，具备很强的发展优势。目前国际上集装箱的管理基本都是使用箱号图像识别，即通过摄像头识别集装箱表面的印刷箱号，通过图像处理形成数字箱号并采集到计算机中，这种方法识别率较低，而且受天气及集装箱破损的影响较大。如果将RFID技术应用到铁路集装箱，开发出信息化集装箱，不仅能够随时观测到集装箱在运输途中的状态，防止货物丢失和损坏，还能大大提高铁路集装箱利用的效率和效益。

4）仓库管理。在铁路的货运仓库管理方面，RFID也可充分发挥其电子标签穿透性、唯一性的特点，借助嵌在商品内发出的无线电波的标签所记录的商品序号、日期等各项目的信息，让工作人员不用开箱检查就可知道里面有几样物品。同时也可以防止货物在仓库被盗、受损等情况的发生。

2. 在粮食物流中的应用

粮食物流作为基础流通产业，承载着国家粮食安全、农村发展与农民增收等重要职能。虽然我国粮食物流运作随着现代物流管理理念及科学技术的发展不断提升，但目前总体水平还比较落后，信息化程度不高。供应链之间协同不够，并由此造成较高的运作成本。物联网的提出及实现，如果能在粮食物流领域中广泛应用，必将使我国粮食物流的运作水平大大提升，同时也将为政府进行粮食调控、保障粮食安全创造条件。

随着物联网技术的发展与成熟，其在粮食物流中的应用将成为现实。关于物联网对粮食物流的影响，下面从物流运作与物流供应链主体两个角度加以探讨。

从物流运作角度来看，粮食物流指粮食从收购、储存、运输、加工到销售整个过程中的实体运动及在粮食流通过程中的一切增值活动，涵盖粮食运输、仓储、装卸、包装、配送、加工增值和信息应用等环节。物联网技术将使粮食物流的各运作环节得到提升。

把物联网技术应用于粮食仓储领域，通过感应器对在储粮食进行感知，并实现各储粮仓库及储粮点的互联，就可以动态掌握在储粮食的基本性状状态，以做出相应的控制。

物联网的应用可以有效提高粮食仓储保管水平。首先。通过感知可以对粮食的质量做到动态的监控并实现粮食保管条件的自动调节,如感知粮库的温度、湿度状况,粮食的霉变状况等,并通过相应的自动调节系统来实现仓储条件的自动调节;其次,可以对在储粮食的数量实现动态的感知。在粮库地面设置感应秤,就可以感知到粮仓内粮食数量的变化,为合理地控制库存创造条件;再次,可以提高粮食仓储安全系数,通过物联网红外感应等技术手段,感知人员的进出及虫鼠等生物的入侵,从而实现粮库的安全管理。总之。物联网的应用将使整个仓库实现可视化,最大程度上提高保管质量、实现仓储安全,并能实现仓储条件的自动调节,提高仓储作业管理效率。

粮食运输是粮食物流的主要环节之一。物联网技术在粮食运输工具之间的应用,可以极大地提高粮食运输效率。首先,可以实现运输过程的可视化,做到粮食运输车辆的及时、准确调度,从而提高运输效率;其次,把粮食运输车辆纳入物联网,实现对车载粮食的动态感知,动态监控在途粮食的质量与安全,以降低粮食运输中的损失;再次,物联网用以实现对各供需粮点库存情况和在途运输量情况的动态掌握,科学地做出运输决策,从而从根本上提高运输的合理性,实现粮食物流的有效流通。

装卸搬运是粮食物流必要的衔接环节,也是影响粮食物流运作效率与减少粮食浪费的关键环节。物联网在装卸搬运领域中应用后,首先,可以实现粮食装卸搬运的连续性,通过对粮食质量、数量的感知,减少装卸搬运过程中的检验环节,真正做到粮食物流中的不间断式作业,大大提高粮食物流的速度;其次,可以降低粮食装卸搬运过程中的浪费,在我国的传统粮食流通过程中,粮食浪费现象严重,其中装卸搬运过程中的损失占到很大的比重,通过物联网的感知,对装卸搬运过程中粮食的损失过程可以进行动态的监控,进而进一步改进作业工艺,减少浪费。

现代粮食物流,主要包括大流通和小配送两个过程。随着经济的发展,城镇化的进程,人们对粮食的购买模式也发生着变化,突出表现在粮食购买的小批量与多品种,这就要求有粮食配送体系作支撑。粮食配送主要包括企业对零售领域的配送与对居民的直接配送。对于粮食配送来说,最重要的就是快速、准确,通过在粮食配送车辆、包装之间实施物联网技术,可以实现对整个配送过程的动态掌握,配送车辆中小包装粮食的品种信息也可以一目了然,大大提高了粮食配送的效率与准确率。另外,通过物联网技术的应用,粮食配送中心还可以实现对零售商粮食的货架、库存情况动态监控,对粮食存放条件、销售状况都可以远距离地感知,从而作出合理的配送决策。

从政府层面来看,为了保障粮食安全,我国政府从宏观上对粮食进行调运与战略储备。物联网技术在粮食物流中的应用可以提高我国粮食安全保障能力与水平。首先,通过把全国各大粮食仓储单位纳入物联网,可实现粮食质量、数量等信息的有效集并,使政府能更好地掌握国家粮食储备情况,既节约了粮库普查的人力与物力,又为国家的粮食调拨提供了可靠的信息支持;其次,通过物联网,实现各规模仓储、加工、销售点粮食进出数据的动态监控,真实掌握各地区粮食物流状况并进行合理供需预测,为政府进行储粮的管理提供数据支持,更好地平抑我国粮价,提高粮食安全水平;再次,通过对各粮食节点的监控与感知,可以清楚地了解我国粮食物流的真正流量流向,从而为粮食物流基础设施的投资提供有效的依据,减少浪费,降低政府对粮食物流与粮食安全保障的投资成本。

从企业层面来看,随着我国粮食流通体制的改革,企业已经成为我国粮食物流中最主要的主体,物联网在粮食物流中的应用,企业是最大的实施者与承担者,由其所带来的影响也会直接表现在企业的管理运作与效益中。物联网技术在粮食物流企业间的应用,可以使企业间真正做到信息动态共享,使整个粮食供应链实现可视化,有效协调粮食仓储企业、加工企业、运输企业、批发零售企业之间的一体化运作,减少供应链上的无效储存,消除“牛鞭效应”,提高运作效率,降低运作成本,为粮食物流企业带来较好的收益。

从农户及消费者层面来看,对农户来说,物联网在粮食物流中的应用,农户可以通过由物联网感知的数据信息,了解到真正的粮食供求与流通状况,从而克服了在粮食销售中的信息不对称现象,另外,通过对本地区甚至我国粮食基本信息的了解,可以指导农户合理种植,减少“谷贱伤农”的情形,提高农民种粮的收益,这也在一定程度上解决了我国粮食物流中不同品种粮源波动性的问题。从消费者角度来看,消费者可以通过粮食包装上的电子标签,利用物联网的溯源功能,了解到粮食的产地、流通环节及质量等问题,从而保证了食品安全。

物联网技术的发展及实施将给物流行业带来革命性的变革,粮食物流也将因此受益,但由于其产品的特性、流通形式等存在着一定的独特性,因此,粮食物流在应用物联网技术的过程中,也会存在着一定的制约因素。

粮食产品具有散货性,不可能做到每粒粮食的物物相联,在粮食物流中应用物联网技术,首先要解决的就是物联网中“物”的问题,也就是确定基本物联单元的问题。随着现代粮食物流的发展,“四散”化被证明是一种较好的粮食物流模式,这就在某种层面上增加了物联网实施的难度,在散粮物流过程中,强调规模仓储与运输,由于粮食的流动性,使不同品种、品质、产地的粮食很容易混合在一起,增加了对某特定粮食的感知与追溯的难度。

粮食产品的低值性,为物联网技术的实施带来一定的成本压力,费用问题也将是制约物联网技术在我国粮食物流领域中应用的主要因素之一。相对工业品来说,粮食属于低值产品,成本分摊能力差。另外,作为传统的流通产业,粮食物流运作主体的利润非常低,而物联网技术作为新兴的信息化技术,投入较大,这必然会给粮食物流企业带来较大的成本压力,特别是在物联网技术尚未完全成熟的初期,粮食物流企业应用物联网技术的动力不足。

粮食物流主体的复杂性,为物联技术的实施带来一定的难度。随着我国粮食流通体制的改革,目前粮食物流已经市场化,粮食物流主体存在着多体制、多层次的特点,规模差异巨大,有些先进国有粮库信息水平较高,而有些小的民营企业还在从事着原始的经营,在如此复杂的领域实施物联网工程,必定会是一个漫长的过程。只有更多的粮食企业实施物联网技术,才能真正达到应有的效益,为国家的粮食流通调控带来条件,但主体的多样性与复杂性,使物联网的全面实现难度增加。

探索物联网技术与粮食现代物流模式的协调发展。针对粮食的散货性及粮食的“四散”化物流,要研究物联网实施的载体单元,可以考虑把运输工具、装卸设备及仓储设施作为基础物联单元,间接实现对粮食的感知与粮食物流条件的控制,使物联网技术为粮食的“四散”化物流服务。另外,要探索新的粮食物流模式,如发展粮食集装箱运输等,使粮食物流单元化,以集装箱作为物联单元,从而更好地应用物联网技术,促进粮食物流的发展。

充分发挥政府在物联网技术推广过程中的主体性。粮食物流不仅仅是简单的商业行为,还存在一定的社会性与外部性,所以在物联网技术的推广与应用过程中,政府应充分发挥其主体作用,促进物联网技术在粮食物流中的实施。首先,加大物联网在粮食物流中适用性的研发力度。政府可以组织相关科研机构,以课题的形式开展物联网技术应用的研发,尽快把物联网技术引入到粮食物流中来;其次,针对民营企业资金压力较大的现实,政府可以对实施物联网技术的企业,给予一定的资金支持,以促进其对物联网技术的应用,这也有利于政府的粮食物流信息的收集与调控;再次,建立统一的物联网粮食物流数据库,对由物联网感知收集的数据进行统一集并,以供决策参考,发挥物联网的价值。

分步实施,重点推进。考虑到粮食物流主体的多样性与复杂性对物联网技术实施的影响,政府应引导,促进物联网技术的分步实施。首先是国有重点粮库与粮食运输企业;其次,再引导民营粮食物流企业对物联网技术的应用,特别是利用政策手段把物联网技术的应用作为考核民营代储粮企业的指标之一,并以资金支持的方式,逐步推进粮食物流行业的物联网进程。在实施过程中,要充分认识到粮食物流的管理水平与企业的能力,使之与技术的发展水平相适应,做到相互促进。另外,要充分发挥粮食大企业的作用,以其在粮食供应链中的主体地位,促进物联网在粮食物流中的实施。

总之,物联网作为一项新的应用技术,将给众多的传统行业带来变革,粮食物流也应及早谋划这一新技术的应用,以提升我国的粮食物流运作水平,为粮食物流主体带来效益,为国家进行粮食调控提供条件。但我们也应清楚地认识到,在其应用的过程中还存在很多技术上、管理上与运作上的问题,需要进一步研究和探讨。

3. 在煤矿物流中的应用

我国煤矿95%以上是井工开采,煤炭赋存条件差、开采深度深、瓦斯、煤尘、水灾、火灾、冲击地压、地热等因素影响着煤炭工业的健康发展,煤炭行业既是国家能源的主要支柱,也一直是我国工矿企业中的高危行业。

煤矿井下空间狭窄、巷道复杂、环境恶劣,却集中了供电、运输、通风、排水、采掘、支护等大量的大型机电设备。

煤炭开采面临的是移动的生产环境,大量的设备需要跟随采掘的进度搬迁,煤炭企业的设备管理与运维水平普遍较低,导致效率低下,设备、材料损耗浪费现象严重,设备的定位与管理在煤矿企业目前是个空白。

煤矿在生产中使用大量的机车,我国煤矿机车定位主要以有线通信方式为主。对于有轨机车,目前采用最多的是定位继电器+有线通信的方式实现,由于技术、成本与现场安装环境的限制,定位继电器无法高密度大量安装,所以只能在道岔、车站等少数关键位置实现定位,机车运行途中的精确定位无法实现;对于矿区井上、井下的汽车,目前还没有成熟可靠的定位与管理系统。

在炸药的管理与使用方面,煤矿企业在日常的持续生产中需要大量使用炸药,许多恶性矿难的发生都与炸药的使用与管理的不当有关。而现有的炸药管理工作,在煤炭企业内部还处于比较初级的登记领用状态,矿区内炸药运载车辆、火工人员下井放炮等均没有相应的管理技术手段。

减员增效是煤炭企业提升安全生产管理水平的一个重要目标与手段,在移动的生产环境中,在人员少、距离长的井下巷道这种环境下实现减员增效,对煤矿井下通信系统的保障提出了更高的要求。

煤矿安全规程里,大量的规程都涉及人、设备、运输工具与作业流程的协同操作,而对于规程的执行目前主要靠制度与人的自觉性,缺乏有效的监控技术手段。

煤矿井下发生事故后,地面与井下人员的信息沟通不及时,地面人员难以及时动态掌握井下人员的分布及作业情况，一旦煤矿事故发生，抢险救灾、安全救护的效率低，搜救效果差。因此，井下人数不详、被困人员位置不清、通信不畅是灾后应急救援急需解决的问题。

近年来，随着国家对煤矿安全生产措施的抓紧与落实，许多矿井安装了井下人员定位系统、设备点检系统、无线通信系统等。但还普遍存在：一是各系统功能单一、系统间相互隔离，在生产与安全管理上无法实现效能的最大化，系统间的协同作用难以发挥，与企业实际的生产与安全管理的融合度差，系统沦为“孤岛”乃至成为摆设或“参观工程”；二是系统还不够完善或存在空白，如机车定位系统、设备定位系统、矿区内的炸药运输与管理系统等；三是目前的这些系统还不具备抗灾与应急通信功能。

“智能矿山”是指在采矿企业的建设与发展中，在生产经营、安全管理领域，充分应用信息通信技术，智能地感知、分析、协同以应对企业在安全生产与经营活动中的需求，创造一个安全高效的矿山开采环境。“智能矿山”由三个核心系统组成：智能生产、智能安全、智能物流。智能生产包括企业生产与经营的自动化与信息化，以自动化技术、计算机信息与网络技术为主；智能安全包括企业的安全监测监控系统与安全治理措施，以传感技术为主；智能物流包括人与物的定位与流向的管理，以定位与识别技术为主。而“智能”的体现是这些系统以协同的方式相互衔接，相互促进，互为保障，有效地促进企业执行力与高效性。支撑“智能矿山”的技术是计算机与信息处理、云计算、物联网、通信与工业自动化技术。

“智能矿山”不是孤立的某一个点或面。在纵向上，从中央到集团或省再到具体的地市或企业，“智能矿山”可以构建一个分层的多级系统，实现多级、多业务、多部门的协同工作与监管；在横向上，“智能矿山”可以与当地的智能城市系统相结合，实现与智能电力、智能交通、智能环境等领域的协同。下文以物联网技术在智能物流中的应用为例，探讨“智能矿山”理念在采矿企业的实现方案。

物联网是将各种信息传感设备，如二维码、射频识别(RFID)、全球定位系统(GPS)等装置与网络结合起来，从而给物体赋予智能，实现人与物、物与物的相互间的沟通和对话，实现智能管理。物联网技术与理念的推广，对提升我国煤炭企业的物流与安全生产管理水平具有重要的意义。煤炭行业的特殊性，使其不但具备“物联网”的实施条件与需求，还具备人员定位的条件。煤矿井下人员定位系统已成为行业强制标准且正在逐步实施，将物的定位与人的定位相结合，辅助以通信系统，与生产系统相协同，应用于煤矿企业的安全生产管理，是物联网技术在煤炭企业安全生产工作中创新应用的核心。

其中“智能物流”方案基于二维码、RFID 技术，Wi－Fi 射频定位、GPS 定位技术，网络视频技术等，通过无线以太网与工业以太网，把人员、设备与网络连接起来，进行信息交换和通信，以实现智能化识别、定位、监控，实现“人与人”、“物与物”、“人与物”之间的协同作业、智能管理的创新应用。

根据煤炭企业生产管理需求与现状，将系统业务分为人员定位与管理、设备定位与管理、车辆/机车的定位与管理、危险品流向与运输监控与管理四个子系统，以物流与安全生产综合管理系统平台为核心，以无线/有线一体化调度通信系统、视频监控系统、应急通信系统为辅助通信系统，与安全监测监控系统、综合自动化等系统相结合。

(1) 人员、设备定位与管理系统

人员定位系统由主要标识卡、读卡器、网络传输系统、上位机与系统软件组成，标识卡由个人佩带。目前，国内的煤炭企业大都已经安装了人员定位系统，可以接入到物流信息化系统管理平台。设备定位与管理系统和人员定位与系统相同,共用读卡器、网络传输系统、上位机与系统数据库软件,以标识卡的不同分组来区分人与设备,标识卡悬挂或粘贴在设备上。

(2) 机车定位与管理系统

目前,我国煤矿井下机车定位主要以有线通信方式为主,对于有轨机车,目前采用最多的是定位继电器+有线通信的方式。由于技术、成本与现场安装环境的限制,定位继电器无法高密度大量安装,所以只能在道岔、车站等少数关键位置实现定位,机车运行途中的精确定位无法实现;近年来,有些使用 Wi-Fi 或 ZigBee 技术进行定位的尝试,但由于这些定位技术的核心为基于对无线信号场强相对强弱的分析来实现定位,由于煤矿井下的特殊性,定位环境为链型的封闭巷道环境,难以像地面一样通过对多基准点的无线信号场强的测量与计算获得精确的定位。被定位物体在一个地点只能探测到1～2个基准点,现场环境中的遮挡、环境中的移动物体与电磁干扰导致定位精度很差,对移动机车的定位精度非常低。

系统将标识卡以1～3m的间隔安装于井下巷道顶壁上,通过安装于矿用机车上的定位分站读取标识卡,定位精度可以达到1～3m。安装于矿用机车上的移动定位分站与固定安装在巷道中的矿用无线通信分站之间,采用无线以太网协议通信,可以支持视频、语音、数据等多业务,可以实时接收调度中心下传的各种指令,支持在机车上安装摄像机,实现移动机车上摄像机视频信号的实时无线上传;通过机车定位通信分站的串行通信或I/O端口,可将机车本身的运行监测数据实时无线上传。通过交通信号灯控制系统,地面调度中心可以根据机车位置情况实时控制道口的红绿灯。

(3) 炸药流向与运输监控管理系统

炸药流向管理系统采用二维码识别与管理技术,二维码由于成本低廉,同样适用于企业对低值设备或材料的日常管理。炸药流向管理以煤矿企业从公安部门取得炸药为起始点,由煤矿企业为领到的炸药加贴二维码标签,并进行相应后续领用、运输、下井等流程的管理至炸药按规程使用完毕。

炸药的流向管理与人员定位系统可以协同工作,管理炸药的出入库、领用;领用人员的身份鉴别;使用炸药的火工人员的运行轨迹;放炮时间点危险区域内人员、车辆隔离等工作,实现安全生产管理的功能。

矿区内炸药运输车辆管理系统,采用具备 GPS 定位、Wi-Fi 传输功能的车载 DVR 系统实现,可以实时监控与记录炸药运输车辆的位置、工况、运输物品及驾驶人员的视频,也即通常意义上的"黑匣子"。

(4) 无线/有线一体化调度通信系统

通信系统是"智能矿山"实现的重要保障手段,无线/有线一体化调度通信已经成为今后的发展趋势。本文提出的是一种集井下移动通信、视频监控、人员定位、应急救援通信、工业以太环网、无线/有线一体化调度通信的六网合一的系统。系统采用模块化设计,方便用户对各子系统的选择与扩展。六网合一使系统的整体造价、设备线缆安装架设工程量、维护量大幅缩减,系统的扩展性大幅增强。基于 V6IP 通信技术的优势,系统还具备应急通信的功能,系统支持多环多路由网络冗余,系统中任意一点的分站、光缆等设备发生故障或遇灾害损坏时,系统具有即时重构自愈功能,故障不影响系统的正常工作。系统中的手机具有脱网通信功能,即使井下某一段网络与地面的通信完全被中断隔离,井下的手机之间,仍然可以通过脱网通信功能实现内部通话。

(5) 物流信息化系统平台

物流信息化系统平台，通过对物流、人流、车流、危险品过程数据的集成、加工处理，在安全生产管理和实时过程控制之间架起一座桥梁，达到两者之间的信息交换和紧密集成。在关系数据库系统基础上，实现各应用系统的集成、管理和信息共享、交互。通过该平台，可以将企业分散的物流、人流、危险品等各子系统实现有机整合，增加监测监控、告警、存储、分发、业务流程管理、协同作业管理、统计报表、数据分析等附加功能，实现多级、分层、实时及任意位置的监控与管理。

在平台的客户端中，调度人员在一个界面下，可以查看、记录一个作业点的现场视频、现场人员与设备、地理位置、设备工况等相关信息，实现数据与信息的集成。

协同管理设计是企业级物流与安全生产综合管理系统平台的核心，煤矿安全规程的核心即是对人员、设备、环境、流程等条件与操作规程的约束，而规程的执行监控一直缺乏有效的技术手段，主要依赖人员的素质与自觉性。

以设备定位与人员定位的协同为例：通过设备定位系统自身具备的功能，可以实现对设备的位置、设备的维保、设备的数量乃至库存与备件的管理。通过与其人员定位及机车定位系统的协同，可以实现对设备巡检、设备操作、设备的运输等过程规范性的监控。辅助以无线/有线调度通信系统，地面调度人员可以做到实时合理地调度维修、运输、操作等人员，纠正违章操作；辅助井下爆破安全规程监控监测；辅助以视频监控系统，可以查看现场的视频情况。

已井下爆破的安全规程为例，通过本系统可以监控炸药的领用、运输、实施等各环节的规范性，对于爆破操作的现场环境、人员与设备条件进行监控与记录，对于违规或潜在的危险行为给出警告与纠正。

4. 在特殊物流中的应用

在军事和工业物流的应用中，要求保护用户信息机密，防范对“标签”及其系统的攻击；在海关车辆和集装箱监管应用中，要求保证车辆(集装箱)与“标签”的唯一对应关系，防止通关车辆(集装箱)的走私。为满足这些高端应用要求，RFID技术将采用哪些手段呢？

1) “标签”加密。在“标签”芯片存储器中，一般有12字节是芯片的识别地址(ID)号，它在出厂时被锁死，不能更改，全世界唯一。交用户使用后，用户可在存储器的其他空间写入“物品”的部分相关信息及加密信息，并与ID号捆绑在一起，难以解密，再加上防拆技术的应用，从而实现“标签”与“物品”之间的唯一对应关系。这些措施已成功用于多种应用系统中。

2) RFID芯片、读写器和系统安全技术的应用。上述加密技术是成熟的安全措施，适用于一般的民用。对于军事物流的应用，还必须对RFID芯片和系统采取更严格的安全措施。

(1) “标签”的密码设置

密码协议是“标签”芯片安全研究的重点，设置“标签”记忆体密码和记忆体开关(键)就是硬件解决方案之一。这项工作已在HF“标签”上首先实现，UHF“标签”不久也会成功。

(2) 读写器保护功能的设置

读写器发送解锁密码之前，让“标签”的数据处于锁定状态；它也可清除“标签”的数据。用这种硬件方案，实现读写器对“标签”数据的保护功能。

(3) 系统软件加密

可采用流密码加密或其他加密方法，对系统的信息进行加密。流密码加密是指将明文信息逐位加密成密文的单钥体制。伪噪声编码加密就是硬件方法之一,其优点在于它的形成方式和结构的多样化、软件化,它还可随时变换密钥,增强抗干扰能力。

10.8 物联网技术在手机技术中的应用

作为未来重要的信息技术发展方向,物联网综合了计算机、通信、网络、智能计算、传感器、嵌入式系统和微电子等多个领域的技术,可以自动、实时对物体进行识别、定位、追踪、监控并触发相应事件,从而实现了对物理世界的动态智能协同感知。物联网服务将为提高经济效益、节约成本和推动全球经济发展提供技术动力。

1. 物联网在手机支付中的应用

目前国内各运营商均已经将M2M提高到战略高度,把M2M作为未来业务发展的主要动力之一,并着手打造端对端的服务能力。M2M目前的主要应用领域包括定位、跟踪、导航、安全、监控、手机支付及管理、计量、检测、自动化和远程管理等。其中,基于手机支付应用的移动电子商务应成为移动运营商发展M2M市场的重心。

手机支付业务是指基于移动通信网络和互联网络技术,通过手机支付账户进行消费、充值、转账、查询等电子商务操作,并进行相关业务管理的业务。通过手机支付业务提供的支付能力,用户可以购买实物商品、数字商品、服务。手机支付的整个价值链包括用户、商户和移动运营商三方,从目前看移动运营商还停留在通道提供商的角色,从运营商的长远利益看,手机支付的商业模式应坚持移动运营商为主导的商业模式,并把手机支付和移动电子商务进行有机结合,使移动运营商成为整个价值链中的通道提供商、内容运营商和增值服务提供者,同时可以通过手机支付体系进行针对性的存量用户维系于识别用户和商家,构建业务逻辑,支撑手机支付业务的开展。

移动运营商需要实现手机支付平台和自身计费账务系统打通的连接,以有效的对手机支付用户和移动业务传统业务的使用进行关联。从应用层面看,手机支付系统至少还应该包括商户管理系统和用户消费管理模块,用于手机支付用户的消费记录和商家的各种信息(促销信息、产品信息等)记录。手机支付系统的应用层是用户价值获取和维系的关键,因为其中包含了手机支付用户的消费行为与信息、商家的产品销售信息,结合运营商自身的计费和账务系统,通过数据挖掘,可以获取基于用户价值提升和用户维系的有用信息。商户的拓展也非常重要,只有商户达到了一定的规模,能够极大地为用户消费提供便利或优惠,才会产生良性循环,把手机支付和移动商务做大做强。从维系存量的角度看,首先应该把公用事业单位如水、电、煤气、有线电视等纳入手机支付的商家。通过手机支付的方式缴纳公用费用,绑定用户的手机号码,可以提高用户的离网门槛,对于运营商的存量稳定起到非常重要的作用。从用户便利性的角度看,餐饮、娱乐休闲、商场、超市占据了用户大部分的日常消费支出,因此对于这些行业所属商户的发展也非常重要。在商户发展的初期应该以公用事业和日常消费行业为主,随着规模的做大逐步完善商户的门类。

把手机支付和移动商务结合后,当规模做到一定程度,打出了品牌和影响力后,可以把通过手机支付平台创新用户维系方式。目前移动运营商进行用户维系主要采用用户消费回报的方式,如充值送手机、充值送话费、充值送实物等。在这种维系方式下,需要进行回馈物品的采购、分发等环节，还需要用户到营业厅办理，流程较长且对用户来说也不方便，效率较低，客户回报的用户参与率一直达不到预期。如果有了完善的手机支付平台和丰富的商户资源，则可以直接通过手机支付的方式，把预存的话费直接从手机账户上扣除，同时把回馈物品以消费券的方式打入手机支付账户，使用户可以自行选择消费场所或类型，不仅减少了采购、分发环节，也方便了客户，可以极大地提高用户参与率。一旦手机支付和移动商务的发展走向成熟，将给移动运营商带来巨大的收益。首先用户巨大的沉淀资金可以带来利息收入。其次业务月费的收入随着用户规模的增加将达到很高的水平，因为我国有 7 亿多的移动用户，即使月费为 1 元，10%的用户使用手机支付，一年就可产生将近 10 亿元的收入。第三通过对用户消费行为的数据挖掘可以推出内容和增值服务，以获取更高的收益。针对商户层面，可以在用户允许的前提下提供有偿信息服务，如目标消费用户的数据提供；商户获取目标用户后下发的短信促销等也可以为移动运营商带来增值收入；移动运营商还可以进行商户广告推荐获取广告收入。针对用户层面，在用户消费信息挖掘的基础上，针对不同的目标用户消费群体可设计针对性的手机报纸，介绍折扣信息或新产品发布信息。

随着中国经济的快速发展、移动互联网的普及和物联网技术的深入发展，手机支付和移动电子商务一定会成为未来的主流消费方式之一，各移动运营商应未雨绸缪，抓住发展机遇，推动手机支付业务的发展，为未来的市场竞争奠定基础。但在现有条件下，实现手机支付和电子移动商务的发展还存在一些问题和困难。

1）在手机支付的主导地位上，移动运营商和银联之间还存在冲突。如近期中国移动入股浦发银行欲发力移动支付业务，而中国银联则联合 18 家全国区域性商业银行以及中国电信和中国联通，成立了“移动支付产业联盟”，对抗中国移动。其起因就是中国移动和中国银联在初期合作上就主导地位的分歧导致中国移动在手机支付上另谋出路，而中国银联则针锋相对。这将会对中国手机支付的发展进行起到消极作用，因为移动占大部分的手机份额，而移动支付产业联盟则占据了大部分的银行客户，从成员看移动和银联的强强联合才能最终让用户更好的体验手机支付业务，加速行业的发展。

2）使用门槛和早期投入成本相对较高手机支付需用户更换专门的芯片，目前这种芯片的成本较高(100 元左右)，较高的入网门槛将制约手机支付业务的快速增长。商户由于需要购置专用 POS 机或对原有的 RFPOS 机进行升级，也需要大量的资金投入。在发展初期由于商户规模有限，手机支付应用范围受到限制，也制约了手机支付用户的发展。

3）安全性能有待提高。由于手机支付涉及用户个人信息，特别是金融方面的问题，所以手机支付对安全性的要求非常高。目前大部分的手机用户为非实名登记，而安全性的要求需要对用户的身份进行识别，要求用户进行实名登记，因此大部分手机用户无法办理手机支付业务。手机支付在电子商务领域的应用尚处于起步阶段，技术还不成熟，黑客可能采取欺骗的手段获得服务和产品，甚至可能对移动运营商的系统进行攻击。

2. 物联网在手机二维码中的应用

二维码通过特定几何图形在二维平面上有规律分布形成的黑白相间的图像来记录信息，并在图像被识读后利用特定图形与二进制的对应规则实现数据符号的自动识别处理。手机二维码服务是指以移动终端和移动互联网作为二维码的存储、解读、处理和传播渠道而产生的各种移动增值服务。根据手机终端承担存储二维码信息或是解读二维码信息的功能区别，通常又可将手机二维码服务分为手机被读类应用及手机主读类应用两大类。手机被读类应用通常是以手机存储二维码作为电子交易或支付的凭证。终端用户通过各种在线或非在线方式完成交易后,二维码电子凭证通过移动网络传输并显示在手机屏幕上,可通过专用设备识读并验证交易的真实性。这类应用的特征主要为:

- 手机以实现二维码的接收和存储功能为主,不对其承载的业务信息进行解析;
- 需要专用设备对手机二维码图像进行识读;
- 识读后的业务处理通常由专用设备执行,而与手机不直接相关。

这类业务中,二维码在被识读后通常还需要与后台交易系统交互,对其真实有效性进行检验。典型应用包括电子票、电子优惠券、电子提货券、电子会员卡和支付凭证等。

手机主读类应用是将带有摄像头的手机作为识读二维码的工具,手机安装二维码识读客户端,客户端通过摄像头识读各种媒体上的二维码图像并进行本地解析,执行业务逻辑,还可能与应用服务器在线交互,进而实现各种复杂的功能。这类应用的特征主要为:

- 二维码图像一般印刷在纸媒、户外等平面媒体上;
- 依赖于手机客户端进行识读;
- 手机客户端执行全部或部分业务逻辑。

此类特征的典型应用如:名片、短信、上网等,根据业务内容的获取方式还可分为“在线模式”与“离线模式”。名片应用是手机客户端将从二维码图像中识读的信息存入手机本地的通讯录;短信应用是客户端从二维码图像中读取内容和特定号码,调用手机短信功能将内容发送给该号码;上网应用是客户端从二维码图像中读取URL地址,并自动发起到该地址的连接,获取资讯、广告或其他服务。

二维码与3G手机的结合已逐渐深入到国内外普通民众的生活。总体而言,手机被读类应用(主要是电子凭证类),因对手机终端要求不高,盈利模式清晰,应用前景被看好;手机主读类应用受终端能力和应用环境限制,虽有成功案例,但不如被读类应用普及。

日本的二维码业务采用开放码制及开放运营方式,任何手机厂商、服务提供商甚至用户均可自由开发、发布二维码业务,手机二维码主读与被读类应用都发展较好。日本的海报、游览手册、传单、公共汽车站牌甚至连树上都贴着二维码。使用手机扫描车站海报、商店名录等地方上的条形码之后,就能立即获得公交路线与班车时刻信息或连接至条形码所在的产品网页,或借由拨打电话号码来让使用者取得该商品的优惠。手机被读类应用,主要是电子凭证类业务,在日本应用也非常广泛,各种电子票、电子优惠券、二维码登机牌、校园卡、地铁票等业务应用都非常丰富。日本最大的航空公司日航早在2007年就提供二维码移动票务服务。二维码电子凭证类应用让移动商务切实走入到人们的日常生活中,节省物流费用,实现营销跟踪,促进了日本移动电子商务的发展,也为日本运营商带来了丰厚的利润。

韩国的手机二维码业务采用非开放性码制,封闭运营、集中管控,以在线主读类的应用为主,如图铃下载、WAP上网、超媒体广告、门户定位等。韩国几家主流媒体都普遍采用了二维码,读者扫码后即可获得该新闻事件的最新进展,同时报纸上的手机二维码还可用于舆论调查。二维码同时还印刷于公交站牌,乘客扫码后可实时获取班车信息。在电子凭证类业务方面,韩国也推出了电子优惠券、电子票等服务,但应用没有日本这么广泛。

日韩手机二维码主读业务的成功推广有其特殊原因,首要原因在于运营商能够掌控终端。二维码手机终端的普及率极高,另外特定阶段的用户需求也起到了决定作用。

中国手机二维码应用从 2006 年正式运营，主要的市场推广者是移动运营商。中国移动采用了日本的 QR 码和美国的 DM 码，并针对两种码制分别与不同厂家进行独家合作，由合作伙伴各自发展代理商完成技术开发和营销推广。直至 2009 年，中国移动在手机二维码主读类的业务上推广不尽如人意，但被读类业务如电子凭证推广效果明显。

比较典型的是 2007 年佛山移动推出超市提货券业务，流量达到了百万条，取得非常好的业务推广效果；在电子票方面，中国移动在全国一、二线城市和所有的顶级影院都建立了合作，开展二维码电影票业务，其便利性获得了影院商户和用户的一致认可。单是惠州一家电影院两年来的票务量就达到了几万张。中国移动从 2008 年起，全球通所有的会员卡都已经采用二维码电子会员卡，同时移动在积分兑换方面也大量引入二维码技术，和商场超市展开积极的礼品兑换合作，改善业务体验，降低物流成本。中国移动还与麦当劳合作优惠券营销，和南航合作二维码登机牌，并在 12580 订餐优惠券中逐步采用二维码的方式。

总的来说，中国移动通过数年大力开拓手机二维码增值服务，已经取得了不错的经济、社会和品牌效益，二维码电子凭证业务市场已经培育起来，目前正处在加速上升阶段，据了解，中国移动的电子回执业务量 2009 年已经达到了千万到上亿条的级别，可能会在 2010 年后出现一个井喷的效应。中国电信获得手机牌照比较晚，在二维码应用领域切入也比较晚，更多的还是在探索和初步运营阶段，还未形成很大的应用规模。但是一些业务也呈现出了良好的市场前景，比如像广东电信的院线通二维码电子票业务。在手机二维码的价值链中，存在手机二维码软件开发商、识读设备提供商、二维码服务提供商、增值服务提供商、移动运营商、广告商、用户、移动终端提供商、媒体等多个参与者。移动运营商的盈利点主要来自于手机二维码业务所衍生的附加价值，盈利模式多样化，可面向行业客户、广告商、媒体、SP 销售二维码服务和解决方案，收取服务费、码使用费、解决方案费用等，面向手机用户收取通信流量费用、增值服务费等。

RFID 与二维码技术相比。其共同优点在于可非接触式识读，且保密性好、抗污性强。相对而言，RFID 的容量上限要高出许多，可读写并具有回收再利用价值，且读取时可作用于高速运动物体，可同时识别多个标签，操作更快更方便；缺点就是用户推广成本高，更新成本也高。而二维码最大的相对优势就是通过手机向用户发布，快捷方便，成本低廉。

基于以上特点，手机二维码服务在某些场合独具优势。它适合发行一次性、量大、无回收需求的手机票、券类应用，也适用于作为与公众互动的信息入口，如拍码上网获取资讯或手机本地识读，还适用于发行虚拟的账户验证式的手机电子卡，如电子会员卡、电子银行卡等。而 RFID 则适用于发行实体卡，如公交卡、有回收需求的地铁票、门票等。可以说，二维码与 RFID 各有适用的应用场合，二维码在手机增值服务中的应用是 RFID 技术无法完全替代的，并且在 RFID 成本未真正降下来之前，RFID 在物联网中的规模化应用还需要时间。

手机二维码可从信息服务、电子商务、行业应用等三个方面拓展应用。其中，与电子商务类应用的结合已被市场证明前景良好，随着我国电子商务尤其是移动电子商务产业环境的日益成熟与兴旺，还会产生更多的结合点，带来更多商业模式的创新市场空间很大。目前，中国的手机二维码业务经过长期的市场培育，尽管看到了曙光，但断言即将迎来高速发展还为时过早。产业链各方还需要共同努力，解决发展中存在的问题。

1）手机主读类业务在大众应用领域缺乏发展契机，建议转向行业应用发力受大众手机终端二维码识读能力难以广泛普及的制约。手机主读类业务在大众应用领域不能形成规模效益,盈利模式难以为继。而在行业应用领域,如移动物流、移动理赔出险、移动巡检等,客户需求明确,也有盈利模式,若能发力推动,打造几个突破性的市场应用,对运营商开拓行业客户、定位新的利润增长点是非常有益的探索,同时也能带动手机二维码主读类业务在公众应用领域的推广。

2) 行业客户切入较慢,缺乏示范案例。建议重点突破,打造精品,树立典型,无论是在手机主读类还是被读类业务中,手机二维码在行业市场和政企客户中的应用并不深入,也没有形成有效的口碑和示范效应。国际航协已决定2010年底前全部应用二维码技术在移动终端上实现基于二维码技术的登机手续。2009年4月,南航已在广州—郑州航线上试用手机二维码登机牌,旅客使用手机就能直接登机。借此契机,运营商应协同航空公司,将基于手机二维码的登机服务作为重点的精品服务,将其打造为一个无论在公众还是行业应用中都具有良好示范意义的成功案例。

3) 二维码识读终端机缺乏公用能力,运营商重复布放,建议考虑合作共赢模式手机二维码主读业务需要大量投放位于商户处的识读终端机,投入极大,而不同运营商的重复部署造成了资源的浪费。手机二维码的识读终端完全可以参照运营商基站共建共享的模式,进行合作共赢,以此节省公共资源,而运营商可将更多精力放在业务模式创新和服务质量提升上。

手机二维码服务为手机与外部媒体间的互动提供了一种方便、安全的可选途径,并易于添加用户个人特性,手机二维码服务对商户提供给手机用户的传统业务流程能进行有效的改善和降低成本,同时还能将用户消费行为统计提供给商户进行营销改进。手机二维码的发展,关键已不在于技术,而在于各方合力,抓住物联网、电子商务、3G大发展的机遇,不断探索业务和模式创新,共同构建合作共赢的产业链。

10.9 物联网技术在工业生产中的应用

物联网的发展中,工业是物联网应用的重要领域,具有环境感知能力的各类终端、基于泛在网技术的计算模式、移动通信等不断融入到工业生产的各个环节,大幅提高制造效率、改善产品质量、降低产品成本和资源消耗,将传统工业提升到智能工业的新阶段。从当前技术发展和应用前景来看,物联网在工业领域的应用主要集中在产品设备监控管理、环保监测及能源管理、工业安全生产等方面。

物联网能够改造传统工业,实现工业生产全流程的信息化,对工业生产过程进行监控,在原材料管理、仓储和物流管理等环节实现精密的自动化处理。在高效使用能源、减少污染排放等方面,以物联网为代表的信息通信技术是目前唯一有效的技术方式。物联网通过智能感知、精确测量和计算,量化生产过程中的能源消耗和污染物排放,一方面减少能源的浪费,另一方面为研发新的节能减排技术提供精确的信息。目前,一些国家正在研究开发物联网技术在石油勘探开发和电力资源高效利用等方面的应用,相关研发成果已经在个别地区得到有效利用,如美国正在进行的智能电网(Smart Grid)工程。

1. 物联网在电力系统中的应用

以电力应用为例,物联网网关在电力系统的应用包括电力传输线路监控和抄表系统。

无线传感器网络产品可用于监测大跨距输电线路的应力、温度和震动等参数。每个传感器节点部署在高压输电线上，而网关固定在高压输电塔上，这样就克服了超高压大电流环境中在线监测装置的电磁屏蔽、工作频率干扰、电晕干扰、在线监测装置的长期供电等技术难题，解决了导地线微风振动传感技术、无线数据传输、多参数信息监测与集成等关键技术问题。无线传感器网络的优良特性能为电力系统提供更加广泛和完善的解决方案，同时灵活、开放、可配置的无线传感器网络技术平台能够满足电力行业开发与应用的特殊需求，使及时、准确、低成本的电力系统监测控制成为可能。用于监控的传感器节点包含多个传感器，如应力、温度、震动传感器，如果按照传统方式，每个传感器配置一个远距离移动通信模块，这不仅功耗大，增加了人力维护检修的成本，而且需要占用大量的网络资源，降低了网络使用的效率。采用物联网网关设备，将数个相邻的传感器节点通过同一个网关传输数据，这样大幅度减少传感器占用的网络空号和资源数，也使节点可以使用耗电更小的短距传输的 WSN 协议。同时延长了人工更换电池的周期，可实现物联网网关的远程管理，监控节点的能源消耗，提供故障预警、远程诊断等管理功能，帮助电力系统节省大量的人力维护成本。

在电力大量应用的远程无人抄表系统中，传统做法是为每个电表配备一个 GSM/GPRS 或 CDMA 数据模块，这样不仅设备部署的成本高，而且需要大量的运输商的号码资源，但是每个号码资源又都是短时小数据流量的应用，无形中增加了网络运营的负担，有可能对正常的语音和数据服务造成影响。对电力系统而言，这些号码资源的使用也是不小的成本支出。使用物联网网关后，可以一幢大楼甚至几幢大楼部署一个网关。电表信息汇聚到网关后由网关通过运营商网络传送到电力系统的管理平台，这样大大减少了电力系统的成本支出，同时也减轻了运营商网络的运营压力，提高了效率。除了抄表功能本身，通过物联网网关强大的管理能力，还可以监控每个抄表终端节点的运行状态，远程维护数量庞大的末梢节点，节省了人力维护成本。

2. 物联网在数字油田中的应用

数字油田(digital oil field,DOF)来源于“数字地球(digital earth)”。所谓“数字地球”，是指在全球范围内按地理坐标和空间位置将所有的信息对应地组织存储起来，构造成一个统一的信息模型，并提供一种直观的、方便的、有效的、快速的、交互的检索方式、显示方式和使用方式，为全人类服务。

数字油田的概念最早可追溯到 1991 年，在当时的《Oil&Gas》杂志上就出现了智能油田(smart field)词汇和论述。但是，当时数字油田的确还是一个较为模糊的概念，尚处于构想阶段，然而，其基本思想却立即得到了普遍认可。国外通常引用的是美国剑桥能源研究协会(Cambridge energy research associates,CERA)的数字油田概念：数字油田的愿景是不同地域的操作者、伙伴或服务公司通过使用改进的数据、知识管理、强大的分析工具、实时系统和更有效的业务流程(business processes)等而受益。1999 年，中国石油大庆油田有限责任公司(简称大庆油田)在国内首次提出数字油田的概念，并将数字油田作为企业发展的一个战略目标。

油田信息化的高级阶段——数字油田产生及发展过程大概可分为以下阶段。

① 准备阶段，即在 20 世纪 90 年代前。油田企业向机械化、电气化、自动化、信息化、数字化、可视化、智能化、集成化方向发展，为数字油田的出现奠定了技术和应用基础及提供了迫切的需求。

② 萌芽阶段,即20世纪90年代至21世纪之交。勘探开发一体化、可视化和虚拟现实、智能井(smart well)技术日趋成熟,ERP、电子商务的应用进入石油业,信息集成、数据挖掘等技术推进了数据资产化和数字油田理念产生的进程。

③ 起步阶段,即21世纪初至2005年底。其标志是2000年2月CERA召开的题为“数字油田——新一代油藏管理技术”的大会。2003年2月,CERA又以“将来的数字油田”为题发表报告,倡导利用IT技术,广泛地实现油田勘探、开发、生产的集成化、效率化、最优化和实时化。而且预言,由于利用数字油田技术,今后5～10年,可以新增石油储量1250亿桶。还指出今后发展的5项新技术,即以4D地震为代表的远程测量传感(remote sensing)/技术,使复杂数据一元化表示的可视化(visualization)技术,智能钻井、完井(intelligent drilling and completion)技术,自动化(automation)技术和信息集成(data integration)技术。尽管数字油田的观点、认识、概念很多,产品、方案也开始出现,但成功的应用实践还不多。

④ 发展阶段,即从2005年底起至今。以2005年10月在美国达拉斯举行的石油工程师协会(society of plastics engineers,SPE)年会为标志,会上发表了Sell、Chevron等数字油田的应用实践案例。现在,已有25个不同的“Smart Field”项目在世界各地实施。Sell公司从2000～2004年已经完成200口智能井。之后三年计划完成660口智能井。Total公司装备了目前世界上最先进、大容量、高速的虚拟现实系统,可处理2 PB的数据。IDC的2006年石油工业10大技术预测中,将数字油田排在了第6位。

数字油田可以说就是油田信息化和自动化的代名词,全面地应用信息技术、计算机技术、通信技术、自动控制技术、石油勘探开发技术、现代管理思想、方法和技术等,对传统产业进行武装、提升和改造。在决策管理层、执行层和过程控制层及企业内部和外部,全面提升生产技术能力、经营管理能力和市场应变力。数字油田是油田信息化的高级阶段,是油田信息化达到网络化、数字化、模型化和科学化的全新标志,是油田信息化的宏观目标,是油田信息化的重要里程碑,也是油田信息化的鲜明旗帜。

石油行业是物联网应用的重要行业。尤其是石油生产环节的数字油田的应用推广给全球物联网应用带来千载难逢的契机。中国电信作为国内最主要的物联网应用商之一,及时把握机会,对石油行业客户的物联网应用需求进行了一年多广泛而深入的调研,于2009年成功研发并推出服务于数字油田的物联网应用产品“基于CDMA通信网络的油井生产远程监控系统”(以下简称“油井生产远程监控系统”)。作为数字油田的重要应用系统,油井生产远程监控系统通过对油井生产过程实现自动化监测,实时地获取、监视和分析生产数据,提供实时的、连续的、远程的监控和管理。系统可以归纳为3个环节:数据采集→数据传输→远程监控,该系统属于典型的物联网应用。

油井生产远程监控系统包括3个子系统:油井生产数据远程采集传输系统、油井生产远程分析管理系统、油井生产远程控制系统。油井生产远程监控系统实现了以生产基地中控室为中心的油田生产运行模式。中控室通过实时监测发现问题并发出远程控制指令。只有在远程系统无法解决的情况下,才需要技术人员到现场解决问题。这种模式不仅使工作条件有了根本改善,也使现场工作效率大幅度提高。油田生产远程监控系统是数字油田的重要基础。随着信息技术和自动化工艺的不断发展,生产远程监控系统在油田生产中的应用越来越广。为油田高效开发、降低消耗、安全生产、减轻员工劳动强度、提高工作效率和管理水平提供了可靠的保障。系统通过传感器、视频摄像头等对油气井生产情况进行定期数据采集。通过CDMA

终端把数据发送至前线中控室对数据进行分析管理。以掌握油井生产状况，并进行必要的远程控制，同时将数据传输至油田生产基地中控室。试点生产基地可以同步了解到油井生产情况。

油井生产数据远程采集传输系统只是将数据采集至生产管理单位。而油井生产远程分析管理系统是对采集的数据进行有效利用的部分。系统通过对功图、电参、压力、温度等多元数据的分析，对油井生产状况进行综合诊断分析及优化。系统包括以下 6 个子系统：数据采集子系统、数据管理子系统、分析预测子系统、工程分析子系统、远程计量子系统、优化设计子系统。

1）数据采集子系统：采集录入功图、功率、功率因素、电压、电流、油压、套压等生产参数。

2）数据管理子系统：生成油井静态数据库、实时动态数据库、采油设备数据库、油井生产日报数据库，依据数据库开发数据查询、动态图件生成、图件查询。

3）分析预测子系统：根据油井具体参数，应用油水复合法、采液指数法、Petrobras 法等方法，对油井生产进行预测。

4）工程分析子系统：主要应用于超深井、水平井的自喷、电潜泵采油、酸化、压裂作业井下单级、组合油管柱设计、校核。系统中建立了多种工况下（起下管柱、正常生产、封隔器座封、酸化、压裂作业等）的管柱受力计算方法，包括对油井压力场计算、油井温度场计算、稠油井注蒸汽、电加热、回采等工艺的井筒温度场计算。可根据实时采集的功图、电流、扭矩、压力等数据，实现对油井的实时分析与诊断。绘制稀油区块油井宏观控制图、稠油热采区块宏观控制图。

5）远程计量子系统：以实测示功图、压力、温度、转速、电参数等采集参数作为分析有杆/无杆泵工作状况的主要依据。建立先进的、适用的油水井系统数学模型及算法；诊断出油水井工况和存在的问题；计算出各种复杂工况下的油井的产液量；同时进行各种有效的数据分析与统计；远程智能控制与调节油井的工作状态。系统可准确及时地统计和掌握客户的用电信息；对用电设备、电能表的运行状态和客户的用电情况进行实时监控、分析管理。

6）优化设计子系统：通过对油井历史数据的挖掘、当前数据的分析。应用软件强大的数值仿真功能，智能化地实现当前工况诊断、油井生产预测、区块状况预测等功能，为油井设计、油井生产、作业维护等提供合理方案。通过泵抽时间、沉没度、泵抽产量等数据绘制沉没度与时间关系图，确定合理间抽制度，提高间抽井效率。

油井生产远程控制系统属于远程智能调控系统。具有对抽油机井、电泵井、螺杆泵井等的工况进行实时采集、实时分析、实时控制的功能，同时还具有间抽设置、远程开关井、远程变频等远程控制功能。通过下达采集、调控等指令，自动完成实时监测油井的压力、温度、功图、动液面、电参数等，远程智能调控电机启停、阀门开度、电机频率等，保证了采集调控的迅捷、精准，并降低了油井工人的劳动强度。提高了油水井的自动化管理水平。油井智能调控系统实现远程油井采油动态资料数据的自动化采集和传输，由远程变频控制单元利用功图、压力、温度和电参量数据对油井工况进行综合诊断，依据油井综合诊断结果选择最佳变频和启停方案，从而实现对采油设备的最高效变频控制，达到提高泵效的最佳应用效果。

10.10　物联网技术在环境监控中的应用

物联网作为新一次产业革命的引领技术已经成为全世界瞩目的焦点和热点,2010年《政府工作报告》要求"加快物流网的研发应用",并专门对"物流网"作了注释。环境保护部门已经进行了十几年重点污染源自动监控、环境质量在线监测,被业界公认为是物联网技术应用最早的一个领域。

智能环保产品通过对实施地表水水质的自动监测,可以实现水质的实时连续监测和远程监控,及时掌握主要流域重点断面水体的水质状况,预警预报重大或流域性水质污染事故,解决跨行政区域的水污染事故纠纷,监督总量控制制度落实情况。

物联网以终端感知网络为触角,深入物理世界的每一个角落,获得客观世界的各种测量数据。同时物联网将获得的各种物理量进行综合、分析,并根据自身智能合理优化生产生活活动。物联网的支撑设备包括高性能计算平台、海量存储、管理系统及数据库等,可完成海量信息的处理、存储、管理等工作。物联网的应用需要智能化信息处理技术的支撑,主要需要针对大量的数据通过深层次的数据挖掘,并结合特定行业的知识和前期科学成果,建立针对各种应用的专家系统、预测模型、内容和人机交互服务。专家系统利用业已成熟的某领域专家知识库,从终端获得数据,比对专家知识,从而解决某类特定的专业问题。预测模型和内容服务等基于物联网提供的对物理世界精确、全面的信息,可以更加深入的认识和掌握物理世界的规律(如洪水、地震、蓝藻),以做出准确的预测预警,以及应急联动管理。人机交互提供了人与物理世界的互动接口。物联网能够为人类提供的各种便利也体现在服务之中。

通过传感技术,物联网可以监测环境的不稳定性,根据情况及时发出预警,协助撤离,从而降低天灾对人类生命财产的威胁。通过智能感知并传输信息,在大气和土壤治理、森林和海洋资源保护、应对气候变化以及监测和应对自然灾害中,物联网可以发挥巨大的作用,帮助人类改善生存环境。

1. 环境监测物联网系统结构

环境监测是物联网的一个重要应用领域,物联网自动、智能的特点非常适合对环境信息的监测。一般来讲,环境监测系统包括下面几个部分:

1) 感知层:该层的主要功能是通过传感器节点等感知设备,获取环境监测的信息,如温度、湿度、光照度等。由于环境监测需要感知的地理范围比较大,所包含的信息量也比较大,该层中的设备需要通过无线传感器网络技术组成一个自治网络,采用协同工作的方式,提取出有用的信息,并通过接入设备与互联网中的其他设备实现资源共享与交流互通。

2) 接入层:该层的主要功能是通过现有的公用通信网(如有线 Internet 网络、WLAN 网络、GSM 网、TD-SCDMA 网)、卫星网等基础设施,将来自感知层的信息传送到互联网中。互联网层:该层的主要功能是以 IPv6/IPv4 为核心建立的互联网平台,将网络内的信息资源整合成一个可以互联互通的大型智能网络,为上层服务管理和大规模环境监测应用建立起一个高效、可靠、可信的基础设施平台。

3) 服务管理:该层的主要功能是通过大型的中心计算平台(如高性能并行计算平台等),对网络内的环境监测获取的海量信息进行实时的管理和控制,并为上层应用提供一个良好的用户接口。

4）应用：该层的主要功能是集成系统底层的功能，构建起面向环境监测的行业实际应用，如生态环境与自然灾害实时监测、趋势预测、预警及应急联动等。

通过上面几个部分，环境监测物联网就可以实现协同感知环境信息，进行态势分析，并预测发展趋势。

2. 物联网对环保的推动作用

物流网同样将会对环境保护产生推动作用。主要有：提升现有节能减排技术、设备的水平；利用物联网技术对生产进行有利于节能减排的全过程控制，推动结构调整和产业技术升级；将消费者的能耗、物耗具体量化并及时反馈给消费者，促使其选择绿色且经济、适度的生活消费方式，从而促进可持续发展；在物联网的大背景下继续完善环境监控，使管理者在第一时间全面、及时、准确掌握环境状况和点源排放情况，在信息手段的辅助下更加有效地管理环境，逐步由对环境问题的事后监管转变为事先预防，从而更好地处理环境保护与经济发展的关系，以环境保护优化经济发展方式：将环境自动监控系统得到的环境状况和点源排放情况信息自动、及时向社会公开，保障公民的环境知情权，将环境保护从环保工作者手里解放出来，动员全民参与环保，促使环保部门更好地管理环境和服务社会；预防和处置环境突发事件，保障环境安全；拉动与环保相关的物联网产业大发展。环境监控需要解决的主要问题虽然环境监控已经取得了一定成果，物联网时代的到来也给环境监控带来了美好的前景，但是愿景不等于现实，环境监控还有大量需要实事求是地解决的问题。技术与管理对照物联网感知层、网络层、应用层三个层面，环境监控的主要技术问题是在传感器方面也就是在线监测仪器：一是主要以化学分析方法为主，存在化学传感器的通病，如可靠性、一致性问题，规模生产的产能，价格和维护成本问题等；二是种类少，可以监测的污染物不多。在网络和信息技术方面，现有大量成熟的信息技术手段没有得到充分应用，层次比较低，基本没有可用的计算机综合分析、模拟、判断、预测模型。在应用层面，缺乏整体规划和项层设计，“信息孤岛”遍地、“信息烟囱”林立，信息整合难度大，无法综合应用，实际作用有限。现有的管理理念、方法、体制、机制与技术手段的发展脱节，对信息化、物联网的基本特征和规律性认识还不能适应技术进步的要求，管理孤岛导致信息孤岛。

环境自动监控涉及法律法规、环境管理、环境监测、化学分析、仪器仪表、自动控制、信息和通信的软硬件等多个学科领域，是一个名副其实的系统工程，虽然已经有十几年的工作基础，但随着技术的提高，对专业的、复合型人才的要求越来越高，不仅环保部门缺乏专业的管理人员，技术支持和运行服务单位也没有形成一定的规模，人才极度匮乏制约了环境监控的发展。资金投入环境监控的需求拉动出一个庞大的产业供给市场，有需求也有供给，要解决的就是资金投入问题。随着各级财政对环境保护支持力度的加大，环境质量在线监测、环境卫星遥感的资金需求应该可以得到落实。但是，重点污染源自动监控现场端的仪器设备投入还没有落实政府资金投入来源和政策，为弥补政府投入有限的问题，地方环保部门大多采取排污单位出资为主方式建设和运行现场端自动监控仪器设备，排污企业认为安装自动监控设备是花钱买手铐戴，不愿装、不配合，或者装了不用、用了不管，甚至人为破坏，而市场竞争激烈，鱼龙混杂，导致设备供应、系统集成、运营维护的厂商往往是谁出钱为谁服务，排污单位与厂商串通在设备和数据上弄虚作假的情况多有发生，使原本为监管排污单位的污染源自动监控系统成了违法排污的伪装网，而且由于现场端自动监控设备主要由排污单位自己出资，产权归属是排污单位，给环保部门查处弄虚作假行为带来法律空白，查了处不了，这是污染源自动监控需要解决的最主要问题。

环境监控集合了“物与物、物与人、人与人”之间的互动关系，是信息化与环境管理融合的产物，符合“物联网”的基本特质，在“物联网”已经到来的时候，应当抓住机遇，在探索环保新道路的历史进程中，充分利用技术发展对环境管理理念、方法、体制、机制创新的推动作用，跟上时代前进的步伐。

物联网技术最早应用的是军事领域，可以用于战争中的监视、侦察、定位、通信、计算和指挥等方面。物联网技术目前已经被美军广泛应用于战争和反恐。在空间探索领域，通过航天器撒布传感器进行星球探测，还可以帮助人类更好地了解和利用外层空间。

物联网一方面可以提高经济效益，大大节约成本；另一方面可以为全球经济的复苏提供技术动力。近年来，在政府推动和业界的共同努力下，我国物联网产业实力不断提升，在关键技术研究、半导体、软件等领域取得了一定成果；国内标准化步伐加快，积极参与国际标准制定；国内物联网应用开始起步。

随着物联网时代的到来，一系列创新的应用和服务将会产生，将会催生由需求方、供应方、研究机构和政府等利益相关方组成的新的产业链。不远的将来，随着技术和应用的发展，物联网可以在我国构建创新型国家及和谐社会建设中发挥巨大作用。

当然，目前的物联网还处于初级阶段，全面普及还是一个漫长的过程，需要克服包括技术研发、产业发展和应用推广等多方面的困难。因此，要集中力量突破核心技术，着力提升自主创新能力，扎实做好技术研发和标准制定。此外，在建设和普及物联网的过程中将涉及产业融合、规划管理、协调合作、应用推广、个人隐私保护以及信息安全等方面的问题，需要制定和完善一系列相应的配套政策和规范。

物联网的概念由来已久，但是物联网的具体实现方式和组成架构一直都没有形成统一的意见。从电信运营商的角度而言。利用自身的优势，依托电信广泛覆盖的可靠的网络资源，构建起以电信网络为核心的可运营、可管理的物联网是电信运营商抓住第三次浪潮的发展契机，而连接运营商网络和传感器网络的物联网网关是实现这种物联网的关键网元。依托于这种物联网，传感器产业借助运营商的网络优势和商业运营能力将小规模、分散的局部垂直专网型应用逐步发展为大规模的商业应用。形成真正的物联网运营产业。形成产业间的优势互补，奠定共同拓展市场空间的良好基础。

思考题

10-1　总结物联网的应用与发展前景。

10-2　什么是智慧城市或智能互联城市？

10-3　结合“车联网”、“船联网”(智能交通)等系统给出一个实现方案。

10-4　设计一个物联网应用系统，给出尽量详细的设计方案。

参考文献

[1] 彭力．无线传感器网络技术[M]．北京：冶金工业出版社，2011：32－85.

[2] 周晓光，王晓华．射频识别(RFID)技术原理与应用实例[M]．北京：人民邮电出版社．2006：18－22.

[3] 朱仲英．传感网与物联网的进展与趋势[J]．微型电脑应用．2010 26(1)：1－3.

[4] 姚万华．关于物联网的概念及基本内涵[J]．中国信息界．2010 (5)：22－23.

[5] 甘志祥．物联网的起源和发展背景的研究[J]．现代经济信息．2010 (1)：157－158.

[6] 沈苏彬，范曲立，宗平，等．物联网的体系结构与相关技术研究[J]．南京邮电大学学报(自然科学版)．2009 29(6)：1－11.

[7] 刘强，崔莉，陈海明．物联网关键技术与应用[J]．计算机科学．2010，37(6)：1－10.

[8] 王保云．物联网技术研究综述[J]．电子测量与仪器学报．2009，23(12)：1－7.

[9] 缪健熊，孟英．无线射频识别技术 RFID 及应用[J]．科技和产业．2005，5(11)：53－54.

[10] 许艳红．浅析 RFID 技术及其应用[J]．河北北方学院学报．2009，25(2)：51－54.

[11] 王权平，王莉．ZigBee 技术及其应用[J]．ZigBee 技术及其应用．2004(1)：33－37.

[12] 胡柯，郭壮辉，汪镭．无线通信技术 ZigBee 研究[J]．电脑知识与技术．2008，1(6)：1049－1050.

[13] 马吉春，万博．Wi－Fi 技术及其应用[C]．2008 世界通信大会中国射频通信分论坛．2008：90－94.

[14] 陈文周．Wi－Fi 技术研究及应用[J]．数据通信．2008，(2)：14－17.

[15] 崔伟，赵伟．蓝牙技术及其应用[J]．电测与仪表．2002，39(434)：8－10.

[16] 李伟峰，邵明珠．蓝牙技术及其应用[J]．河南机电高等专科学校学报．2007，15(6)：23－24.

[17] 刘静，赵迪．浅谈蓝牙技术[J]．科技信息．2009(3)：473.

[18] 马树才，范青，米海英．浅谈蓝牙技术及其发展[J]．实验技术与管理．2006，23(12)：76－78.

[19] 王慧娟，铁积智．无线通信精灵：蓝牙技术[C]．射频识别和通信技术论坛．2007：96－101.

[20] 冀鹏翀．UWB 无线通信及其关键技术分析[J]．科技情报开发与经济．2008，18(14)：163－165.

[21] 张方奎，张春业．短距离无线通信技术及其融合发展研究[J]．电测与仪表．2007，44(10)：48－52.

[22] 蔡型，张思全．短距离无线通信技术综述[J]．现代电子技术．2004，27(3)：65－67.

[23] 陈全，邓倩妮．云计算及其关键技术[J]．计算机应用．2009，29(9)：2562－2567.

[24] 黄鹏，杨云志，李元忠．“物联网”推动 RFID 技术和通信网络的发展[J]．电讯技术．2010(003)：85－89.

[25] 李超．云计算理论及技术研究进展[J]．科技创业月刊．2009，22(12)：29－30.

[26] 张建勋，古志民，郑超．云计算研究进展综述[J]．计算机应用研究．2010，27(2)：429－433.

[27] 拓守恒．云计算与云数据存储技术研究[J]．电脑开发与应用．2010，23(9)：1－9.

[28] 彭力．信息融合关键技术[M]．北京：冶金工业出版社．2011.

[29] 诸瑾文，王艺．从电信运营商角度看物联网的总体架构和发展[J]．电信科学．2010(004)：1－5.

[30] 秦毅，彭力．基于 RFID 的超市物联网购物引导系统的设计与实现[J]．计算机研究与发展．2010，47(z2).

[31] 余雷．基于 RFID 电子标签的物联网物流管理系统[J]．微计算机信息．2006(012)：233－235.

[32] 徐刚，陈立平，张瑞瑞，等．基于精准灌溉的农业物联网应用研究[J]．计算机研究与发展．2010，47(z2).

[33] 金海，刘文超，韩建亭，等．家庭物联网应用研究[J]．电信科学．2010(002)：10－13.

[34] 郭高伟．浅谈物联网发展过程中智能家居行业的发展[J]．科技信息．2010(023)：70.
[35] 盛魁祥．浅谈物联网技术发展及应用[J]．现代商业．2010(014)：153－154.
[36] 付航．浅谈移动通信网与物联网技术的融合[J]．数字通信世界．2010(006)：38－40.
[37] 陈荆花，王洁．浅析手机二维码在物联网中的应用及发展[J]．电信科学．2010(004)：39－43.
[38] 杨永志，高建华．试论物联网及其在我国的科学发展[J]．中国流通经济．2010，24(2).
[39] 侯赟慧，岳中刚．我国物联网产业未来发展路径探析[J]．现代管理科学．2010(002)：39－41.
[40] 吴浩．无线移动通信与物联网应用分析[J]．电脑知识与技术．2010，6：19.
[41] 孙忠富，杜克明，尹首一．物联网发展趋势与农业应用展望[J]．农业网络信息．2010(005)：5－8.
[42] 刘强，崔莉，陈海明．物联网关键技术与应用[J]．计算机科学．2010，37(006)：1－4.
[43] 王羽，徐渊洪，杨红，等．物联网技术在患者健康管理中的应用框架[J]．中国医院．2010，14(8).
[44] 王常伟．物联网技术在粮食物流中的应用前景分析[J]．粮食与饲料工业．2010(8)：12－15.
[45] 王颖，周铁军，李阳．物联网技术在林业信息化中的应用前景[J]．湖北农业科学．2010，49(10).
[46] 王羽，蒋平，刘丽，等．物联网技术在临床路径质量管理中的应用探讨[J]．中国医院．2010(008)：10－11.
[47] 张锋，顾伟．物联网技术在煤矿物流信息化中的应用[J]．中国矿业．2010，8.
[48] 朱哲学，吴昱南．物联网技术在社会经济领域的应用分析[J]．当代经济．2010(017)：36－37.
[49] 王粉花，年忻，郝国梁，等．物联网技术在生命状态监测系统中的应用[J]．计算机应用研究．2010(009)：3375－3377.
[50] 朱晓姝．物联网技术在现代农业信息化中的应用研究——以广西玉林市为例[J]．沈阳师范大学学报(自然科学版)．2010，3.
[51] 杨国斌，马锡坤．物联网时代的医疗信息化及展望[J]．中国数字医学．2010(008)：37－39.
[52] 冯宏华．物联网时代对手机支付发展的探讨[J]．管理学家．2010，6.
[53] 黄海昆，邓佳佳．物联网网关技术与应用[J]．电信科学．2010(004)：20－24.
[54] 曾韬．物联网在数字油田的应用[J]．电信科学．2010(004)：25－32.
[55] 李野，王晶波，董利波，等．物联网在智能交通中的应用研究[J]．移动通信．2010，34(15)：30－34.
[56] 童晓渝，房秉毅，张云勇．物联网智能家居发展分析[J]．移动通信．2010，34(009)：16－20.
[57] 史敏锐．移动通信网承载物联网业务的研究[J]．电信科学．2010(004)：12－15.